地球空间信息理论与应用丛书

城市地下空间资源三维评价理论、方法与实践

Theory, Method and Practices of Three Dimensional Assessment of Urban Underground Space Resources

吴立新　杨洋　刘帝旭　姜云　苏晶文　著

测绘出版社

·北京·

内容简介

本书以城市地下空间资源三维评价技术为主线,以服务城市地下空间资源科学开发与城市立体空间规划及利用为目标,系统提出了城市地下空间资源三维评价的理论、模型与方法,首次提出建立地下空间资源学的基本框架和研究范式。在广泛调研与实践总结的基础上,系统梳理了城市地下空间资源的评价目标、评价指标、指标赋权和评价模型,创新提出了面向三维评价的扁平体素模型、顾及时变特性的指标赋权方法和资源评价结果的连续性表达模型,分别在北京 CBD、南京江北新区、宁波东部新城和杭州“三江汇”未来城市实践区开展了应用实践与示范。

图书在版编目(CIP)数据

城市地下空间资源三维评价理论、方法与实践 / 吴立新等著. -- 北京 : 测绘出版社, 2025. 2. -- (地球空间信息理论与应用丛书). -- ISBN 978-7-5030-4555-4

Ⅰ. TU984.11

中国国家版本馆 CIP 数据核字第 2024MS8371 号

城市地下空间资源三维评价理论、方法与实践
CHENGSHI DIXIA KONGJIAN ZIYUAN SANWEI PINGJIA LILUN FANGFA YU SHIJIAN

责任编辑　侯杨杨　　**封面设计**　李　伟　　**责任印制**　陈姝颖

出版发行	测绘出版社	**电　　话**	010—68580735(发行部)
地　　址	北京市西城区三里河路 50 号		010—68531363(编辑部)
邮政编码	100045	**网　　址**	https://chs.sinomaps.com
电子信箱	smp@sinomaps.com	**经　　销**	新华书店
成品规格	169mm×239mm	**印　　刷**	北京捷迅佳彩印刷有限公司
印　　张	13	**字　　数**	254 千字
版　　次	2025 年 2 月第 1 版	**印　　次**	2025 年 2 月第 1 次印刷
印　　数	001—800	**定　　价**	78.00 元

书　　号　ISBN 978-7-5030-4555-4
审 图 号　GS 京(2024)2527 号

序

依稀记得2002年冬季某天到原北京市地质矿产勘查开发局交流，时任局领导谈及北京奥运在场馆选址初期并未考虑场址的地质条件，险些导致鸟巢坐落于黄庄-高丽营活动断裂带，深受触动。倍感有必要发挥三维地学信息系统能力，利用数字矿山研发技术，及早开展城市地下空间资源可视化评价的探索工作。于是，联合清华大学、北京市地质矿产勘查开发局、北京市城市规划设计研究院、北京市国防动员办公室，共同向北京市自然科学基金委员会提出项目申请，获批了2003年度北京市自然科学基金重点项目（2004—2006年），并以北京市中央商务区（CBD）等为例开展城区地下空间资源质量与容量评价基础研究。项目研发过程中，重点梳理并厘定了地下空间资源评价的指标体系，提出了基于三维地学建模与立体单元的评价方法，开发了城市地下多源信息集成与地下空间资源评价软件，实现了城区尺度的地下三维集成建模与空间资源质量容量评价，并由此拉开了我国城市地下空间资源三维评价的序幕。2007年4月项目结题验收时，验收专家组组长钱七虎院士对项目成果给予了充分肯定，并强调了城市地下空间资源的双重属性与战略价值，指明了未来的工作方向。

随着中国经济发展与城市化加速，城市地下空间工程建设规模持续扩大，以北京、上海、青岛、厦门为代表的一批大型、特大型城市先后开展了城市地下空间资源调查与评价工作，为城市立体规划与地下空间工程建设提供了有益的参考与保障。2016年，中国地质调查局、国土资源部响应国务院常务会议精神，牵头组织国内一批高校与科研单位，面向2030国家重大科技项目，启动了“城市地下空间精细探测与安全利用”立项建议工作。本著作者（除姜云外）均有幸参与了该项工作。尽管历时一年半产出的实施方案建议（送审稿）未获国家立项，但我们均由此深入了解了国内外城市地下空间资源精细调查与开发利用的迫切需求，进一步提升了对城市地下空间资源科学评价与合理规划的认知水平。

2020年，中南大学联合中国地质调查局南京地质调查中心共同申请获批国家自然科学基金面上项目（2021—2024年），聚焦城市地下空间资源多尺度特性开展三维动态评价模型与方法研究。经过共同努力，已在城市地下空间资源质量评价指标时变性、权重不确定性、模型连续性等方面形成新成果，并开展了地下空间资源开发适应性与风险研究。结合南京江北新区、宁波东部新城、杭州“三江汇”未来城市实践区的地下空间资源开发需求，利用地理信息系统（GIS）技术整理城区地质、水文、岩土、地形及地面建筑等空间信息，融合构建了几何与属性兼备的三维地学模型，实现了基于扁平体素的地下空间资源质量与容量评价；并依照地层深度或地层对象，通过可视化技术分析了地下空间资源开发的适宜性与风险，为城市立体空间规划提供了依据。

一路走来，蹉跎20年。期间，围绕地下空间资源评价和三维地理信息系统技术应用，我先后在中国矿业大学(北京)、东北大学、北京师范大学、中国矿业大学、中南大学培养了一批博士、硕士研究生，他们已经或正在成长为我国本领域及相关部门的技术骨干。以博士生姜云、刘帝旭、杨洋的论文工作为主体，总结团队研究成果，并结合中国地质调查局南京地质调查中心的工程实践，撰写形成本部专著。希望借此为我国城市地下空间资源评价领域提供一本系统性著作，为地下空间资源勘查评价、城市立体空间规划、地下空间资源开发利用、韧性城市建设与可持续发展提供有益参考。

不当之处，敬请赐教。

笔者

2024年8月18日于岳麓山

前　言

本书的城市地下空间是指城市行政区域内地表以下自然形成或人工开发形成的空间，是地面空间的延伸和补充。随着城市人口规模不断扩大和新型城市建设，向地下要土地、要空间已成为城市历史发展的必然。1991 年东京城市地下空间利用国际学术会议通过《东京宣言》，提出“21 世纪是人类地下空间开发利用的世纪”。2019 年全球城市地下空间开发利用上海峰会正式发布了《上海宣言》，包含利用地下空间节省土地资源提高土地利用效率、缓解城市交通压力改善城市慢行交通、提高地块连通性增强（商业等）城市活力和改善城市环境、提高城市韧性增强城市综合抗灾能力、保护城市生态环境实现绿色发展、减少环境污染节约能源等六大方面内容。伴随第四次工业革命的迅速展开和人们对美好生活的向往日益提升，城市地下空间正在由“功能为主”向“创新、协调、绿色、开放、共享”的全新建设理念转变，“人本地下、绿色地下、智慧地下、韧性地下、透明地下”的新模式正逐渐形成。城市地下空间资源已成为提升城市发展品质、改善城市居住与生态环境、提高城市韧性的重要新型国土资源，是现代城市高质量发展的重要资源与载体。城市地下空间资源极其宝贵，也十分敏感，具有复杂性、战略性和不可逆性。

中国城市地下空间的建设规模和速度已居世界首位，但也面临着地下空间规划无序、灾害事故多发、生态环境恶化等突出问题。其根本原因在于城市地下空间资源调查评价薄弱，并且与城市地下空间规划建设脱节，存在地下空间资源条件不明、开发冒进、利用盲目等问题。对此，自然资源部先后印发了《关于加强城市地质工作的指导意见》（国土资发〔2017〕104 号）、《自然资源调查监测体系构建总体方案》（自然资发〔2020〕15 号）、《自然资源部自然资源调查监测司关于印发〈自然资源调查监测技术体系总体设计方案（试行）〉的函》（自然资调查函〔2022〕2 号），均明确提出开展城市地下空间资源调查与评价工作。国内外多位学者相继提出了城市地下空间资源评价方法与模型，并开展了大量实践工作，建立了较为成熟的城市地下空间资源二维评价理论与方法体系。随着城市地下空间资源开发利用的深入与城市立体空间规划的实施，对地下空间资源的三维评价与可视化表达需求日益突出，亟须建立城市地下空间资源三维评价理论、方法与实践体系，以指导城市地下空间资源科学评价与安全利用，服务城市地下空间资源规划、开发及确权登记等工作。

本书以城市地下空间资源三维评价技术为主线，以服务城市地下空间资源科学开发及城市立体空间长远规划与合理利用为目标，系统提出了城市地下空间资源三维评价的理论、模型与方法，首次提出建立地下空间资源学的基本框架和研究范式。在广泛调研与实践总结的基础上，系统梳理了城市地下空间资源的评价目标、评价指标、指标赋权和评价模型，创新提出了面向三维评价的扁平体素模型、顾及时变特性的指标赋权方法和资源评价结果的连续性表达模型，分别在北京中央商务区(CBD)、南京江北新区、宁波东部新城和杭州"三江汇"未来城市实践区开展了应用实践。

本书由7章组成：第1章阐述了城市地下空间资源对社会经济发展的作用，总结了国内外城市地下空间资源及相关自然资源评价的研究进展，分析了地下空间资源评价目标的多样性及加强评价工作的重要性，提出了地下空间资源学的基本框架和研究范式；第2章系统梳理了城市地下空间资源评价指标与筛选方法，提出了基于层次分析法和粗糙集的地下空间资源质量评价指标，分析了适宜性评价指标，建立了量化指标体系；第3章系统总结了城市地下空间资源评价指标赋权方法，创新提出了顾及时变特性的指标赋权和赋权不确定性分析方法；第4章系统分析了城市地下空间资源评价的经典模型，创新提出了模糊综合评判数学模型与结果连续性表达数学模型；第5章创新提出了城市地下空间资源评价三维基本单元体即扁平体素模型，并以北京CBD地下空间开发利用容量为例，阐述了扁平体素构建流程，进行了评价示范；第6章介绍了城市地下空间资源三维可视化评价的3个典型案例，即南京江北新区的地下空间资源质量和建设适宜性三维可视化评价、宁波东部新城的地下空间资源质量与开发风险三维可视化评价、杭州"三江汇"未来城市实践区的地下空间资源开发适宜性三维可视化评价；第7章展望了城市地下空间资源评价的未来方向与研究重点，包括评价理论的持续充实、指标属性的智能提取、评价指标的科学赋权、评价模型的更新优化、评价信息的全息表达、评价单元的柔性划分、评价结果的综合应用等。

本书各章具体编写人员如下：第1章，吴立新、刘帝旭、杨洋；第2章，刘帝旭、姜云、杨洋；第3章，刘帝旭、杨洋、吴立新；第4章，吴立新、刘帝旭、杨洋、姜云；第5章，吴立新、姜云；第6章，杨洋、刘帝旭、苏晶文；第7章，吴立新、杨洋、刘帝旭。

目　录

第1章　概　论

1.1　城市地下空间资源

城市地下空间是指城市行政区域内地表以下自然形成或人工开发形成的空间，是地面空间的延伸和补充，包括岩体与土体占据的实体空间、地下液体与气体占据的洞穴空间，以及地下陵寝、硐室、地铁等各种已开发使用的地下空间等(图 1.1)。1991 年东京城市地下空间利用国际学术会议通过《东京宣言》，提出“21 世纪是人类地下空间开发利用的世纪”。20 世纪末，荷兰住房、空间规划与环境部启动了“地下空间利用战略研究项目”[1,2]，探索如何识别地下空间开发利用的潜力区，以及评价其开发可能带来的正、负影响。迄今，国内外许多城市的发展空间已由地面及其上部空间逐渐向地下延伸，地下空间开发成为未来城市扩容、城市空间结构优化、城市承载能力增强和城市现代化的必然选择[3-7]。欧洲、美国、日本等地的一批大、中型城市的地下空间规模化开发利用，不仅解决了城市发展与用地矛盾，增强了城市防灾减灾能力，而且给城市发展带来了巨大活力[8-15]。近年，欧盟还提出要在城市地质调查的基础上，利用地理信息系统(GIS)技术进行自下而上的城市立体规划，践行城市土地立体化利用理念[16-20]。2019 年全球城市地下空间开发利用上海峰会正式发布了《上海宣言》，提出利用地下空间节省土地资源提高土地利用效率、缓解城市交通压力改善城市慢行交通、提高地块连通性增强(商业等)城市活力和改善城市环境、提高城市韧性增强城市综合抗灾能力、保护城市生态环境实现绿色发展、减少环境污染节约能源等六个工作方向。

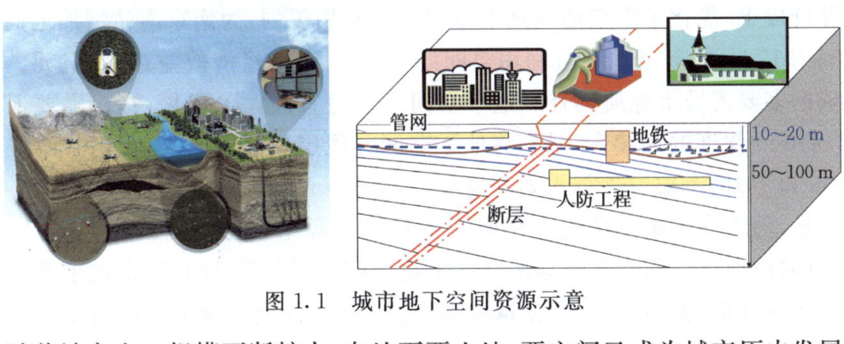

图 1.1　城市地下空间资源示意

随着城市人口规模不断扩大，向地下要土地、要空间已成为城市历史发展的必然[3]。伴随第四次工业革命的迅速展开，人们对美好生活的向往日益提升，城市地下空间正在由“功能为主”向“创新、协调、绿色、开放、共享”的全新建设理念转变，“人本地下、绿色地下、智慧地下、韧性地下、透明地下”等新形式的城市地下空间也在努力建设开发[21]。与此同时，在城市轨道交通、地下综合体及海绵城市等工程建设的带动下，城市地下空间资源开发利用已成为我国城市建设的热点关注领域[22-26]。中国城市地下空间的建设规模和速度已居世界首位[27]。随着以地铁为主导的城市地下交通设施领域和以综合管廊为主导的地下市政公用设施快速发展，我国在此领域已产生和运用了大量新产品、新方法，形成了数倍于国外的大量专利，成为了城市地下空间开发利用大国并成为引领未来发展的重要力量[21]。“十二五”时期，我国城市地下空间建设年均增速达20%以上[28]。城市地下空间资源已成为提升城市发展品质、改善城市居住与生态环境、提高城市韧性的重要新型国土资源[8,28-32]。城市地下空间资源兼备资源与环境双重属性，是现代城市生存与发展的重要资源与载体；城市地下空间资源极其宝贵，也十分敏感，具有复杂性、战略性和不可逆性，其开发利用务必科学有序、合理统筹[33,34]。城市地下空间资源的综合化、深层化、集约化、信息化开发利用，是中国城市改造、建设与可持续发展的必由之路[35-40]。

近年，北京、上海、南京、天津、青岛、雄安、常州、咸阳、长沙、杭州等城市在其地下空间规划中已考虑了城市地质条件及其制约性的影响，并拟通过合理的城市地下空间资源开发利用和地下空间功能配置来改变和影响城市的地面规划[41-51]。北京城市副中心根据城市地质调查和地下空间资源评价成果，以保护地下承压水层及地下水资源安全为重点，在地下空间规划过程中，选取位于地下20 m左右的第一承压水隔水层顶板埋深作为地下空间开发类建设的主要竖向管控范围，并明确了各类管控对象，以减小地下空间开发利用对地下水文地质环境的干扰。上海世博会选址时依据城市三维地质调查成果，对会址区的基坑和隧道等地下空间开发进行了适宜性评价，排除了狼山-周浦断裂对上海世博会会址区地下空间的安全风险，优化了上海世博会地下空间规划。南京依据城市三维地质调查和地下空间资源评价成果，优化了南京南站地下空间开发利用规划，为南京南站增加地面可利用空间约17 hm^2，新增地下可利用空间约4 hm^2，产生经济效益近10亿元。雄安新区依据多要素城市地质调查和地下空间开发适宜性评价成果，提出需要保护地下26～40 m深度的连续含水层，将地下空间分浅层（埋深0～26 m）和中深层（埋深40 m以下）两个层位进行规划开发。

但是，国内许多城市在地下空间开发建设过程中，普遍存在盲目或冒进式开发，以及城市地下空间开发规划协调性不足等问题[37,52-54]，况且城市地下全要素信息具有结构复杂、类型繁多、数据量大等特点[55]，导致城市地下空间资源开发利用与其质量、容量与适宜性不匹配，造成了城市地下空间资源浪费、规划布局不合理、资源开发时序混乱、工程安全事故频发。如上海市地铁1号线和地铁2号线在规划人民广场站时未能规划1、2号线的换乘，造成换乘人流混乱和拥挤。在地下空间工程建设及运行过程中，国内外城市（如国内的北京、上海、广州、重庆、福州、宜昌、武汉、贵阳、嘉兴等，国外的巴西里约热内卢、美国休斯敦、日本福冈等）不同程度地出现了地面沉降开裂[56,57]、岩土层塌陷失稳[58]、软土地基液化[59]、地下水位变化[60]和生态环境恶化[61]等灾害现象。如2015年8月13日东莞市莞惠城轨常平段，因为暴雨导致地下较厚微细砂层被雨水携带流失形成空洞，发生面积超300 m^2 深坑塌陷[图1.2(a)]，造成1名井下施工人员死亡、附近2栋居民楼的地基裸露。2019年12月1日广州市在建轨道交通11号线沙河站，由于对塌陷区饱水砂层、软弱岩层、溶蚀裂隙和岩溶洞穴等复杂地质条件探测不明，地铁地下施工扰动加剧拱顶软弱岩层破坏，变形裂缝沿溶蚀裂隙和岩溶洞穴扩张，贯通至上部饱水砂层，导致突水涌砂涌泥，形成地面塌陷[（图1.2(b)]，造成3人遇难。2018年2月7日佛山市在建轨道交通2号线盾构施工过程中，由于对深厚富水砂层和地下承压水条件认识不清，发生透水涌砂产生塌陷[图1.2(c)]，造成11人死亡、1人失踪。2008年11月15日杭州市在建地铁1号线穿越大厚度软土，在基坑开挖过程中由于基坑支撑体系存在缺陷及钢管支撑架设不及时，发生地面塌陷[图1.2(d)]。这一系列由于不合理的城市地下空间资源开发利用，而引起的地质环境灾害和地下水环境变化，会降低城市地下空间资源的质量、容量与适宜性，进而反馈影响城市地下空间资源的下一步开发利用。

(a) 东莞

(b) 广州

(c) 佛山

(d) 杭州

图1.2 城市地下空间开发所致灾害与安全事故

实践表明，城市地下空间资源科学合理的规划布局与开发利用，能够调整现有城市土地利用结构，提高土地开发利用率，在较大程度上实现城市土地集约化与协同化利用，以解决城市居住人员在短时间内骤然增加引发的公共用地需求加速增长、交通异常拥堵、环境持续恶化等城市化进程中的诸多难题，进而推动城市地下空间高水平治理和高质量发展[62,63]。城市地下空间按使用功能分类如表 1.1 所示。因此，城市地下空间资源的科学、有序、合理地规划和开发利用，是有效节约土地资源、改善人居环境、拓展城市空间、提高综合承载力和公共空间品质、增强城市韧性及实现城市可持续发展的重要途径，对促进城市可持续开发和安全利用地下空间资源具有重要意义[64-68]。不同类型城市的初始状态、发展历程和需求不同，如内陆平原型城市（郑州、平顶山、三门峡和洛阳）[69]、基岩山区型城市（重庆、黄山）[70]、滨海平原型城市（日照）[71]、沿海厚覆盖型城市（上海）[72]，意味着其应该采用互不相同、各具特色的评价方式和开发利用模式。显然，城市地下空间开发需要与城市规划相协调，才能实现地下空间的有序可持续利用，且符合城市可持续发展的要求[73]。鉴于此，世界主流国家逐渐秉持“城市立体规划”“以城为本”“地下空间的综合性利用”等先进理念，进行城市地下空间的规划和开发利用[64,74-76]，并探索城市地下空间重大灾害防御的体制机制、规划计划、技术标准、新理念、新技术、新工艺等，深入开展成灾致灾机理、地下感知探测、灾害情景、韧性地下空间等研究[77]。

表 1.1 城市地下空间按使用功能分类[80]

序号	用途	功能
1	工业、民用	地下厂房、地下垃圾处理厂、水电站厂房、住宅、地下旅馆等
2	商业娱乐	地下商业街、地下商场、地下图书馆、地下博物馆、地下展馆、地下影剧院、地下歌舞厅、地下体育设施等
3	交通运输	地铁、隧道、过街地下通道、海（河、湖）底隧道等
4	水利水电	电站输水隧道、农业给排水等
5	市政工程	给水、污水、管路、线路、垃圾填埋等
6	地下仓储	地下粮、油、水、药品等仓库，地下车库，地下垃圾堆场，危化品仓库，石油及核废料储存等
7	人防军事	人防工事、军事指挥所、地下医院等
8	采矿巷道	矿山运输巷道、开采巷道等
9	其他	其他地下特殊建筑

目前，城市地下空间资源评价的整体研究在评价指标筛选、评价指标赋权、数学模型构建和评价结果可视化等理论与方法上进展较大，但在实用层面还比较薄弱，落后于规划、开发及利用实践。而准确的城市地下空间资源评价结果是科学规划及安全开发利用城市地下空间资源的依据和基础[78,79]。因此，在国家土地资源立体开发的新趋势、环境保护与生态文明建设的新要求下，从基于自然、遵循自

然、人地和谐的视角，着力开展城市地下空间资源多维整体评价的方法与应用研究，为未来城市健康安全发展、防灾减灾提供保障，对实现城市土地、经济和环境可持续发展具有极大的参考价值。

1.2 国内外研究进展

1.2.1 城市地下空间资源评价研究进展

城市地下空间资源作为一种新型国土资源和重要的自然资源，在国内外城市化进程中扮演着非常重要的角色。城市地下空间资源评价研究日趋活跃，国内外学者从城市地下空间资源评价指标体系、评价指标赋权、评价数学模型、空间建模与可视化、尺度效应、实践模式与结果表达等多个角度，开展了研究和应用实践。

1. 城市地下空间资源评价的指标体系研究

21世纪以来，国内外学者主要采用具有统计决策作用的德尔菲法分析了城市地下空间资源的主要影响因素，确定了用于质量[81-87]、容量[88-91]、适宜性[92-109]、可持续发展能力[110]、开发潜力[111-118]或开发经济价值[84,107]、安全性[119,120]等不同评价目标的指标体系。其中，赵旭东等[121]考虑到历史文化街区保护与发展的需求，建立了历史街区地下空间资源质量评价指标体系；姜云等[91]通过识别影响城市地下空间资源开发利用容量的主要因素，构建了相对应的层次结构模型；王振宇等[122]从城市条件、自然条件、区位条件和经济技术条件出发提出判断指标，构建了长沙市地下空间开发利用适宜性评价指标体系；苏栋等[123]从地质环境、地表环境、经济发展及地质灾害等特征出发，厘定了深圳市地下空间开发适宜性评价指标；SONG 等[124]则从环境、经济、社会三个方面出发，提出了22个影响城市地下空间资源可持续发展能力的评价指标；汪侠等[117]、曹亮[125]运用多层次灰色评价和模糊综合评价方法，分别构建了城市地下空间资源开发潜力、开发难度的评价指标体系；郭建民等[126]率先针对城市地下空间资源评价影响因素的多源复杂性问题，运用层次分析法和专家问卷调查法，确定了城市地下空间资源潜在开发价值等级评价的指标体系；张晓峰等[120]通过识别城市地下空间安全的危险有害因素，厘定了北京市城市地下空间安全评价指标。

尽管如此，现有研究对地下空间资源评价指标体系的合理性、不同类型评价指标的尺度敏感性、尺度适宜性及其区域影响能力等，还缺乏整体考虑；对于如何合理凸显活断层、地裂缝、软弱层、采空区、岩溶、陷落柱、泉水通道等敏感因子的重要影响和尺度效应，主观性较大，导致评价指标存在不确定性与随机性。

2. 城市地下空间资源评价的指标赋权研究

在城市地下空间资源评价指标的权重分配方面，国内外学者采用专家调查法[127-129]、层次分析法[130-134]、熵权法[135-137]、CRITIC 法[138-140]等方法对城市地下空间资源不同评价目标的影响因素进行了赋权研究，取得了大量成果。其中，郭建民等[126]通过最优传递矩阵对层次分析(AHP)法进行优化，实现了基于专家问卷调查来分配指标权重；姜云等[85]采用熵权法和可变模糊集组合来确定城市地下空间资源质量评价指标权重，有效降低了指标赋权的主观性；吴文博[84]结合 AHP 法的两两对比矩阵和专家调查法，对苏州城市地下空间资源质量的评价指标进行赋权。此外，还有一些学者利用神经网络法[141]、向量相似度法[142]、遗传算法[143]和数据包络分析(DEA)法[144]等，对其他资源的评价指标与权重分配进行了研究。

上述成果对城市地下空间资源评价指标赋权有借鉴意义，但如何将其有效应用于城市地下空间资源评价赋权中，还有待研究。现阶段城市地下空间资源多要素评价的指标赋权方法偏单一化和同质化：一方面存在主观性，另一方面较少涉及不同方法的组合使用，以及和其他学科的指标权重分配方法的交叉运用。此外，城市地下空间资源评价指标赋权不仅尚未顾及指标量的动态变化，而且缺乏指标定权的质量控制方法研究。

3. 城市地下空间资源评价的数学模型研究

近年，国内多所高校围绕城市地下空间资源评价数学模型开展了富有成效的研究。多目标线性加权函数[145-147]、可变模糊集方法[85,133,148]、模糊综合评判法[116,121,128]、灰色评价法[117,131,149]、可拓法[127,136,150]、有限区间云模型[92,138]等数学方法，已相继应用于城市地下空间资源评价数学建模，扩大了模型筛分和选用空间。如郭建民等[126]运用多目标线性加权函数数学模型，评价了北京旧城区城市地下空间资源的潜在价值；陈守煜等[151]利用可变模糊集理论，对陕西关中平原地区的地下水资源承载能力开展了综合评价，为城市地下空间资源模糊评价提供了借鉴；吴立新等[86]采用模糊综合评判法，构建了城市地下空间资源质量评价指标的隶属函数和评价模型；汪侠等[117]运用灰色评价法对城市地下空间资源的开发潜力进行综合评价；胡宁[150]提出了基于可拓法的评价模型，并对郑州市地下空间资源开发潜力进行了初步评价。此外，赵旭东等[121]构建了历史文化街区地下空间资源质量的多层次加权平均型模糊数学综合评价模型，实现了扬州古城区地下空间资源质量的模糊综合评价；叶菁等[148]采用可变模糊集组合法对佛山市东平新城进行地下空间资源质量评价，有效降低了资源质量评价等级人为划分的不确定性影响。

然而，上述数学模型计算所得的城市地下空间资源多要素评价结果，均为阶梯状的定性等级，未能实现城市地下空间资源多要素评价结果的细化及连续化量化，更无法体现城市地下空间资源评价对象的细节差异与空间渐变。因此，难以满足城市地下空间资源多要素量化评价、立体规划决策支持、功能利用精准到位的新要求。

4. 城市地下空间资源评价的空间建模与可视化

21世纪以来，国内外学者利用GIS的空间数据组织管理和多要素叠加分析功能，先后从二维、三维角度对城市地下空间资源评价结果进行可视化表达，并引入三维地学建模系统(three dimensional geoscience modelling system，3DGMS)，推动了城市地下空间资源评价结果从二维平面表达向三维立体评价的发展[152-156]。早期，学者基于多因素叠加、加权复合、平面分区等原理，开展城市地下空间资源二维评价[152]。近年，学者开始利用GIS的空间数据管理和多因素叠加分析功能，以平面制图方式表达城市地下空间资源的评价结果[132,157,158]；也有尝试运用三维GIS和三维地学建模技术，进行城市地下空间资源评价研究。姜云等[85,91,159]、吴立新等[86]最早基于三维地学建模系统提出了城市地下空间资源三维空间建模与三维单元体划分方法，构建了城市地下空间资源三维评价指标体系与评价数学模型，并以北京市中央商务区(CBD)为例，实现了城市地下空间资源质量与容量的三维评价与可视化。田毅等[90]利用三维GIS技术，对北京市中心城区的地下空间潜在资源量进行了三维建模与评价。HOU等[83]、叶菁等[148]顾及断层约束效应，通过构建断层三维缓冲区优化三维单元体划分方法，削弱了数据变异性对评价单元属性提取及评价结果的影响，提升可视化效果。邹伟林等[160]提出并实现了城市地下空间三维地质模型可视化技术，构建地质三维模型分级数据，按照不规则四叉树结构形成细节层次(LOD)数据，并基于构建的三维空间网格码规范编码，运用降维、非布尔运算的方法，实现最大精度化的地下空间模型数据无限逼近的融合。LIU等[161]通过构建扁平体素优化三维单元体划分方法，提升了基本三维单元体的精细化表达能力。现如今，三维可视化评价正成为城市地下空间资源开发利用与地下空间工程分析的必要手段，城市地下空间资源数据组织、空间建模、信息管理、质量评价、工程分析正向三维可视化方向迈进[154,162]。

目前，城市地下空间资源评价的空间建模还存在地层几何约束表达过于简化、评价单元形状缺乏柔性、属性插值质量不高等问题。此外，现有的城市地下空间资源空间建模与可视化对城市地下多场(热场、流场、应力场等)和多对象(地质体、地质构造、地下工程等)的真三维集成建模与透明展现、评价单元的柔性剖分与多粒度组合、评价单元特征值提取与空间插值等复杂问题，还缺少研究。

5. 城市地下空间资源评价要素的尺度效应

多尺度是地学对象与工程现象的本质特性[163]，城市地下空间资源也不例外，需要重点关注。与土地资源和矿产资源不同，城市地下空间资源对象存在显著的各向异性、非均匀性及多尺度特性。加之评价指标所用数据具有多源异质性，导致城市地下空间资源评价要素及评价指标在空间、时间和属性特征上必定存在多尺度效应。这种效应导致城市地下空间资源对象及其评价要素的对应评价指标，在不同尺度上会出现定量差异，甚至定性差异。以空间尺度效应为例，某一层膨润土在工程尺度上对施工稳定性是不利因素，但在区域尺度上对隔水保水却是有利因素；某一个透镜状硬岩体对单个洞室的稳定性是有利因素，而在工程整体及区域尺度上对系统均衡性则是不利因素。

纵观国内外现有的城市地下空间资源评价理论与方法研究，涉及评价对象、环境要素、关键因子及指标（统称为评价要素）的多尺度变化特性及其尺度适应性，城市地下空间资源评价要素的空间、时间、属性尺度效应及其跨尺度转换关系，尚未见相关研究报道和应用分析。

6. 城市地下空间资源评价的实践模式与结果表达

在城市地下空间资源评价实践中，各城市在评价对象考量、评价要素选择及评价结果表达方面存在很大差异[83,86,108]。以评价对象的纵向分层为例，不同城市的分层数及地表以下的深度划分范围互有差别，如天津（按 4 层划分，即浅层 −5～0 m、次浅层 −15～−5 m、中层 −30～−15 m、深层 −60～−30 m）、青岛（按 4 层划分，即浅层 −10～0 m、次浅层 −30～−10 m、中层 −50～−30 m、深层 −100～−50 m）、长春（按 3 层划分，即浅层 −3～0 m、中层 −15～−3 m、深层 −30～−15 m）、宁波（按 3 层划分，即浅层 −15～0 m、中层 −30～−15 m、深层 −50～−30 m）。因此，不仅不同城市分层评价结果的可比性差、不同分层因厚度不同导致其评价指标值计算的可靠性也不同。而且，在地形起伏的山地城市，这种基于地面高程往下延伸的深度分层方法并没有实际意义。此外，城市地下空间资源关键要素的评价结果在分级表达模式上也不尽相同，如在城市地下空间资源质量评价的指标等级划分上，存在 5 级（很好、好、中等、较差、差）或 4 级（优、良、中、差）划分。城市地下空间资源适宜性评价结果也存在不同表达方式：分为 4 个等级（适宜、较适宜、较不适宜和不适宜），或者 5 个等级（如：非常适宜、适宜、较适宜、较不适宜、不适宜；非常适宜、适宜、较适宜、不适宜、非常不适宜；很好、好、中等、较差、差），或者 3 个等级（如：适宜；较适宜、基本适宜、一般适宜；适宜性差、不适宜）。

由于不同城市、城区按自己的特定方式，对城市地下空间资源评价结果按不同要素或综合方式进行平面分区或分级表达与统计分析，形成了不同的评价技术模式。该情形不仅导致分等级定性表达的城市地下空间资源评价结果的可比性不高、评价模型的可迁移性较差，而且造成评价结果与城市立体规划及地下空间开发建设的实际需求之间存在较大差距。

1.2.2 相关自然资源评价研究进展

自然资源（土地、矿产、水、森林、海洋等）作为人类社会生存与发展的基础，既是生态环境系统的重要组成部分，也是人类经济活动中的关键生产要素。其中，相关的土地与矿山资源[164-171]、地下水资源[172-174]是自然资源整体的两个重要内容，值得深入关注。城市地下空间资源作为城市土地资源向地下延伸的扩展部分，不仅涉及矿产、岩土、地下水、地热等资源的多相交互，而且涉及复杂的自然变化与开发扰动，成为自然资源学研究的新课题、新挑战。

1. 土地与矿山资源评价

围绕土地资源评价，国内外学者利用均方差法、变异系数法、层次分析法等赋权手段，基于综合指数计算法、模糊数学法、贝叶斯网络等进行评价建模，大量开展了土地资源承载力、国土空间开发适宜性、土地利用生态风险、土地生态质量、矿山资源环境安全与容量等研究[164]。封志明等[165]从理论和实践两个方面系统总结百年来资源环境承载力的研究进展，认为“承载力研究与可持续发展相适应，已由传统的土地资源承载力、水资源承载力等单项承载力发展到资源、环境、生态、资源环境等综合承载力”。近年，BALASUBRAMANI[166]面向土地利用规划，提出一种集成GIS与遥感的空间信息技术方法，对印度某半干旱流域的自然资源进行了评价与制图；靳亚亚等[167]基于土地承载力研究通常隐含着限制因素决定论和多因素综合论的两大认识倾向，提出了土地承载力两大法则，讨论了其适用性；王洁等[168]回顾总结了土地利用生态风险评价的研究进展，指出应重视土地利用生态风险评价在国土空间规划中的作用。在矿产资源评价方面，信息技术的蓬勃发展推动了数学地质向数字地质的发展，带动了基于地质统计学方法的矿山资源评价技术革新[169]。近年，矿产资源评价与真三维地学建模、体元剖分及三维可视化技术有机结合，不仅提升了矿产资源评价效率、改善了精度，而且取得了很好的三维评价与透明表达效果[170,171]。

评价对象的不确定性、评价模型的科学性、评价方法的有效性、评价指标的合理性、评价结果的表达方式等，是城市地下空间资源评价、土地资源评价及矿产资源评价的共性问题。但是，现有土地资源评价的研究对象主要侧重于地面自然资源(包括浅部土壤资源)，以平面方式进行建模、评价与表达，几乎不与地下空间发生联系；矿产资源评价的研究对象主要侧重于地下矿体，以立体方式进行建模、评价与表达，几乎不与城市土地资源直接挂钩。如何借鉴土地与矿产资源评价的理论方法，发展矿产资源评价的三维技术，是城市地下空间资源评价研究中需要重点关注的。

2. 地下水资源影响评价

城市建设本质上是对城市所在地区天然的地理、地质环境的一种改造或再造，必然扰动或破坏原本处于平衡状态的热场、流场和应力场，改变地下岩层、土体的力学性能与稳定性。受地下空间规划布局、开发模式、施工工艺(如盾构施工、止水帷幕)等影响，工程区周边的地质体与地质环境，尤其是地下水位与流场、单侧地下水水压、岩土体含水状态等，将受到扰动，进而产生地质灾害及地质环境后效(地表沉降、道路开裂、土体松动、水体污染、持力层损伤等)。受季节交替、全球变化(如海平面上升导致咸水入侵)和重大工程(如南水北调补给导致地下水位回升)的影响，城市区域性地下空间资源条件也将发生变化（如地下水位波动）。许劼等[172]以南京玄武湖水底交通隧道为例，分析了城市地下空间开发对地下水环境的影响；蔡向民等[173]在分析北京城市活动断裂、地面沉降、隐伏岩溶塌陷、地下有害气体等地质灾害的空间分布对城市地下空间资源开发利用的影响时，讨论了地下水赋存状态与水位变化的影响，指出南水北调入京后对地下设施安全的潜在风险；杜严飞等[174]分析重庆市地下工程建设的水环境问题，发现灰岩区隧道开挖造成的山体地表水漏失、地下水位下降、地表塌陷及土地利用方式改变的影响范围可达隧道两侧 3 km 之远。

但是，现有地下水资源影响研究主要集中在地下水对地下工程建设的负面效应分析，以及城市地下空间资源开发利用对地下水资源的不良扰动的单向作用，较少涉及城市地下空间资源开发利用与城市及区域地下水资源的互馈作用和动态响应。因此，城市地下空间资源评价应重视城市地下空间资源开发利用与城市地下水资源、水环境的互馈影响。

1.3 城市地下空间资源评价目标与重要性

1.3.1 评价目标及内涵

围绕城市地下空间资源评价，国内外学者基于实践需求从理论与方法层面提出了多种评价目标，包括城市地下空间资源质量、城市地下空间资源容量、城市地下空间资源开发利用适宜性、城市地下空间资源开发潜力、城市地下空间资源可持续发展能力或可持续性、城市地下空间资源安全性等。这些评价目标的内涵与差异如下。

1. 城市地下空间资源质量

城市地下空间资源质量是指在当前技术条件下，城市地下空间资源的优劣性及其可开发利用的难易程度或潜力。资源质量受多种因素综合影响，包括活断层及地裂缝、滑坡隐患、地震烈度、地下水赋存类型、地下水补给、渗透系数、地下水腐蚀、岩土体黏聚力、岩土体内摩擦角、岩土体分层承载力、岩土体压缩模量、地面空间类型和已有地下空间类型等。

2. 城市地下空间资源容量

城市地下空间资源容量也称城市地下空间开发利用容量，是指在一定的城市发展阶段和当前科技水平下，在城市特定区域和特定深度范围内可供开发利用的地下空间总容量（含不同质量等级）。资源容量是政府主体部门掌握城市所具有的地下空间可开发利用的总量和潜力的重要评价要素，受活断层、节理与裂隙组数、节理与裂隙密度、滑坡与崩塌、地震烈度、对工程有影响的地下水层数及地下水最小埋深、单位涌水量、地下水赋存类型、地下水腐蚀性、渗透系数、岩土体黏聚力、岩土体内摩擦角、岩土体分层承载力、岩土体压缩模量、地面空间类型、已有地下空间类型、城市在区域地理位置中的重要性和距城市中心区的距离等因素综合影响。

3. 城市地下空间资源开发利用适宜性

城市地下空间资源开发利用适宜性是指在对城市地下空间资源的地质、水文、地形及地下空间开发利用现状等条件进行综合分析的基础上,对城市地下空间开发利用工程难度的总体判断和分类。资源适宜性可为城市地下空间开发利用总体规划和详细规划的编制提供依据,决定于质量和容量,与埋深及地层对象直接相关,主要受地面标高、地面坡度、地基土均匀性、地基承载力、潜水埋深、承压水水头绝对标高、承压水层顶板埋深、地下水腐蚀性、地面沉降、滑坡与崩塌、活动断裂、砂土液化、地面空间类型和已有地下空间类型等因素综合影响。

4. 城市地下空间资源开发潜力

城市地下空间资源开发潜力是在城市空间立体化发展、土地资源持续利用的基础上,选取相应的评价指标,对城市地下空间的开发进行定性与定量的分析和评价,以此来判断城市地下空间资源在一定时间内开发利用的稳定性和持续性。资源开发潜力主要受地质状况、水文状况、岩土体状况、空间区位、交通区位、人均国内生产总值(GDP)、地均 GDP、经济效益、社会效益、环境效益、地面空间类型、已有地下空间类型等因素综合影响。

5. 城市地下空间资源可持续发展能力或可持续性

城市地下空间资源可持续发展能力或可持续性是指在不损害后期城市发展需求的前提下满足当前城市地下空间资源开发建设需要的能力或可持续性。该能力主要受城市建成区增长率、城郊农田面积增长率、人均城市公园面积、已开发区域重利用率、温室气体排放量、市区空气污染物含量、土地污染物含量、可再生能源储量、内陆总能耗量、能源效率、废物处理设施数量、旅客运输方式、公共交通工具的使用率、人力和自然资本的风险、资本的偿还期、城市的开发收益、道路死亡事件数、参与国际协议项目数、城市研发支出、人口密度、环保支出、公众安全度等因素综合影响。

6. 城市地下空间资源安全性

城市地下空间资源安全性是指在地下空间密闭环境中人的不安全行为、物的不安全状态及管理缺陷等因素综合影响下地下场所存在的危险性和不稳定性的综合度量。安全性主要受企业营业执照、特种行业许可证、卫生验收、安全使用责任书、安全生产责任制、安全生产管理机构和生产管理人员、安全生产管理制度、人员资质、安全培训与教育、安全协议、电气安全、人员数量、消防安全、疏散通道、采暖通风防排烟与空气调节、安全出口、危险物品管理、指标标志、应急照明、防排水、应急救援预案、应急救援组织和人员、应急广播、应急救援器材、预案演练等因素综合影响。

国内外学者从不同视角围绕城市地下空间资源的质量、容量、适宜性、开发潜力、可持续发展能力或可持续性、安全性等评价目标开展了大量研究，但评价目标的准确定义仍存在分歧，部分目标之间存在交叠，有待整合与统一。

1.3.2 加强评价工作的重要性

现有的城市地下空间资源研究还存在许多问题，不能满足蓬勃发展的城市地下空间资源开发利用的实践需求。由于种种原因，我国地质勘探、测绘遥感、城市规划、城市建设、岩土工程及国土空间规划等诸多自然资源相关部门、行业及企事业单位，对城市地下空间资源重要性的认识还很不足。改变思想、提升认识、与时俱进，是当务之急。

1. 正确认识城市地下空间资源评价的重要性

城市地下空间资源兼备资源与环境的双重属性，既是城市建设空间扩容的资源载体，也是地下空间工程运行的环境条件，更是城市生存与发展的本底。若对岩溶、采空区、地裂缝、断裂带、空洞、地下水、流砂、软土等特殊地质现象的空间分布、发育状况及其危害性了解不够，将直接导致城市地下空间资源条件不明、开发冒进、建设盲目等问题，进而在城市地下空间长期运营过程中常常出现地面沉降或隆起、突涌、渗漏、内涝等不良地质安全风险[175,176]。从基于自然、遵循自然的角度，通过理清城市地下工程建设中引起或遇到的地质环境问题的发生机理和破坏模式，建立城市地质环境综合评价与区划方法体系，提出控制城市地下空间开发导致地质环境损伤的风险和灾害防范措施，以开展城市地下空间资源开发与地质环境的互馈机制研究，可为城市地下空间资源的合理规划和开发利用提供科学、有效的地质依据。

钱七虎院士形象地将高层建筑、大广场、宽马路等视为城市“面子”工程，将城市地质环境与地下空间视为城市的“里子”工程；指出城市化及城市建设既要看重“面子”，更要重视“里子”；只有把“里子”工程做好，才能让城市真正有“面子”[177]；强调“开发地下空间要深谋远虑”[178]。孙钧院士明确指出城市地下空间开发是“造福当代、惠泽千秋”的一项伟业。地下工程建设不仅投入巨大，而且又是一项开发不可逆的产物，对它的取舍和抉择必须慎之又慎，容不得半点疏漏和失责[38]。

因此，需要在城市地下空间规划阶段，加强对城市地下空间资源可持续利用性能的考量[179]，以保障城市地下空间资源开发利用科学合理、整体有序，并杜绝盲目和冒进式开发，避免或减少灾害发生。不合理的城市地下空间资源开发利用模式，会引起地质环境灾害和地下水环境变化，从而降低城市地下空间资源的质量、容量与适宜性，进而反馈影响城市地下空间资源的下一步开发利用。因此，需从自然资源调查与评价的角度，不断加强城市地质调查，开展全要素探测、全资源评价、全空间协同规划、全环境监测等工作，查明城市地质结构和地质灾害隐患，进行城市地下空间资源环境承载力及其开发适宜性双评价。该项工作是城市地下空间规划与建设的基础性工作和前置刚性约束[28,37,175,180-183]。

如前所述，尽管国内外学者已从不同侧面开展了城市地下空间资源的评价研究与实践，但现有的城市地下空间资源评价理论与方法研究在评价要素内涵、评价指标体系、指标赋权方法、数学模型构建、评价要素及指标的多尺度效应、空间建模与可视化、评价实践模式与结果表达等方面，还存在许多不足或严重缺陷。如在地形起伏变化大的城市，地下线性工程有可能横跨深度域－50～0 m的浅层、次浅层、中层或深层，以深度范围进行的城市地下空间资源评价不利于地铁等地下线性工程的规划与建设，即此种基于地面高程往下延伸的深度分层模式无法满足城市立体规划及地下空间开发建设的实际需求[图1.3(a)]。此外，地下非线性工程有可能分别处于断层的上下盘岩体内，并且地下线性工程也可能横穿断层。而现有的平面评价模式和深度分层评价模式，难以反映不同地层的禀赋差异和开发适宜性，对活动断裂、地层结构等地质构造属性对城市地下空间资源的重要影响仍缺乏细致考虑，不利于地下空间合理布局与整体规划[图1.3(b)]。

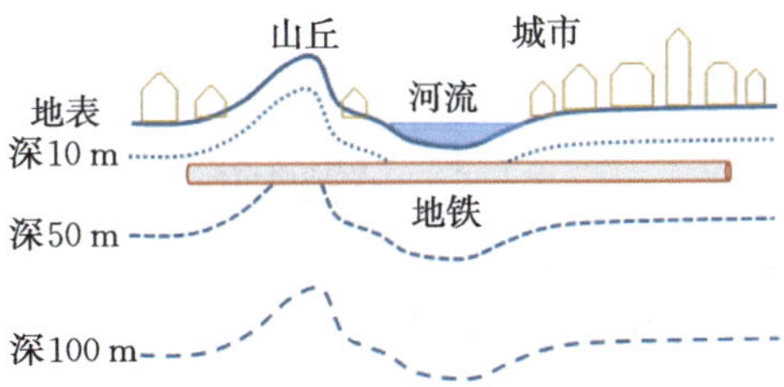

(a) 以深度范围进行评价不利于线性工程规划建设

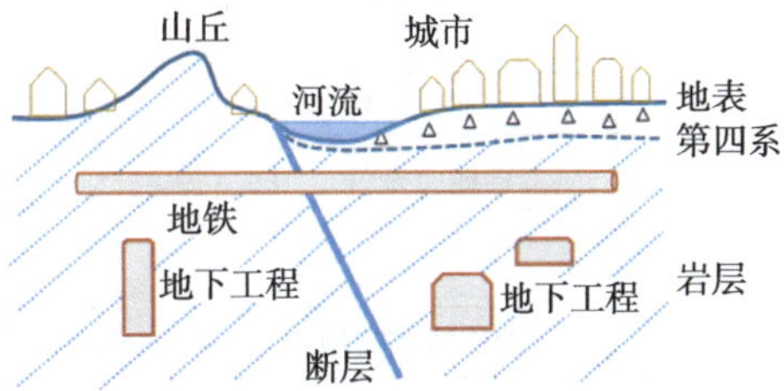

(b) 难以反映不同地层的适宜性及地层结构影响

图1.3 当前城市地下空间资源评价研究的主要不足

2. 加强城市地下空间资源评价内涵建设

城市地下空间资源评价的内涵还不够充实，主要体现在许多基础性概念不明晰、一些关键性问题不清楚。具体包括：城市地下空间资源概念的界定与统一、评价要素的内涵差异与逻辑联系、评价要素的多尺度效应与动态响应、评价指标的筛选与赋权、评价单元的柔性划分与插值、评价结果的透明表达与可视化等，均缺乏基础研究；现有评价模型与方法的严密性、有效性不足，数学模型过于简化、连续性缺乏。总体上，基于新型国土资源特点的城市地下空间资源评价理论与方法体系尚未完全建立，城市地下空间资源评价基础理论与方法研究严重滞后于地下空间开发实践，不能满足我国蓬勃发展的地下空间资源开发、城市立体规划、地下空间工程建设的应用需求。

因此，亟须从自然资源学的整体框架、从新型国土资源立体管控与综合开发利用的特殊视角，加强城市地下空间资源评价的内涵建设。重点围绕城市地下空间资源评价对象、评价要素、评价目标、评价指标、评价模型五个方面，系统、深入和坚实地开展城市地下空间资源评价的内涵建设(图1.4)；重点突破多要素、多尺度、多粒度、多时态的三维动态评价技术瓶颈，尽快建立城市地下空间资源评价理论、模型与方法体系，为研发新一代城市地下空间资源评价三维软件平台提供支撑，以此为国家及省市层面的城市地下空间资源评价管理及城市立体规划提供技术手段，为城市地下空间资源开发利用与城市健康发展提供决策依据。

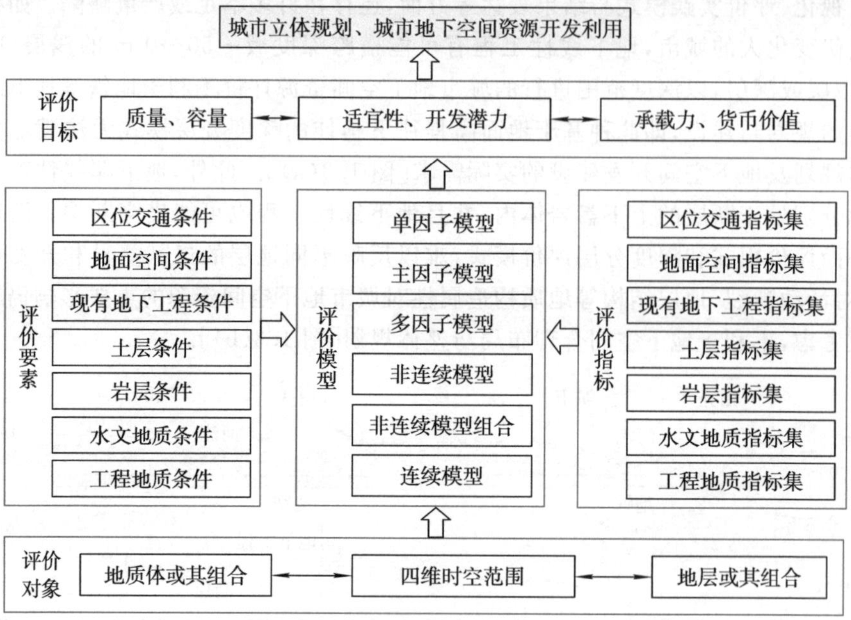

图 1.4 城市地下空间资源评价的基本内涵与技术体系

1.4 地下空间资源学

早在 1982 年，联合国自然资源委员会已将地下空间列为“潜在而丰富的自然资源”。我国经过近 40 年的城市地下空间资源的大规模开发与综合利用，以及近 20 年的城市地下空间资源评价研究，有关地下空间资源（特别是城市地下空间资源）研究的理论与方法不断丰富，渐成体系，以此为基础的地下空间资源学研究呼之欲出。

1.4.1 基本框架

地下空间资源学（science of underground space resources，SUSR）是研究地下空间资源的形成与演变过程、分类与分布规律、质量与容量特性、适宜性与承载力，以及地下空间资源调查与探测、评价与分析、管理与规划、监测与保护的一门综合性交叉学科。地下空间资源学旨在研究和解决城市人口、空间资源、生存环境、城市发展之间的多种矛盾，为国家及城市健康可持续发展提供地下空间资源方面的科学依据与决策支持信息，为地上地下土地权利设置提供法律依据与数据信息。地下空间资源学是自然资源学的一个新的生长点,极有可能成长为自然资源学的重要分支。

地下空间资源学的基本架构包括四大部分(图 1.5),即地下空间资源调查与探测、地下空间资源评价与分析、地下空间资源管理与规划、地下空间资源监测与保护。①地下空间资源调查与探测:其研究范围包括利用各类地质调查与地球物理探测手段、各类岩土力学测试分析及测绘遥感手段,对地下空间资源对象的自然禀赋(即空间与属性信息)进行全方位、多参数获取与综合分析。②地下空间资源评价与分析:在地下空间资源调查与探测的基础上,结合社会经济现状与科技发展水平,构建某种数学模型,对地下空间资源质量、容量、适宜性、承载力等关键要素进行定性与定量评价,对开发潜力、经济价格等进行综合分析。③地下空间资源管理与规划:在地下空间资源调查与评价的基础上,对地下空间资源进行统一管理、数字化注册与权属登记,并结合地下空间资源的适宜性与开发潜力,为地下空间资源中、长期开发利用规划提供建议和依据。④地下空间资源监测与保护:围绕城市及地下空间工程建造、运行、维护的全生命周期,开展地下空间资源与地下工程、区域局部与城市整体、子系统与全系统相结合的动态监测与风险分析,为地下空间资源动态评价及地下空间资源规划调整提供数据和参考,并提出地下空间资源保护措施及法律依据。

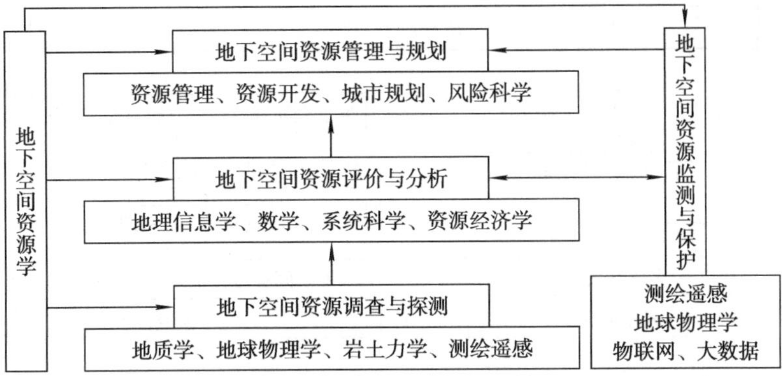

图 1.5　地下空间资源学的基本架构与相关学科

由图 1.5 可见,地下空间资源学包括了地质学、地球物理学、岩土力学、测绘遥感、地理信息学、数学、系统科学、资源经济学、资源管理、资源开发、城市规划、风险科学、物联网、大数据的有关内容,是这些不同门类学科交叉渗透的产物。地下空间资源学的基础是地下空间资源调查与探测,其核心是地下空间资源评价与分析,其目的是地下空间资源管理与规划,其关键是地下空间资源监测与保护。地下空间资源评价结果的表现形式为各类二维或三维专题图(如地下空间资源类型图、地下空间资源质量图、地下空间资源适宜性图、地下空间资源承载力图、地下空间资源开发现状图、地下空间资源开发规划图、地下空间资源风险图等),以及地下空间资源评价对象空间及属性信息变化的动态可视化(如控制层属性及开发扰动的仿真可视化、地下水位水质变化的多维动态可视化等)。

1.4.2 研究范式

地下空间资源学的特点是综合借鉴了土地资源学和矿产资源学的基本理论与方法,其研究范式(即“研究内容与方法的统一”)具有相似性,又各具特色。地下空间资源学的研究范式如图 1.6 所示,其内涵包括:借鉴地下空间资源评价的研究方法,围绕地下空间资源评价要素的多尺度效应、地下空间资源与开发利用的互馈机制、地下空间资源评价要素的动态响应这三个关键科学问题,针对地下空间资源调查与探测、评价与分析、监测与保护、管理与规划的理论方法与技术难题,以地质学(包括工程地质、水文地质和环境地质等)、数学(包括系统论、模糊数学、多目标决策等)和力学(包括岩石力学、岩土力学、工程力学等)为基础学科支撑,以地理信息学、地质统计学和城市规划学为交叉学科支撑,联系土地资源学、矿产资源学、水资源学三个兄弟学科,以地球物理技术(包括电法、磁法、重力探测等)、测绘遥感技术(包括微波、红外、激光等)和可视化技术(包括多维表达、动态展现等)为关键技术手段,系统而有序地开展地下空间资源学理论研究、技术开发与应用实践。

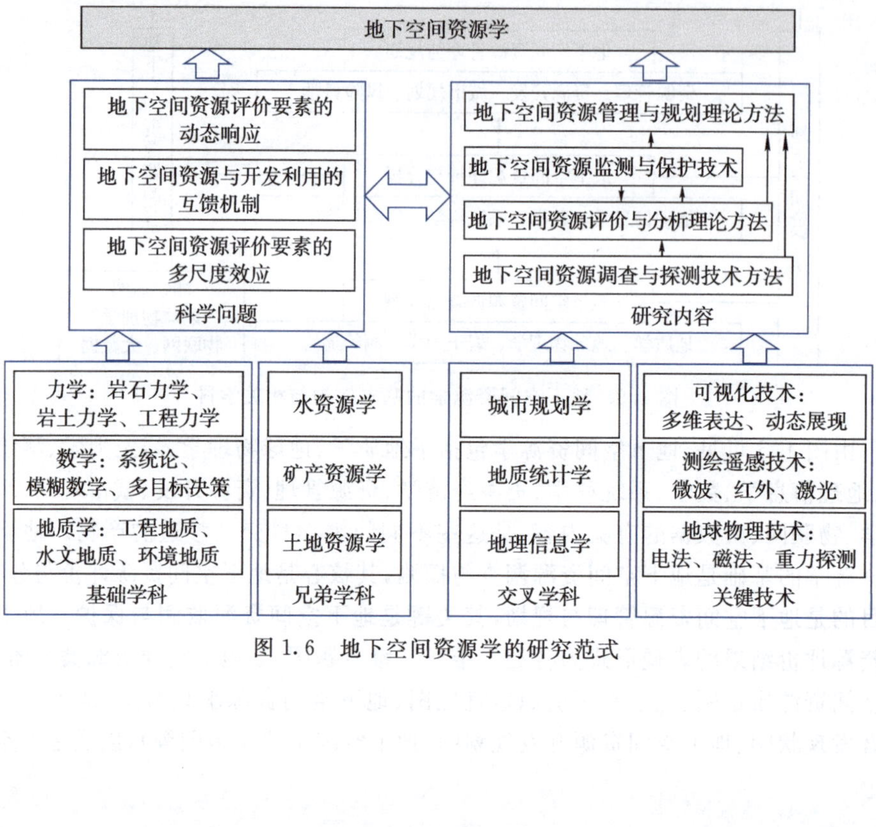

图 1.6 地下空间资源学的研究范式

第 2 章　城市地下空间资源评价指标体系

评价指标体系是开展城市地下空间资源评价的前提条件，科学的评价指标体系对评价结果的准确性和应用效果至关重要。21 世纪以来，面对城市地下空间资源不同评价目标的指标筛选与厘定的研究工作相继展开，如城市地下空间资源质量、容量、适宜性、开发潜力等不同评价目标。但是，由于缺少指标筛选和属性量化的质量控制研究，评价过程中难以控制分级模式与专家打分的不确定性影响，现有研究对城市地下空间资源评价指标体系的合理性、不同类型评价指标的尺度敏感性及其区域影响能力等缺乏整体考虑，导致确定城市地下空间资源评价指标的随机性与主观性很大。

本章全面梳理了城市地下空间资源评价目标的合理定义、筛选原则与方法，并着重介绍了基于层次分析(AHP)法的城市地下空间资源质量评价指标体系、基于粗糙集的城市地下空间资源质量岩土体条件指标重要性，以及面向城市地下空间资源不同评价目标时可定量化判定与删减评价指标的量化指标体系构建方法等内容，期望以此提升城市地下空间资源评价指标体系构建的质量控制能力。

2.1　评价指标及筛选

2.1.1　评价指标类型

面向城市地下空间资源不同评价目标的综合评价指标体系，是表征城市地下空间资源可量度参数的集合。科学合理的评价指标体系不但是城市地下空间资源评价的重要途径，而且将影响评价结果的准确性、可靠性和合理性。城市地下空间资源评价指标的遴选和体系的构建需遵循科学性、系统性、时效性、尺度性、易获取性的原则。参照城市地下空间全要素（工程、水文、重力、应力、地温、放射性、地球化学等）、全资源（空间资源、矿产资源、水资源、地热资源、地质材料资源等）、多参数（物理参数、力学参数、经济指数等）、多场探测（重力场、应力场、电磁场、地球化学场等）等方式的资源评价标准，考虑城市地下空间资源的物理、人文、控制性等评价因素，参照地质介质、岩土体条件、经济条件、社会条件、地理位置条件、工程建设条件、政府政策与地质缺陷等城市地下空间资源评价因子及其确定的具体评价指标，构建出面向城市地下空间资源不同评价目标的综合评价指标体系。

1. 物理因素

物理因素表征了研究区域内的地质条件及地下岩土体的物理化学性质，主要包括地质介质、岩土体条件等评价因子。

(1)地质介质。城市地下空间规划及其有效开发利用需要良好的工程地质和水文地质条件作为支撑。不良的地质环境区域，如断层区、地震区、滑坡区和不良水文区等，都将直接影响城市地下空间资源的质量，给后续的规划、开发和利用带来安全威胁和成本压力。为了准确判断城市地下空间所处区域的地质条件，结合资源评价标准，建议地质介质评价因子纳入地震烈度、地面坡度、软土厚度、砂土液化系数、含水层分布、地下水腐蚀性、潜水埋深等参数作为评价指标。

(2)岩土体条件。城市地下空间资源开发利用的实现是各种地下工程项目的建设。岩土体作为工程建设的介质和环境条件，其物理力学性质的差异对城市地下空间资源的开发利用有着重要影响。为了准确判断城市地下空间所处区域的岩土体条件，结合资源评价标准，建议岩土体条件评价因子纳入黏聚力、内摩擦角、承载力、压缩模量、渗透系数等物理力学参数作为评价指标。

2. 人文因素

人文因素表征了城市所处区域的地方经济、社会发展状况、城市地理位置、城区建筑设施状况，主要包括经济条件、社会条件、地理位置条件、工程建设条件等评价因子。

(1)经济、社会、地理位置条件。城市的经济发展水平、社会发展需求、地理位置条件决定了其地下空间资源的需求强度、开发水平和使用价值。城市的区域地理位置、地下空间资源在城市中的地理位置、城市的经济发展水平均会影响城市地下空间资源的开发水平和使用价值。为了准确判断城市地下空间所处区域的经济、社会、地理位置条件，结合资源评价标准，建议经济条件评价因子纳入人均GDP、人均收入、人均支出等经济性参数作为评价指标，社会条件评价因子纳入人口密度、基准地价、城市化率、人均汽车保有量、公共安全等社会性参数作为评价指标，地理位置条件评价因子纳入距市中心距离、地理位置重要性等参数作为评价指标。

(2)工程建设条件。城市地下空间资源的开发利用受到现有地面开发现状和地下工程分布的制约和许可。空旷单一的地面条件和建设资料齐备的地下工程信息有助于地下空间的进一步开发利用。为了准确判断城市地下空间所处区域的地面及地下空间条件，结合资源评价标准，建议工程建设条件评价因子纳入地面设施类型、地下设施类型等参数作为评价指标。

3. 控制性因素

控制性因素表征了对城市地下空间资源开发利用具有控制性作用的国家或地方政府的适时性指导方针及地域内大空间范围影响的不良地质体，主要包括政府政策、地质缺陷等评价因子。

政府政策与地质缺陷：国家或地方政府对城市地下空间开发的政策和城市所处区域已存的各类地质缺陷均对城市地下空间资源评价结果有控制性作用。为了准确判断城市地下空间所处区域的政府政策与地质缺陷，结合资源评价标准，建议政府政策评价因子纳入国家政策、政府规划等参数为评价指标，地质缺陷评价因子纳入断层、岩溶、采空区、地裂缝等参数为评价指标。

当面向城市地下空间资源不同评价目标时，评价指标的选择与评价对象地质类型、评价尺度的大小、指标时态的变化息息相关。当评价对象处于不同地质类型区域、不同评价尺度、不同评价时刻状态时，地质介质、岩土体条件、经济条件、社会条件、地理位置条件、工程建设条件、政府政策、地质缺陷等参数分布特征的差异会导致城市地下空间资源评价指标数值的动态变化。不同地质类型[如：基岩区城市类型，褶皱山地型、红层丘陵型、火山岩山地型、结晶岩山地型、岩溶山地型、内陆丘陵型、滨海及海岛型；覆盖区城市类型，冲积平原型（滨海冲积平原型、滨河冲积平原型、滨湖冲积平原型、三角洲冲积平原型、河口冲积平原型、山前冲洪积倾斜平原型）、内陆河谷盆地型（内陆河谷冲积盆地型、内陆河谷冲积阶地型、断陷盆地型、深切河谷型、高原寒冻河谷盆地型）；其他类型，内陆干旱或半干旱季节冻土型等]城市对应特定的评价指标，此时构建其评价指标体系的关键是按同地质类型城市进行分类处理，从而实现评价指标的动态选择。不同评价尺度则对应不同的评价指标层级，此时构建其评价指标体系的关键在于尺度切换时，需要按照不同层级评价指标提取（分解）的原则、模式和方法动态处理。不同评价指标在不同时刻发生数值变化的速率会有所不同，此时构建其评价指标体系的关键是注重评价指标的时效性对城市地下空间资源的影响。

因此，在综合考虑城市地质类型、评价尺度的大小、指标时态的变化、指标数据获取难易程度的影响下，需要动态选取城市地下空间资源评价指标体系的评价因子，然后在同一评价因子层内动态选取合理的评价指标，从而构建出适用于目标区域的不同评价目标的城市地下空间资源评价指标体系。

在城市地下空间资源综合评价过程中，不同地域或地区的评价需求和侧重会有所差异，而过于庞杂的指标体系不仅会增加分析的难度和工作量，还易造成指标间信息的重叠而降低评价质量。考虑地形地貌因素只会影响浅层地下空间资源的综合质量，不作用于中层或深层；地表水主要影响浅层或中层地下空间资源的综合质量，不作用于深层（深层主要受地下水的影响），即位于地表的影响因素只会影响到浅层地下空间质量。反之，位于地表以下越深的影响因素，往往对所有深度的地下空间质量产生影响。因此，选取评价指标时需要结合地下空间分层进行综合筛选。在进行指标选取时，还应该考虑评价指标存在的时效性，即评价指标是长久存在，还是短暂存在，如岩体强度具有长久性（也可称为普通性），而地震具有短时性（也可称之为敏感性）。因此，筛选评价指标时需要结合影响因素的长久性和短时性进行综合筛选，即根据评价指标对不同地下分层的影响及其自身时效性，在综合考虑城市地质类型、评价尺度的大小、指标时态的变化、指标值获取难易程度的作用下，尽可能完整地构建研究区域的评价指标体系。

2.1.2 指标筛选方法

1. 专家调查法

现有的城市地下空间资源评价指标筛选工作所使用的方法主要是在前人已有研究成果的基础上，结合目标研究区域详细的各类工程资料和专家建议，再依托专家调查法，拟定出影响城市地下空间资源评价要素的主要因子和对应指标，从而构建起面向研究区域城市地下空间资源不同评价要素的评价指标体系。

专家调查法，也称德尔菲(Delphi)法，是19世纪40年代发展出的一种通过采用匿名发表意见的方式(即专家之间不得互相讨论，不发生横向联系，只能与调查人员发生联系)，多轮次调查专家对问卷所提问题的看法，经过反复征询、归纳、修改，最后汇总成专家基本一致的看法，三轮调查流程如图2.1所示。

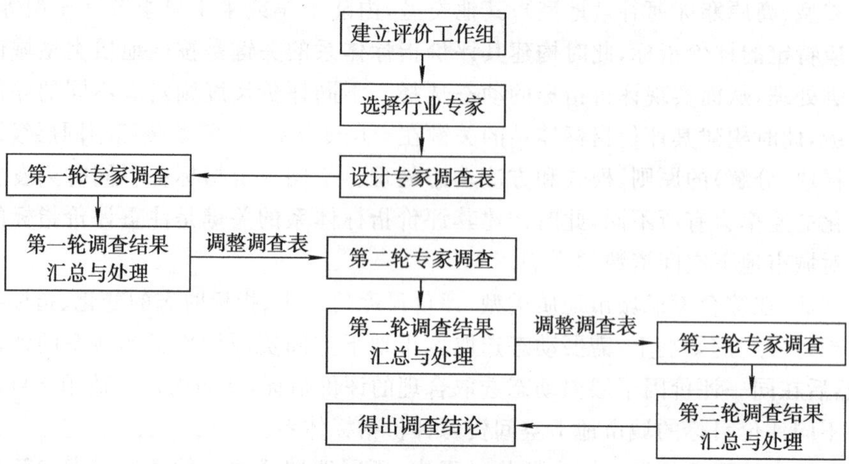

图2.1 专家调查流程

2. 层次分析法

层次分析法是美国学者Saaty教授于20世纪70年代提出的一种多层次权重决策方法，其通过构造评价指标两两判断矩阵的方式来计算出各层次判断矩阵的最大特征值及其所对应的特征向量，并进行一致性检验，从而得到评价指标的权重值。实质上，层次分析法中判断矩阵的构造与专家的个人经验紧密相关。整体上看，层次分析法是目前应用于城市地下空间资源评价指标权重计算的最普遍方法，其计算原理主要包括四个方面：①建立递阶层次结构；②构造判断矩阵；③层次单排序及一致性检验；④层次总排序及一致性检验。其计算流程如图2.2所示。

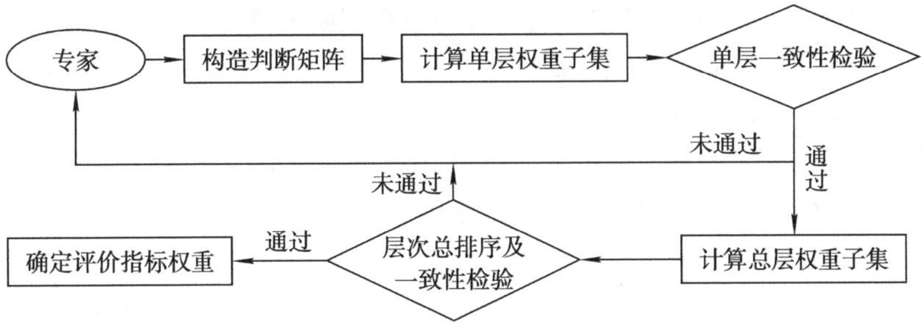

图 2.2　层次分析法计算流程

1)建立递阶层次结构

层次分析法将待评价的目标设置为目标层,然后对评价目标的影响因素进行分类形成准则层,最后将上述影响因素归入对应的准则层下形成指标层,从而构造起影响因素间相互关联的递阶层次结构。

2)构造判断矩阵

在明确了评价目标的影响因素后,需要依次判断两两影响因素之间的相互重要度,其构造过程包含下列八个步骤,依次为:

(1)组建有专业知识背景的专家组,并向各位专家解释判断矩阵的构建原理与方法。

(2)构造出表征评价指标判断矩阵的数据表格。

(3)向每位专家成员发放判断矩阵表格,并按后续步骤反复检查。

(4)请每位专家成员按 1~9 标度的判断矩阵标度定值表并进行两两比较,得出自己对评价指标标度的判断结果。判断矩阵标度及其含义如表 2.1 所示。

(5)请每位专家成员核实检验自己给出的判断矩阵,并作出符合自己认知的最终判断结果。

表 2.1　层次分析法判断矩阵标度及其含义

标度	含义
1	两因素同等重要
3	其一因素比另一因素稍微重要
5	其一因素比另一因素明显重要
7	其一因素比另一因素强烈重要
9	其一因素比另一因素极端重要
2、4、6、8	上述相邻判断的中值,处于过渡阶段
倒数	两因素间的相互重要度互为倒数

(6)收集每位专家成员的最终判断矩阵表,构造出综合判断矩阵。

(7)请每位专家成员检验综合判断矩阵,如有需要,则再次修改确认自己对评价指标的最终判断矩阵。

(8)收集每位专家成员经修改确认后的最终判断矩阵,再次构造出综合判断矩阵,若各专家无任何补充看法后,则以其作为影响因素之间的两两判断矩阵。

3)层次单排序及一致性检验

层次分析法首先计算准则层和指标层判断矩阵对应的特征值和特征向量,并将其最大特征值对应的特征向量归一化后的向量作为影响因素的排序权值。专家对事物的看法带有个人的主观差异且专家的知识结构也各有不同,导致构造的判断矩阵不全是一致性矩阵。因此,需要对判断矩阵进行一致性和随机性检验,其数学表达式为

$$CI=\frac{\lambda_{\max}-n}{n-1} \tag{2.1}$$

$$CR=\frac{CI}{RI} \tag{2.2}$$

式中,CI 为一致性指标;$\lambda_{\max}$ 为判断矩阵的最大特征值;n 为判断矩阵的阶数;RI 为平均随机一致性指标,标准值如表 2.2 所示;CR 为随机一致性检验系数,当 $CR<0.1$ 时,则认为判断矩阵满足随机一致性,符合权重计算的要求,反之则需要重新构造判断矩阵。

表 2.2　平均随机一致性指标的标准值

阶数	1	2	3	4	5	6	7	8	9	10
RI	0	0	0.58	0.90	1.12	1.24	1.32	1.41	1.45	1.49

4)层次总排序及一致性检验

按照步骤 3)所示,计算目标层和准则层判断矩阵的最大特征值对应的特征向量,若能通过一致性检验,则将特征向量归一化后的向量作为准则层指标的排序权值,结合指标层影响因素的排序权重,经多层次累乘运算,得到影响因素相对于评价目标的绝对权重。

2.2　城市地下空间资源质量评价指标

城市地下空间资源质量评价的目的旨在把握城市地下空间可开发利用的程度和潜力,评价结果是城市地下空间开发利用规划的重要依据,有利于指导城市地下空间的开发和利用,同时也有利于引导城市地面的规划和建设发展。

城市地下空间资源质量优劣的评价是基于一定的评价指标体系来完成的,评价指标体系是用来表征城市地下一定深度范围内、一定的地下空间单元内地下空间可开发利用潜力的可量度参数的集合。建立科学的评价指标体系不但是城市地下空间资源质量评价的重要途径,而且将影响评价结果的准确性、可靠性和合理性。因此,评价指标体系的建立是城市地下空间资源质量评价的关键和核心。

2.2.1　资源质量影响因素分析

地下空间是指在岩层或土层中天然形成或经人工开发形成的空间[16]。由城市地下空间资源质量的概念可知:城市地下空间资源质量具有明显的空间分异性，是一个受多种因素综合影响的系统结果，主要表现在由于受到工程地质条件、水文地质条件、岩土体条件、地面及地下空间条件和地域位置条件等的影响和制约，导致沿水平方向和垂直方向，地下空间资源质量具有差异性，这种差异性表明沿水平方向和垂直方向地下空间的可开发利用程度和开发利用潜力是不同的。

1. 工程地质条件

城市地下空间的开发利用首先受到工程地质条件的影响和制约，地下空间开发利用的可能性及开发利用的难易程度对工程地质条件有高度的依赖性，工程地质条件将影响地下空间的区域稳定性[64-70]。影响地下空间资源质量的工程地质条件主要有活断层、地裂缝、区域地质灾害(滑坡、岩溶等)、节理与裂隙的组数、节理与裂隙的密度、地震烈度等。

活断层、地裂缝和强烈的地震将引起地下岩土体发生开裂、沉降及砂土液化等破坏。较差的工程地质条件不但破坏了地下空间所赋存的地下原生岩、土体的整体性和完整性，还会引起地下工程围岩的破碎、坍塌和失稳，甚至危及地下工程的安全和正常使用。

节理与裂隙是影响城市地下空间资源质量的软弱结构面。如果地下岩土体的节理、裂隙发育，则硐室围岩的整体性较差，地下空间开发利用中的二次应力将使围岩产生较大的塑性变形和较大的破坏区域，同时也将使节理、裂隙间的错动、滑移变形增大，并最终影响围岩的稳定性。

2. 水文地质条件

地下水是赋存于地下的上层滞水、潜水和承压水。地下水一方面具有重要的城市用水意义，如潜水、承压水可作为城市的水源;但另一方面又对城市地下空间资源质量具有消极的影响。消极影响主要表现在:地下水会增加地下空间开发利用的难度，从而增加地下空间开发利用的成本;地下水上升将浸润岩土体结构面且多因含有一定的 SO_4^{2-} 等而易软化岩石，并将泥质成分带入结构面，降低结构面和岩体的强度[71,72]，导致地下工程发生变形失稳，甚至破坏;若地下水位下降，则会增加土的自重应力，导致地下工程的附加沉降;地下水常因受污染而腐蚀混凝土，危害地下工程的支衬结构。

因此，地下空间的开发利用要求有良好的水文地质条件。影响地下空间开发利用的水文地质条件主要表现在地下水的赋存类型、地下水水位及补给、单位涌水量、渗透系数、地下水腐蚀性等方面。地下水的赋存类型是影响地下空间开发利用的重要水文地质条件，如上层滞水与潜水和承压水对地下空间开发利用时的施工排水难度等的影响存在很大的差异，并在很大程度上影响地下空间资源质量;单位涌水量直接影响地下空间开发利用时的施工排水难度及开发成本，从而影响地下空间的开发和利用；渗透系数是表征岩土层隔水性能的重要参数，岩土层的渗透系数越大，表明其隔水性能越差，严重的地下水渗透将破坏围岩的稳定性，从而影响地下空间资源质量；若地下水水位较低且补给较少，则有利于减少地下空间开发利用中的施工排水费用、缩短工期。

3. 岩土体条件

地下岩土体是地下空间开发利用的介质和环境，岩土体条件将影响地下洞室开挖的难易程度及洞室围岩的稳定性，因此，岩土体条件是地下空间开发利用比较重要的影响因素。影响地下空间资源质量的岩土体条件主要有岩土体的黏聚力、内摩擦角、承载力标准值及压缩模量等。

城市地下空间是由岩土体来承载的。由于岩土体的形成过程及自然堆积情况不一，其组成物质及工程特性也各有不同，因而其强度及其对地下建筑物、构筑物的承载能力也不一样，并影响城市地下空间资源质量。岩土体的强度越大，相应位置处地下空间的资源质量也越好。反映岩土体强度高低的主要参数是黏聚力、内摩擦角和承载力标准值。压缩模量是反映地下岩土体抗变形能力的重要参数。压缩模量越大，地下岩土体抗变形能力越好。

4. 地面及地下空间条件

地面空间条件是指城市现今地面设施对地下空间资源质量的影响，主要表现在地面空间类型对城市地下空间开发利用的许可。

一方面，由于城市地面存在需要保护的古建筑物、重要建筑物等，地下空间（尤其是浅层地下空间）的开发利用应以不破坏这些建筑物为前提。具体表现为在一定深度范围内，地面空间已被利用或压占且不宜破坏的相应地下空间不宜首先考虑其开发利用，否则将影响地面建筑物的稳定性；河湖水域是影响地下空间资源质量的不利因素，主要表现在地下空间开发利用时的突水、涌水及冒水并影响其相应地下空间开发利用的可行性。

另一方面，城市地面现存的道路、广场、绿地及可拆建建筑物是影响城市地下空间资源质量的有利因素。主要表现在开发利用城市地下空间时，首先考虑的是城市道路、广场、绿地及可拆建建筑物下的地下空间，因为开发利用这部分地下空间资源时，受到其上地面空间类型的影响和制约程度较小。因此，地下空间（尤其是浅层地下空间）的开发利用的最适宜位置是广场、绿地及道路下的相应地下空间，其次是空地、无保留价值建筑的下部空间[38]。故可考虑充分开发利用这部分建筑物及场地所占位置处的相应地下空间，但同时还应与地面空间再开发利用结合起来，并依据地下条件及地下空间开发利用规划来引导地面空间的规划与建设。

地下空间条件是指地下已开发利用的空间对地下空间资源质量的影响。地下建筑物、构筑物，如地铁、地下人防设施、地下商业设施、地下工程管线等已开发利用的地下空间，对其邻近地下空间的开发利用具有较大影响。

5．地域位置条件

地域位置条件包括城市在区域地理位置中的重要性及与城市中心区的位置关系等。城市在区域地理位置中的重要性影响城市开发利用地下空间的适宜度，主要表现为城市在区域地理位置中的重要性影响城市所具备的开发地下空间的经济实力及开发地下空间的可行性；与城市中心区的位置关系影响城市具体地块地下空间的开发利用价值及开发效益，主要表现在与城市中心区的位置关系影响城市土地级差效益分布及变化趋势并影响城市土地价格，进而影响城市地下空间开发利用效益和开发利用价值。

综上，工程地质条件、水文地质条件、岩土体条件、地面及地下空间条件、地域位置条件等是城市地下空间资源质量的主要影响因素，它们相互制约、相互作用，并从本质上影响和制约城市地下空间的开发和利用。

2.2.2　基于层次分析法的城市地下空间资源质量评价指标体系

1．评价指标体系构建原则

城市地下空间资源质量评价指标体系的构建应遵循科学性、系统性、实用性、层次性和简洁性原则。

(1)科学性原则。以科学的态度客观地选取指标，以便真实有效地评价城市地下空间资源质量。

(2)系统性原则。城市地下空间开发利用受地质条件、水文地质条件、岩土体条件、地面及地下空间条件的综合影响。因而城市地下空间资源系统是受多因素相互作用、相互制约的复杂系统，必须把城市地下空间资源质量视为一个系统，并基于其多因素来进行综合评价。

(3)实用性原则。建立城市地下空间资源质量评价指标体系的目的是客观地反映和度量城市地下空间可开发利用的程度或开发利用潜力。因此，选用的评价指标必须实用、可行、可操作性强，能够反映地下空间资源质量的真实情况。

(4)层次性原则。因为城市地下空间资源质量是多层次、多因素综合影响和作用的结果，故所选用的评价指标应具有层次性，能从不同方面、不同层次反映城市地下空间资源质量的实际情况。

(5)简洁性原则。指标的选取以能反映所评价问题的实质为目的，在影响城市地下空间资源质量的诸多因素中，应针对性地选取主要的、有代表性的因素并能充分反映客观事实。

2．城市岩体中地下空间资源质量评价指标体系

1)指标体系

以城市地下空间资源质量为目标层，选取城市地下空间资源质量的主要影响

因素作为准则层，将各因素中的若干影响因子作为指标层，基于层次分析法构建了城市岩体中地下空间资源质量的层次结构模型。

目标层：城市岩体中地下空间资源质量 (A)。

准则层：工程地质条件(B_1)、水文地质条件(B_2)、岩体条件(B_3)、地面及地下空间条件(B_4)、地域位置条件(B_5)。

指标层：工程地质条件——活断层的影响 (X_1)、节理与裂隙的组数(X_2)、节理与裂隙的密度(X_3)、滑坡与岩溶(X_4)、地震烈度(X_5)；水文地质条件 —— 受影响的地下水赋存类型(X_6)、地下水补给(X_7)、单位涌水量(X_8)、渗透系数(X_9)、地下水腐蚀性(X_{10})；岩体条件 —— 岩体黏聚力(X_{11})、岩体内摩擦角(X_{12})、承载力标准值(X_{13})、岩体压缩模量(X_{14})；地面及地下空间条件 —— 地面空间类型(X_{15})、受已开发地下空间的影响程度(X_{16})；地域位置条件 —— 城市在区域地理位置中的重要性(X_{17})、与城市中心区的位置关系(X_{18})。

2)构造判断矩阵及层次单排序与一致性检验

基于已构建的城市地下空间资源质量层次结构模型，以北京市 CBD 地下空间资源质量评价为例，考虑区域特点及各指标对城市地下空间资源质量的影响和评判等级，用专家咨询法构造出各层次的判断矩阵，运用 MATLAB 计算出各层次判断矩阵的最大特征值 λ_{max} 及其所对应的权向量 $\boldsymbol{\omega}$，并进行一致性检验。计算结果如下所述。

A—B 的判断矩阵为

A	B_1	B_2	B_3	B_4	B_5
B_1	1	1.2	1.7	1/1.2	5
B_2	1/1.2	1	1.5	1/1.5	4.5
B_3	1/1.7	1/1.5	1	1/2	4
B_4	1.2	1.5	2	1	5.5
B_5	1/5	1/4.5	1/4	1/5.5	1

其中，$\boldsymbol{\omega}_A(B)=[0.260\ \ 0.221\ \ 0.162\ \ 0.308\ \ 0.049]^{\mathrm{T}}$，$\lambda_{max}^{B}=5.016$，$CI_A(B)=0.004$，$RI_A(B)=1.12$，$CR_A(B)=0.004<0.1$。

B_1—X 的判断矩阵为

B_1	X_1	X_2	X_3	X_4	X_5
X_1	1	2.5	2.5	1.5	1.5
X_2	1/2.5	1	1	1/2	1/2
X_3	1/2.5	1	1	1/2	1/2
X_4	1/2	1.5	1.5	1	1/1.5
X_5	1/1.5	2	2	1.5	1

其中，$\boldsymbol{\omega}_{B_1}(X)=[0.336\quad 0.125\quad 0.125\quad 0.173\quad 0.241]^{\mathrm{T}}$，$\lambda_{\max}^{B_1}=5.065$，$CI_{B_1}(X)=0.016$，$RI_{B_1}(X)=1.12$，$CR_{B_1}(X)=0.014<0.1$。

B_2—X 的判断矩阵为

B_2	X_6	X_7	X_8	X_9	X_{10}
X_6	1	1.2	1.2	1.5	2.5
X_7	1/1.2	1	1	1.2	2
X_8	1/1.2	1	1	1.2	2
X_9	1/1.5	1/1.2	1/1.2	1	1.5
X_{10}	1/2.5	1/2	1/2	1/1.5	1

其中，$\boldsymbol{\omega}_{B_2}(X)=[0.269\quad 0.220\quad 0.220\quad 0.179\quad 0.112]^{\mathrm{T}}$，$\lambda_{\max}^{B_2}=5.002$，$CI_{B_2}(X)=0.002$，$RI_{B_2}(X)=1.12$，$CR_{B_2}(X)=0.002<0.1$。

B_3—X 的判断矩阵为

B_3	X_{11}	X_{12}	X_{13}	X_{14}
X_{11}	1	1	1	2
X_{12}	1	1	1	2
X_{13}	1	1	1	2
X_{14}	1/2	1/2	1/2	1

其中，$\boldsymbol{\omega}_{B_3}(X)=[0.286\quad 0.286\quad 0.286\quad 0.142]^{\mathrm{T}}$，$\lambda_{\max}^{B_3}=4$，$CI_{B_3}(X)=0$，$RI_{B_3}(X)=0.9$，$CR_{B_3}(X)=0<0.1$。

B_4—X 的判断矩阵为

B_4	X_{15}	X_{16}
X_{15}	1	1.5
X_{16}	1/1.5	1

其中，$\boldsymbol{\omega}_{B_4}(X)=[0.600\quad 0.400]^{\mathrm{T}}$，$\lambda_{\max}^{B_4}=2$，$CI_{B_4}(X)=0$，$RI_{B_4}(X)=0$，$CR_{B_4}(X)=0<0.1$。

B_5—X 的判断矩阵为

B_5	X_{17}	X_{18}
X_{17}	1	1
X_{18}	1	1

其中，$\boldsymbol{\omega}_{B_5}(X)=[0.500\quad 0.500]^{\mathrm{T}}$，$\lambda_{\max}^{B_5}=2$，$CI_{B_5}(X)=0$，$RI_{B_5}(X)=0$，$CR_{B_5}(X)=0<0.1$。

3)层次总排序与一致性检验

设 $\boldsymbol{\omega}_A(X_j)$ 为 X 在 A 中的权向量，并将指标层中没有影响的指标权值记为 0，

据 $\boldsymbol{\omega}_A(X_j)=\sum_{i=1}^{n}\boldsymbol{\omega}_A(B_i)\boldsymbol{\omega}_{B_i}(X_j)$，其中，$j=1,2,\cdots,m$，可得出层次总排序结果，如表 2.3 所示。

表 2.3　城市岩体中地下空间资源质量评价层次总排序结果

X	B					$\boldsymbol{\omega}_A(X_j)$
	B_1	B_2	B_3	B_4	B_5	
	0.260	0.221	0.162	0.308	0.049	
X_1	0.336	0	0	0	0	0.087
X_2	0.125	0	0	0	0	0.032
X_3	0.125	0	0	0	0	0.032
X_4	0.173	0	0	0	0	0.045
X_5	0.241	0	0	0	0	0.063
X_6	0	0.269	0	0	0	0.059
X_7	0	0.220	0	0	0	0.049
X_8	0	0.220	0	0	0	0.049
X_9	0	0.179	0	0	0	0.040
X_{10}	0	0.112	0	0	0	0.025
X_{11}	0	0	0.286	0	0	0.046
X_{12}	0	0	0.286	0	0	0.046
X_{13}	0	0	0.286	0	0	0.046
X_{14}	0	0	0.142	0	0	0.023
X_{15}	0	0	0	0.600	0	0.185
X_{16}	0	0	0	0.400	0	0.123
X_{17}	0	0	0	0	0.500	0.025
X_{18}	0	0	0	0	0.500	0.025

其中，$CI_A(X)=CI_A(B)+\sum_{i=1}^{5}\boldsymbol{\omega}_A(B_i)CI_{B_i}(X)=0.009$，$RI_A(X)=RI_A(B)+\sum_{i=1}^{5}\boldsymbol{\omega}_A(B_i)RI_{B_i}(X)=1.805$，$CR_A(X)=\dfrac{CI_A(X)}{RI_A(X)}=0.005<0.1$。

由计算结果可知：X_{15}、X_{16} 是城市岩体中地下空间资源质量评价的主要指标；X_1、X_5、X_6、X_7、X_8、X_{11}、X_{12}、X_{13} 等也是比较重要的评价指标。层次总体一致性是较满意的。

3. 城市土体中地下空间资源质量评价指标体系

1）层次结构模型

以城市土体中地下空间资源质量为目标层，选取城市地下空间资源质量的主要影响因素作为准则层，将各因素中的若干影响因子作为指标层，基于层次分析法构建了城市土体中地下空间资源质量的层次结构模型。

目标层：城市土体中地下空间资源质量（A）。

准则层：工程地质条件（B_1）、水文地质条件（B_2）、土体条件（B_3）、地面及地下空间条件（B_4）、地域位置条件（B_5）。

指标层：工程地质条件——活断层的影响（X_1）、滑坡与岩溶（X_2）、地震烈度（X_3）；水文地质条件 —— 受影响的地下水赋存类型（X_4）、地下水补给（X_5）、单位涌水量（X_6）、地下水腐蚀性（X_7）；土体条件 —— 土体黏聚力（X_8）、土体内摩擦角（X_9）、分层承载力标准值（X_{10}）、土体压缩模量（X_{11}）；地面及地下空间条件 —— 地面空间类型（X_{12}）、受已开发地下空间的影响程度（X_{13}）；地域位置条件 —— 城市在区域地理位置中的重要性（X_{14}）、与城市中心区的位置关系（X_{15}）。

2）构造判断矩阵及层次单排序与一致性检验

A—B 的判断矩阵为

A	B_1	B_2	B_3	B_4	B_5
B_1	1	1.2	1.7	1/1.2	5
B_2	1/1.2	1	1.5	1/1.5	4.5
B_3	1/1.7	1/1.5	1	1/2	4
B_4	1.2	1.5	2	1	5.5
B_5	1/5	1/4.5	1/4	1/5.5	1

其中，$\boldsymbol{\omega}_A(B)=[0.260\quad 0.221\quad 0.162\quad 0.308\quad 0.049]^{\mathrm{T}}$，$\lambda_{\max}^{B}=5.016$，$CI_A(B)=0.004$，$RI_A(B)=1.12$，$CR_A(B)=0.004<0.1$。

B_1—X 的判断矩阵为

B_1	X_1	X_2	X_3
X_1	1	2	1.5
X_2	1/2	1	1/1.5
X_3	1/1.5	1.5	1

其中，$\boldsymbol{\omega}_{B_1}(X)=[0.460\quad 0.221\quad 0.319]^{\mathrm{T}}$，$\lambda_{\max}^{B_1}=3.002$，$CI_{B_1}(X)=0.001$，$RI_{B_1}(X)=0.58$，$CR_{B_1}(X)=0.002<0.1$。

B_2—X 的判断矩阵为

B_2	X_4	X_5	X_6	X_7
X_4	1	1.2	1.2	1.5
X_5	1/1.2	1	1	1.2
X_6	1/1.2	1	1	1.2
X_7	1/1.5	1/1.2	1/1.2	1

其中，$\boldsymbol{\omega}_{B_2}(X)=[0.300\quad 0.248\quad 0.248\quad 0.204]^{\mathrm{T}}$，$\lambda_{\max}^{B_2}=4.00$，$CI_{B_2}(X)=0$，

$RI_{B_2}(X)=0.9, CR_{B_2}(X)=0<0.1$。

$B_3—X$ 的判断矩阵为

B_3	X_8	X_9	X_{10}	X_{11}
X_8	1	1	1	2
X_9	1	1	1	2
X_{10}	1	1	1	2
X_{11}	1/2	1/2	1/2	1

其中，$\boldsymbol{\omega}_{B_3}(X)=[0.286\quad 0.286\quad 0.286\quad 0.142]^{\mathrm{T}}, \lambda_{\max}^{B_3}=4, CI_{B_3}(X)=0$, $RI_{B_3}(X)=0.9, CR_{B_3}(X)=0<0.1$。

$B_4—X$ 的判断矩阵为

B_4	X_{12}	X_{13}
X_{12}	1	1.5
X_{13}	1/1.5	1

其中，$\boldsymbol{\omega}_{B_4}(X)=[0.600\quad 0.400]^{\mathrm{T}}, \lambda_{\max}^{B_4}=2, CI_{B_4}(X)=0, RI_{B_4}(X)=0$, $CR_{B_4}(X)=0<0.1$。

B_5-X 的判断矩阵为

B_5	X_{14}	X_{15}
X_{14}	1	1
X_{15}	1	1

其中，$\boldsymbol{\omega}_{B_5}(X)=[0.500\quad 0.500]^{\mathrm{T}}, \lambda_{\max}^{B_5}=2, CI_{B_5}(X)=0, RI_{B_5}(X)=0$, $CR_{B_5}(X)=0<0.1$。

3)*层次总排序与一致性检验*

城市土体中地下空间资源质量评价层次总排序结果如表 2.4 所示。

表 2.4 城市土体中地下空间资源质量评价层次总排序结果

X	B					$\boldsymbol{\omega}_A(X_j)$
	B_1	B_2	B_3	B_4	B_5	
	0.260	0.221	0.162	0.308	0.049	
X_1	0.460	0	0	0	0	0.120
X_2	0.221	0	0	0	0	0.057
X_3	0.319	0	0	0	0	0.083
X_4	0	0.300	0	0	0	0.066
X_5	0	0.248	0	0	0	0.055
X_6	0	0.248	0	0	0	0.055
X_7	0	0.204	0	0	0	0.045

续表

X	B					$\boldsymbol{\omega}_A(X_j)$
	B_1	B_2	B_3	B_4	B_5	
	0.260	0.221	0.162	0.308	0.049	
X_8	0	0	0.286	0	0	0.046
X_9	0	0	0.286	0	0	0.046
X_{10}	0	0	0.286	0	0	0.046
X_{11}	0	0	0.142	0	0	0.023
X_{12}	0	0	0	0.600	0	0.185
X_{13}	0	0	0	0.400	0	0.123
X_{14}	0	0	0	0	0.500	0.025
X_{15}	0	0	0	0	0.500	0.025

其中，$CI_A(X)=CI_A(B)+\sum_{i=1}^{5}\boldsymbol{\omega}_A(B_i)CI_{B_i}(X)=0.004$，$RI_A(X)=RI_A(B)+\sum_{i=1}^{5}\boldsymbol{\omega}_A(B_i)RI_{B_i}(X)=1.616$，$CR_A(X)=\dfrac{CI_A(X)}{RI_A(X)}=0.002<0.1$。

由计算结果可知：X_{12}、X_{13}、X_1 是城市土体中地下空间资源质量评价的主要指标；X_3、X_4、X_2、X_5、X_6、X_8、X_9、X_{10}、X_7 等也是比较重要的评价指标。层次总体一致性是较满意的。

2.2.3　基于粗糙集的城市地下空间资源质量评价指标

传统层次分析法是基于评价指标的相对重要性进行两两比较，并依据判断矩阵计算指标的重要性。基于层次分析法的城市地下空间资源质量评价指标体系研究方法是解决城市地下空间资源质量评价指标重要性的一种可行方法，然而基于层次分析法的研究过程中在进行两两比较时是定性的，因而不可避免地具有主观性。

粗糙集理论是波兰数学家 Z. Pawlak 于 1982 年提出的一种解决模糊和不确定性问题的新的理论和数学工具，目前已成功应用于数据挖掘和数据库知识发现等领域。粗糙集理论是基于论域研究其等价关系，一个等价关系的所有等价类即构成论域的分类或划分。本小节基于粗糙集的相关理论研究确定地下空间资源质量评价指标的重要性及评价模型，旨在找到各评价指标的重要性差异，进而确定各评价指标的权重。

1. 粗糙集理论的相关概念

1）知识、等价关系与知识库

在粗糙集理论中，将我们感兴趣的若干对象组成的非空有限集合称为论域，根据某种属性对论域进行分类得到关于论域的一个划分，称为关于论域的某种属性的知识，相应的属性称为等价关系。给定论域U与等价关系集合R，等价关系集合R对论域U的划分，称为知识，记为U/R。在分类过程中，属性相同（或相差不大）的对象被划分为同一类，它们具有不可区分关系，即若干对象间的不可区分关系表明它们基于某种属性具有等价关系。设U为论域，A为属性集，令$P\subseteq A$，属性集P的不可区分关系$\mathrm{ind}(P)=\{(x,y)\in U\times U \mid \forall a\in P, f(x,a)=f(y,a)\}$。假设基于球形、立方体形和长方体形将若干物体分为三类：{球形物体}、{立方体形物体}、{长方体形物体}，同为球形的若干物体具有不可区分关系，即等价关系，因为它们具有相同的球形属性信息，同理同为立方体形或长方体形的若干物体也各具有等价关系。论域上基于若干属性的一族划分称为关于论域的一个知识库。

2）知识表达系统

在粗糙集理论中，对象的信息是通过相应对象的属性及属性值来表达的。设$S=(U,A,V,f)$是一个知识表达系统。其中，U为论域，A为属性的非空有限集合，$V=\bigcup_{a\in A}V_a$，V_a是属性a的值域，$U\times A\rightarrow V$是一个信息函数，它为每个对象的每个属性赋予一个信息值，即$\forall a\in A, x\in U, f(x,a)\in V_a$。

知识表达系统实际上是一个关于对象知识的关系表，一个属性对应一个等价关系，一个表是定义的一族等价关系，即知识库。关系表中蕴涵了关于对象和属性的潜在信息和规律。

2. 评价数学模型

设U为非空有限论域，X为U上的子集，$X\subseteq U$，P和Q为U中的等价关系，Q的P正域记为$\mathrm{pos}_P(Q)$，即

$$\mathrm{pos}_P(Q)=\bigcup_{X\in U/Q}\underline{P}X \tag{2.3}$$

式中，$\underline{P}X$表示X的P正域。Q的P正域是U中所有根据分类U/P的信息可准确地划分到等价关系Q的等价类中的对象集合。

设$\gamma_P(Q)$为Q和P间的依赖度，则依赖度为

$$\gamma_P(Q)=|\mathrm{pos}_P(Q)|/|U| \tag{2.4}$$

式中，$|\mathrm{pos}_P(Q)|$和$|U|$分别表示Q的P正域及论域的基数或势。

为了得到某个属性的重要性，可从知识表达系统中去掉该属性，再考察没有该属性后分类的变化情况，若去掉该属性后相应分类的变化较大，说明该属性的重要性较大，反之，说明该属性的重要性较小。令$\sigma_A(A')$和$\sigma_A(a)$分别为知识表达系统中某一属性子集A'和属性a的重要性，则

$$\sigma_A(A')=\gamma_A(A)-\gamma_{A-A'}(A) \tag{2.5}$$

$$\sigma_A(a)=\gamma_A(A)-\gamma_{A-\{a\}}(A) \tag{2.6}$$

$\sigma_A(A')$和$\sigma_A(a)$的值越大，表明相应属性子集和属性的重要性越大，反之，相

应属性子集和属性的重要性越小。

设 $\omega_{A'}$ 和 ω_a 为属性子集 A' 和属性 a 的权重，则

$$\omega_{A'}=\sigma_A(A')/\sum\sigma_i \tag{2.7}$$

$$\omega_a=\sigma_A(a)/\sum\sigma_i \tag{2.8}$$

式中，$\sum\sigma_i$ 为各子集重要性的和。

3．评价指标重要性

以北京 CBD 地下空间开发利用为例，该区 50 m 以浅均为第四纪沉积层，因而地下空间开发利用的介质均为土层。选取黏聚力、内摩擦角、承载力标准值和压缩模量四个指标作为影响地下空间资源质量的主要土体条件指标。利用北京 CBD 50 m 以浅不同位置、不同岩层、不同深度的 180 个岩土指标的钻孔分析数据（平均值），按以下区间分别对各岩土指标值进行离散：黏聚力和内摩擦角分为 $c\leqslant10$、$10<c<40$、$c\geqslant40$ 及 $\varphi\leqslant10$、$10<\varphi<40$、$\varphi\geqslant40$；承载力标准值和压缩模量分别为 $f_k\leqslant100$、$100<f_k<300$、$f_k\geqslant300$ 及 $E_S\leqslant4$、$4<E_S<20$、$E_S\geqslant20$。经以上离散得到 13 种标准样本类型，如表 2.5 所示。

表 2.5　北京 CBD 地下空间土体条件标准样本

样本	属性			
	c /kPa	φ /(°)	f_k /kPa	E_S /MPa
e_1	5	19	180	10.3
e_2	25	22.5	180	9.9
e_3	10	10	130	5.1
e_4	28	33	200	23.9
e_5	0	40	400	65
e_6	0	36	300	40
e_7	0	30	250	32
e_8	8	5	100	4.3
e_9	27	5.5	150	8
e_{10}	48	9	200	11.8
e_{11}	15	31.7	300	29.9
e_{12}	45	12	180	12
e_{13}	23	40	280	27.9

取表 2.5 中的 13 种样本类型作为研究对象，即论域 $U=\{e_1,e_2,e_3,e_4,e_5,e_6,\cdots,e_{13}\}$，属性集 $A=\{c,\varphi,f_k,E_S\}$。令 $A_1=c$，$A_2=\varphi$，$A_3=f_k$，$A_4=E_S$，并按以上的区间划分方法对表 2.5 中的各指标进行离散并分别赋值 1、2、3，得到北京 CBD 地下空间土体条件知识表达系统，如表 2.6 所示。

表 2.6　北京 CBD 地下空间土体条件知识表达系统

样本	属性			
	A_1	A_2	A_3	A_4
e_1	1	2	2	2
e_2	2	2	2	2
e_3	1	1	2	2
e_4	2	2	2	3
e_5	1	3	3	3
e_6	1	2	3	3
e_7	1	2	2	3
e_8	1	1	1	2
e_9	2	1	2	2
e_{10}	3	1	2	2
e_{11}	2	2	3	3
e_{12}	3	2	2	2
e_{13}	2	3	2	3

由表 2.6 可得

$$U/\{A_2,A_3,A_4\}=\{\{e_1,e_2,e_{12}\},\{e_3,e_9,e_{10}\},\{e_4,e_7\},\{e_5\},\{e_6,e_{11}\},\{e_8\},\{e_{13}\}\}$$

$$U/\{A_1,A_3,A_4\}=\{\{e_1,e_3\},\{e_2,e_9\},\{e_4,e_{13}\},\{e_5,e_6\},\{e_7\},\{e_8\},\{e_{10},e_{12}\},\{e_{11}\}\}$$

$$U/\{A_1,A_2,A_4\}=\{\{e_1\},\{e_2\},\{e_3,e_8\},\{e_4,e_{11}\},\{e_5\},\{e_6,e_7\},\{e_9\},\{e_{10}\},\{e_{12}\},\{e_{13}\}\}$$

$$U/\{A_1,A_2,A_3\}=\{\{e_1,e_7\},\{e_2,e_4\},\{e_3\},\{e_5\},\{e_6\},\{e_8\},\{e_9\},\{e_{10}\},\{e_{11}\},\{e_{12}\},\{e_{13}\}\}$$

$$U/A=\{\{e_1\},\{e_2\},\{e_3\},\{e_4\},\{e_5\},\{e_6\},\{e_7\},\{e_8\},\{e_9\},\{e_{10}\},\{e_{11}\},\{e_{12}\},\{e_{13}\}\}$$

因为

$$\mathrm{pos}_{(A-\{A_1\})}(A)=\{e_5\}\cup\{e_8\}\cup\{e_{13}\}=\{e_5,e_8,e_{13}\}$$

$$\mathrm{pos}_{(A-\{A_2\})}(A)=\{e_7\}\cup\{e_8\}\cup\{e_{11}\}=\{e_7,e_8,e_{11}\}$$

$$\mathrm{pos}_{(A-\{A_3\})}(A)=\{e_1\}\cup\{e_2\}\cup\{e_5\}\cup\{e_9\}\cup\{e_{10}\}\cup\{e_{12}\}\cup\{e_{13}\}=\{e_1,e_2,e_5,e_9,e_{10},e_{12},e_{13}\}$$

$$\mathrm{pos}_{(A-\{A_4\})}(A)=\{e_3\}\cup\{e_5\}\cup\{e_6\}\cup\{e_8\}\cup\{e_9\}\cup\{e_{10}\}\cup\{e_{11}\}\cup\{e_{12}\}\cup\{e_{13}\}=\{e_3,e_5,e_6,e_8,e_9,e_{10},e_{11},e_{12},e_{13}\}$$

所以

$$\sigma_A(A_1)=\gamma_A(A)-\gamma_{A-A_1}(A)=10/13$$

同理可得

$$\sigma_A(A_2)=10/13,\ \sigma_A(A_3)=6/13,\ \sigma_A(A_4)=4/13$$

则 A_1、A_2、A_3、A_4 的权重分别为

$$\omega_{A_1}=0.333,\ \omega_{A_2}=0.333,\ \omega_{A_3}=0.200,\ \omega_{A_4}=0.133$$

结果表明：在影响北京 CBD 地下空间资源质量土体条件的四个岩土指标中，黏聚力和内摩擦角是很重要的指标，承载力标准值也是比较重要的指标，压缩模量的重要性水平相对于黏聚力、内摩擦角和承载力标准值而言相对较低。

2.2.4　基于层次分析法与基于粗糙集的比较分析

传统的确定评价指标重要性的方法多采用层次分析法。层次分析法是依据专家的经验和知识来解决指标重要性的定性与定量相结合的方法。以北京 CBD 地下空间资源质量岩土体条件为目标层，选取岩土体条件的主要影响因素为指标层，基于层次分析法构建了北京 CBD 地下空间资源质量岩土体条件的层次结构模型。

目标层：地下空间资源质量岩土体条件（A）。

指标层：岩土体黏聚力（X_1）、岩土体内摩擦角（X_2）、岩土体承载力标准值（X_3）、岩土体压缩模量（X_4）。

基于已构建的层次结构模型，用专家咨询及专家打分法构造出判断矩阵，运用 MATLAB 计算出判断矩阵的最大特征值 λ_{max} 及其所对应的权向量 $\boldsymbol{\omega}$，并进行一致性检验。计算结果如下所述。

A—X 的判断矩阵为

A	X_1	X_2	X_3	X_4
X_1	1	1	1	1.2
X_2	1	1	1	1.2
X_3	1	1	1	1.2
X_4	1/1.2	1/1.2	1/1.2	1

其中，$\boldsymbol{\omega}_A(X)=[0.286\quad 0\quad 0.286\quad 0.286\quad 0.142]^T$，$\lambda_{max}^A=4$，$CI_A(X)=0$，$RI_A(X)=0.9$，$CR_A(X)=0<0.1$。

将基于粗糙集与基于层次分析法的北京 CBD 岩土体条件指标重要性评价结果进行比较表明：两种方法所得到的指标重要性差异的总体趋势是基本一致的，但基于层次分析法无法确定承载力标准值与黏聚力和内摩擦角之间的重要性差异，而基于粗糙集的地下空间资源质量岩土体条件指标重要性评价却能够揭示出其间的差异性，因而基于粗糙集的指标重要性评价所得到的评价结果更精细。用 GeoMo^{3D} 系统进行空间建模，并按空间六面体进行空间单元划分和数据处理后，对采用以上两种方法分析得到的北京 CBD 岩土参数权重和模糊评价模型分别进行评价，得到了北京 CBD 岩土体条件的三维可视化评价结果，分别如图 2.3 和图 2.4 所示。

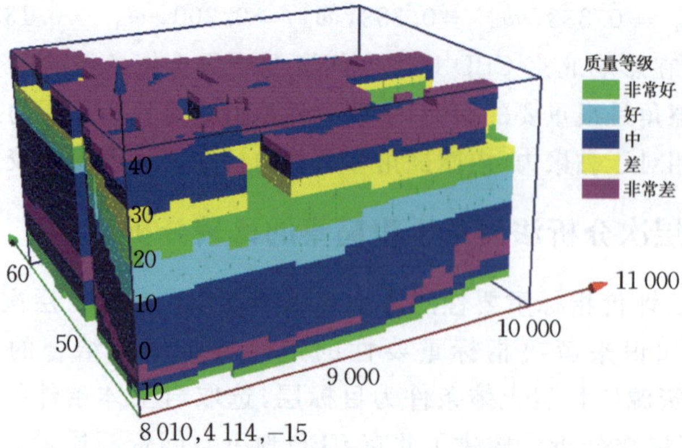

图 2.3 基于层次分析法的岩土体条件评价结果

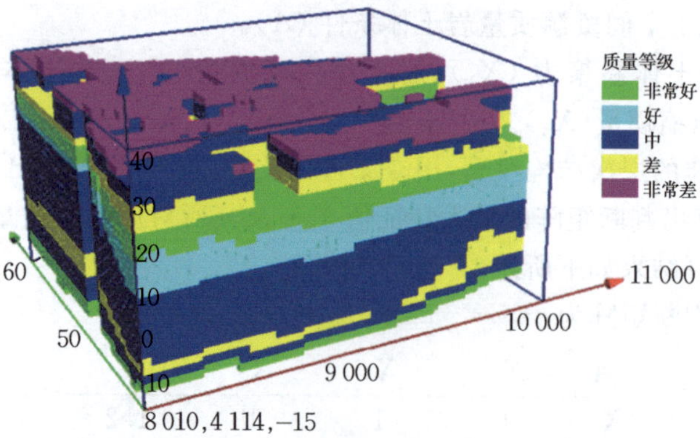

图 2.4 基于粗糙集的岩土体条件评价结果

分析比较图 2.3、图 2.4，可视化评价结果基本一致，但在第 8 层出现差异，主要由于基于粗糙集的岩土参数重要性评价结果增大了参数间的重要性差异，略微降低了承载力标准值的重要性，略微增大了黏聚力、内摩擦角和压缩模量的重要性，因而其岩土体条件评价结果略微提高了第 8 层卵石的质量等级。

2.3 城市地下空间资源适宜性评价指标

城市地下空间开发利用的适宜性评价是指在对地下空间资源的地质、水文、地形及地下空间开发利用现状等条件进行分析和研究的基础上，对地下空间开发利用工程难度的总体判断和分类，可用于为地下空间开发利用总体规划和详细规划的编制提供依据。以杭州“三江汇”地区为例，为了更加全面地反映城市地下空间资源现状，根据城市地质条件将其分为两种类型，即松散层地层型城市及基岩-松散层复合地层型城市。通过对已有适宜性评价指标的梳理，从地层结构、地下水条件和土体工程力学属性、岩体基本质量等四个方面选取关键评价指标，用于城市地下空间资源适宜性评价。

2.3.1　地层结构条件

1. 地层结构

地层结构是指不同岩性地层的组合。在通常情况下，当地层结构单一时，地下空间工程的施工难度较小；当地层结构为含软土等不良岩土体构成的多种岩性的地层组合时，地下空间工程的施工难度加大，同时也对地下空间工程支护方式的选择、地下空间的稳定性等产生负面影响。

2. 活动断裂

活动断裂是地下空间开发需要规避的重要指标。如果存在活动断裂，则其一定范围内均应划为不适宜区；对于非活动断裂，断裂的空间特征会影响对地下空间的开发难度和稳定性，应对断裂留出一定的缓冲距离，如果地下空间开发建设必须通过此类断裂，则应采取相应的工程技术措施保障地下空间的安全利用。

3. 基岩起伏度

基岩-松散层复合地层型城市开发地下空间时，基岩起伏度会影响施工的难度和安全性，并且起伏度越大对施工的影响越大。

4. 岩溶发育程度

针对岩溶地下水地区，岩溶发育程度高，地下空间开发利用的难度越大，地下空间开发对岩溶地下水系统的影响也越大。

2.3.2　地下水条件

1. 浅层地下水位埋深

潜水埋深对地下空间开发的影响主要有两种表现形式：一是对地下建筑物的结构具有一定的托浮作用，尤其是在抗浮措施处理不当的条件下容易破坏地下结构；二是增加工程建设中产生渗流、潜蚀、突涌和管涌的可能性，或进一步造成周边环境改变导致出现较大危险的安全事故。通常，潜水含水层埋深越深，对地下空间开发越有利。

2. 承压含水层水头(距顶板的距离)

承压水突涌、流砂等是地下施工经常遇到的问题，这些问题的发生将会对地下工程建设或施工造成巨大的损失。通常承压含水层水头越高(上升高度越高)，排水难度越大，对地下空间安全开发的影响就越大。

3. 单井涌水量

单井涌水量是表征地下水富水性的主要指标，含水层富水性越大，地下空间的开发和运维难度越大。

4. 渗透系数

渗透系数是一个代表土的渗透性强弱的定量指标。在地下空间开发和运维过程中，渗透系数越大，说明对地下水的控制难度越大，地下空间工程的施工和运维难度也相应增大。因此认为，对于渗透系数大的层位，其地下空间开发的适宜性相对差。

5. 地下水侵蚀性 CO_2

地下水侵蚀性 CO_2 指地下水中超过平衡状态的二氧化碳含量，是反映地下水侵蚀性的重要指标。当含有侵蚀性 CO_2 的水与混凝土接触时，侵蚀性 CO_2 将会分解混凝土的碳化层(碳酸钙)，降低其抗渗能力，对地下空间工程安全和稳定性造成严重影响。

2.3.3 土体工程力学参数

1. 土体黏聚力、内摩擦角

此指标为反映土体抗剪强度的特征参数。在通常情况下，土体抗剪强度越大，地下空间的开发利用适宜性越高。土体黏聚力是土体内部的初始聚合力，黏聚力越大表示土体强度越高；内摩擦角是抗剪强度线在 σ-τ 坐标平面内的倾角，反映土或岩石内部各颗粒之间内摩擦力的大小，内摩擦角越大，强度越高。

2. 压缩模量

此指标为反映土体变形的重要参数。在通常情况下，压缩模量越大，抗变形能力越好，地下空间开发利用适宜性越高。

3. 砂土液化指数

此指标为反映砂土层易液化程度的特征参数。在地下空间工程建设中，无砂土液化发生的区域，开发条件较好，而砂土液化严重区域则需要进行专门的地基处理，以防止由地震力引起的地基土层液化并进而影响地下空间的稳定性。

4. 土体膨胀系数

此指标为反映膨胀土土壤性质的特征参数。膨胀土属于不良土体的一种，其膨胀性的大小对地下空间的稳定性有较大影响，通常膨胀系数越小，地下空间越安全，地下空间开发利用适宜性越高。

2.3.4 岩体基本质量

1. 岩体抗压强度

基岩型城市地区，重点关注岩石的工程力学特征，而岩石抗压强度是表征岩石坚硬程度和承载力的重要参数。岩石抗压强度越高，则岩体越坚硬、承载力越大、变形模量越小，对地下工程建设及稳定性的保障程度越高。

2. **岩石完整指数**

岩石完整指数为岩体压缩波速度与岩块压缩波速度之比的平方。岩石完整指数越大，岩体越完整，对地下工程建设及稳定性的保障程度越高。

2.4　面向评价目标的量化指标体系

21 世纪以来，面对城市地下空间资源不同评价目标的指标筛选与厘定的研究工作相继展开。但是，由于缺少指标筛选和属性量化的质量控制研究，评价过程中难以控制分级模式与专家打分的不确定性影响。现有研究对城市地下空间资源评价指标体系的合理性、不同类型评价指标的尺度敏感性及其区域影响能力等缺乏整体考虑，导致城市地下空间资源评价指标确定的随机性与主观性很大。鉴于此，在构建的城市地下空间资源综合评价指标体系基础上，基于城市地下空间资源评价指标权重值、敏感性等驱动因子，提出一类面向城市地下空间资源不同评价目标时可定量化判定与删减评价指标的量化指标体系构建方法，用以提升城市地下空间资源评价指标筛选的质量控制能力。

2.4.1　权重值驱动法

在初始城市地下空间资源评价指标体系的基础上，利用皮尔逊(Pearson)等常用的相关系数对初步选取的评价指标进行相关性分析，通过衡量评价指标间的相关密切程度，依照给定的判定系数，进行初步的指标删减，尽可能地保证评价指标之间的不相关。再基于上述相关性分析后得到的城市地下空间资源评价指标，从其权重值(因素本身对评价结果的重要性)、敏感性(因素的变化对评价结果的影响程度)等方面对评价指标进行二次判定和删减，以求得到更为科学规范的评价指标。进而开展基于评价指标权重值、评价指标敏感性等不同驱动因子的量化指标体系构建工作，确定面向城市地下空间资源不同评价目标的最终评价指标。

1. **方法与流程**

依托专家调查法厘清影响城市地下空间资源评价目标的主要影响因素，构建城市地下空间资源评价指标体系，经过数据收集与处理形成评价指标初始数据集；再结合专家调查法、层次分析法、熵权法、变异系数法等常用的主客观评价指标赋权方法，计算城市地下空间资源评价指标的权重值。考虑城市地下空间资源评价指标的权重值过小时，其对评价结果产生的影响微乎其微，因此需要根据具体的城市地下空间资源评价目标预先给定权重阈值，然后对不符合判定条件的评价指标予以删减剔除并保留符合判定条件的评价指标，从而完成城市地下空间资源评价量化指标体系构建工作。权重值驱动的量化指标体系构建流程如图 2.5 所示。

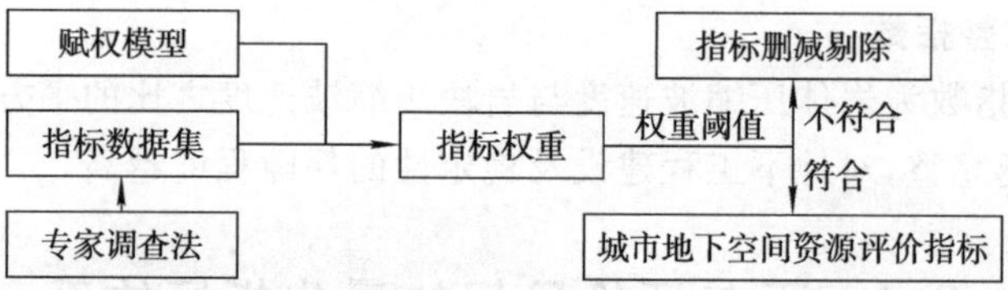

图 2.5 权重值驱动的量化指标体系构建流程

2. 实例验证

依托中国地质调查局南京地质调查中心提供的江苏省南京市江北新区核心规划区的工程地质和水文地质资料，构建以地基承载力特征值、黏聚力、内摩擦角、压缩模量、含水量、孔隙比、垂直渗透系数、水平渗透系数等为影响因素的城市地下空间资源评价指标。基于上述城市地下空间资源评价指标的属性数据，利用传统熵权法的计算规则，得到各评价指标的权重值，其具体计算过程如下所述。

(1)以评价指标的初始属性值为基础，对上述八个评价指标进行标准化处理，得到评价指标的初始标准值。

(2)以评价指标的初始标准值为基础，计算上述八个评价指标的熵值，计算结果如表 2.7 所示。

表 2.7 评价指标的熵值

指标	地基承载力特征值	黏聚力	内摩擦角	压缩模量	含水量	孔隙比	垂直渗透系数	水平渗透系数
熵值	0.998 2	0.999 2	0.999 3	0.999 5	0.999 7	0.999 7	0.999 6	0.999 7

(3)以评价指标的熵值为基础，计算上述八个评价指标的最终权重值，其具体计算结果如图 2.6 所示。

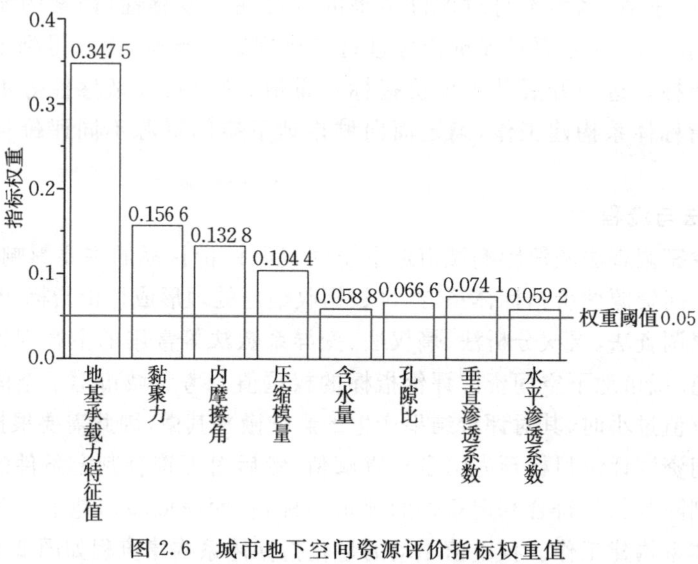

图 2.6 城市地下空间资源评价指标权重值

由图 2.6 可知：考虑评价指标中含水量的权重值最小(0.058 8)，但不能忽视其对城市地下空间资源质量的影响作用，需要予以保留。因此选择 0.05 为权重阈值，然后对城市地下空间资源评价指标进行量化判定与删减。所有评价指标的权重值均大于 0.05，符合判定条件，可全部筛选为有效评价指标，用于后续的城市地下空间资源评价。

2.4.2　敏感性驱动法

目前，敏感性分析已经在各学科中得到充分应用，对评价体系内关键参数的分析、反演和选取具有重要意义。评价指标的敏感性表示为因素变化程度对评价结果的影响程度。考虑灰色关联分析法是灰色系统理论的一部分，其有助于在数据有限的情况下找到评价指标和评价结果之间的关联性。这种关联性可以采用灰色关联度进行量化，即在使用相同的计算方法时，灰色关联度越大，评价指标与评价结果之间的关联性越高。因此，可采用灰色关联分析法计算评价指标的敏感性[184,185]，其计算步骤如下所述。

1. 确定评价指标矩阵与评价结果矩阵

一般来说，评价指标矩阵 $\boldsymbol{x}=[x_1\ \ x_2\ \ \cdots\ \ x_n]$ 是由评价对象的 n 个评价指标的实际值构成的，而评价结果矩阵 $\boldsymbol{y}=[y_1\ \ y_2\ \ \cdots\ \ y_n]$ 则是由基于适宜的赋权方法与数学模型计算得到的最终评价结果构成的。当评价指标 j 存在 m 个评价样本时，原始评价指标列 $\boldsymbol{x}_j$ 和评价结果列 $\boldsymbol{y}_j$ 可表示为

$$\boldsymbol{x}_j=[x_{1j}\ \ x_{2j}\ \ \cdots\ \ x_{mj}]^{\mathrm{T}} \tag{2.9}$$

$$\boldsymbol{y}_j=F(\boldsymbol{x}_j)=[y_{1j}\ \ y_{2j}\ \ \cdots\ \ y_{mj}]^{\mathrm{T}} \tag{2.10}$$

式中，$j=1,2,\cdots,n$；F 是评价所需要的数学模型。

原始评价指标矩阵 $\boldsymbol{x}$ 和评价结果矩阵 $\boldsymbol{y}$ 的表达形式为

$$\boldsymbol{x}=\begin{bmatrix} x_{11} & x_{12} & \cdots & x_{1n} \\ x_{21} & x_{22} & \cdots & x_{2n} \\ \vdots & \vdots & & \vdots \\ x_{m1} & x_{m2} & \cdots & x_{mn} \end{bmatrix} \tag{2.11}$$

$$\boldsymbol{y}=F(\boldsymbol{x})=\begin{bmatrix} y_{11} & y_{12} & \cdots & y_{1n} \\ y_{21} & y_{22} & \cdots & y_{2n} \\ \vdots & \vdots & & \vdots \\ y_{m1} & y_{m2} & \cdots & y_{mn} \end{bmatrix} \tag{2.12}$$

2. 矩阵的无量纲化

由于不同评价指标原始数据的量纲和数量级存在差异，它们之间是无法直接进行对比的。因此，需要对原始评价指标矩阵和评价结果矩阵进行无量纲化处理。

目前，常用的无量纲化方法包括初值法、平均值法、区间相对值法或最值归一化法。以最值归一化法为例，其计算原理为

$$a_{ij}=\frac{x_{ij}-\min(x_{ij})}{\max(x_{ij})-\min(x_{ij})} \tag{2.13}$$

$$b_{ij}=\frac{y_{ij}-\min(y_{ij})}{\max(y_{ij})-\min(y_{ij})} \tag{2.14}$$

式中，a_{ij} 是评价指标初始数据的无量纲化值，b_{ij} 是初始评价结果的无量纲化值，$i=1,2,\cdots,m;j=1,2,\cdots,n$。

基于最值归一化法的无量纲化处理，评价指标 j 的无量纲评价指标列 $\boldsymbol{a}_j$ 和评价结果列 $\boldsymbol{b}_j$ 可分别表示为

$$\boldsymbol{a}_j=[a_{1j}\quad a_{2j}\quad \cdots \quad a_{mj}]^{\mathrm{T}} \tag{2.15}$$

$$\boldsymbol{b}_j=[b_{1j}\quad b_{2j}\quad \cdots \quad b_{mj}]^{\mathrm{T}} \tag{2.16}$$

3. 确定矩阵的灰色关联差异信息

矩阵的灰色关联差异信息表征的是评价指标无量纲化后的评价结果矩阵与评价指标矩阵的变化，其数学表达式为

$$\Delta_{ij}=|b_{ij}-a_{ij}| \tag{2.17}$$

基于矩阵的灰色关联差异信息矩阵，提取矩阵内所有元素中的最大值 $\Delta_{\max}$ 和最小值 $\Delta_{\min}$，其数学表达式分别为

$$\Delta_{\max}=\max(\Delta_{ij}) \tag{2.18}$$

$$\Delta_{\min}=\min(\Delta_{ij}) \tag{2.19}$$

4. 计算矩阵的灰色关联度

关联分析的实质是找出评价指标目标点和评价结果目标点之间的距离，然后通过整体分析指出评价指标之间的差异性和关联性。评价指标矩阵与评价结果矩阵之间的相关性可用关联系数 ξ_{ij} 表示，其数学表达式为

$$\xi_{ij}=\frac{\Delta_{\min}+\rho\Delta_{\max}}{\Delta_{ij}+\rho\Delta_{\max}} \tag{2.20}$$

式中，ρ 是分辨系数，用于表征相关系数之间的差异显著性，其数值越小，分辨率越强；$\rho\in[0,1]$，一般情况下 ρ 取 0.5。

由于关联系数的数量多，其呈现出来的数值信息较为分散，不适于直接比较。鉴于此，常通过计算评价指标 j 对应关联系数的平均值作为其灰色关联度 r_j，用以比较评价指标间的关联性，其数学表达式为

$$r_j=\frac{1}{m}\sum_{i=1}^{m}\xi_{ij} \tag{2.21}$$

显然，灰色关联度 r_j 的区间范围是[0,1]。由于对原始评价指标列的数据处理方法的不同，灰色关联度的数值大小会随之发生变化，但其相关次序一般不会发

生改变。灰色关联度的数值大小是评价指标之间相互作用和互动的外在表现，而其相关次序才是灰色关联分析的本质。通常来说，评价指标的灰色关联度的次序越高，其参数敏感性就越高。

综上，灰色关联分析法的标准化路径分为五个主要步骤：第一，确定评价指标并收集其真实数据以形成原始评价指标矩阵；第二，使用适宜的评价数学模型和赋权方法，计算最终评价结果以构建评价结果矩阵；第三，使用适当的量化方法对原始评价指标矩阵和评价结果矩阵进行无量纲化处理；第四，使用无量纲化后的评价指标矩阵和评价结果矩阵计算灰色关联差异信息矩阵；第五，计算评价指标的灰色关联度，形成灰色关联度序列，以确定评价指标的参数敏感性。

通过对评价指标的灰色关联进行分析后，以评价指标的灰色关联度为敏感性判定指标，再根据城市地下空间资源评价目标预先给定的敏感性阈值，对不符合判定条件的评价指标予以删减剔除并保留符合判定条件的评价指标，从而完成城市地下空间资源评价量化指标体系构建工作。敏感性驱动的量化指标体系构建流程如图 2.7 所示。

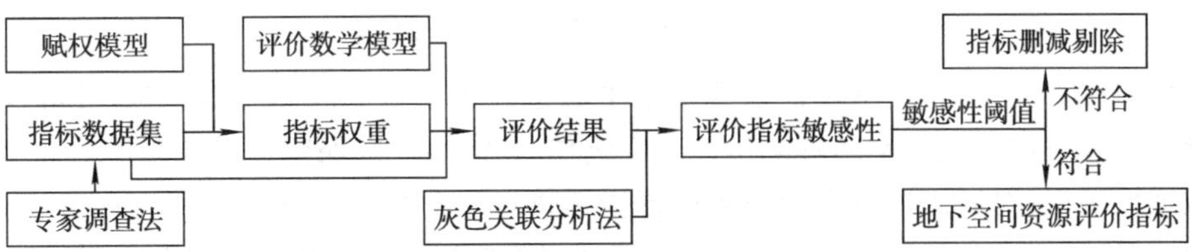

图 2.7　敏感性驱动的量化指标体系构建流程

依托上述相同的地基承载力特征值、黏聚力、内摩擦角、压缩模量、含水量、孔隙比、垂直渗透系数、水平渗透系数等八个城市地下空间资源评价指标的属性数据，基于传统熵权法的计算规则获得评价指标权重值后，采用线性加权求和评价数学模型得到城市地下空间资源评价结果，再由灰色关联分析法计算评价指标的灰色关联度，其具体计算过程如下所述。

(1)构建上述八个评价指标及其对应评价结果的评价指标矩阵与评价结果矩阵。

(2)以初始状态的评价指标矩阵和评价结果矩阵为基础，对上述矩阵进行标准化处理，得到无量纲化后的评价指标矩阵与评价结果矩阵。

(3)以无量纲化后的评价指标矩阵与评价结果矩阵为基础，计算无量纲化的评价指标矩阵与评价结果矩阵的灰色关联差异信息，获取其最大值为 0.498 1，最小值为 $4.734\,4\times10^{-8}$。

(4)以获取的灰色关联差异信息的最大值、最小值为基础，在 ρ 取 0.5 的前提下，计算评价指标矩阵与评价结果矩阵之间关联系数。

(5)以获取的评价指标矩阵与评价结果矩阵之间的关联系数为基础，计算评价指标的灰色关联度(敏感性)，其计算结果如图 2.8 所示。

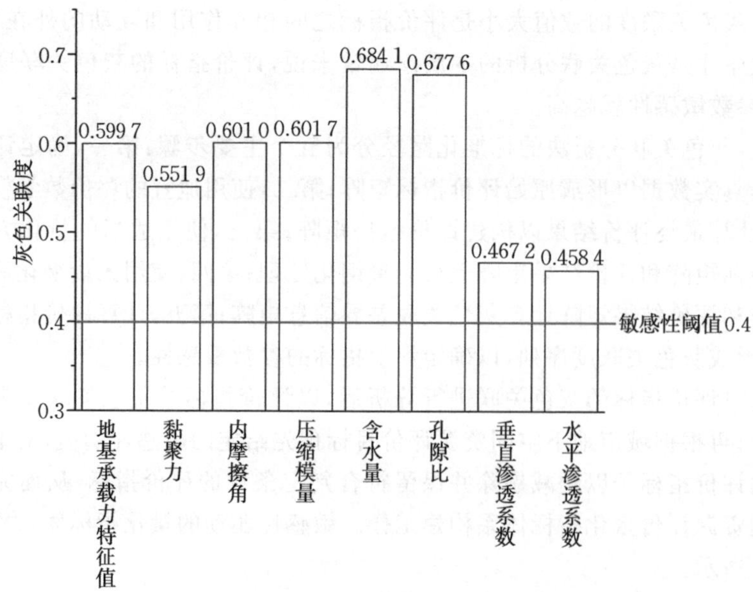

图 2.8 城市地下空间资源评价指标敏感性

由图 2.8 可知:考虑评价指标中水平渗透系数的敏感性最小(0.458 4),但不能忽视其对城市地下空间资源质量的影响作用,需要予以保留。因此选择 0.40 为敏感性阈值,对城市地下空间资源评价指标进行量化判定与删减。所有评价指标的敏感性均大于 0.40,符合判定条件,可全部筛选为有效评价指标,用于后续的城市地下空间资源评价。

2.5 本章小结

本章系统总结了城市地下空间资源质量、容量、开发利用适宜性、开发潜力、可持续发展能力和安全性等不同评价目标及评价指标筛选方法,并着重介绍了基于层次分析法的城市地下空间资源质量评价指标体系、基于粗糙集的城市地下空间资源质量岩土体条件指标重要性,提出了面向评价目标的量化指标体系,用以提升城市地下空间资源评价指标体系构建的质量控制能力。但当前评价指标的属性提取在数据精准性、提取智能化等方面仍存不足,未来需要加强城市地下空间资源评价指标属性智能提取研究,充分利用现代测绘技术、地下空间探测技术、大数据、人工智能技术提取高精度地下空间资源几何与属性。此外,需要研究地下空间资源禀赋的地质环境关键要素识别方法,突破从基础地质探测数据集中自动提取地质环境关键要素信息的技术难题,实现从基础地质探测、监测数据集向地下空间资源环境数据集的高效派生与自动转化。

第3章　城市地下空间资源评价指标权重

指标权重是城市地下空间资源评价中多因素、多水平量化分析的关键。合理的指标赋权能提高最终评价结果的准确性和科学性。在以往的城市地下空间资源评价指标权重分配研究中，常采用层次分析法、熵权法等主、客观赋权法。但这些经典方法并未顾及城市地下空间资源评价指标参数值的动态变化，也未考虑时间维度对评价指标权重的影响。本章全面梳理城市地下空间资源评价指标主观赋权法、客观赋权法、综合赋权法等传统指标维度赋权法。为表达时间维度对城市地下空间资源评价指标权重的影响，创新性地提出了基于时序加权平均算子的指标维-时间维混合权重分配方法(index-time weighting method，I-TW)，并将传统指标维度赋权法与时间维度赋权法进行有机整合，以便融入城市地下空间资源评价指标的时变特性对其权重值的影响，从而完善城市地下空间资源评价指标赋权的维度体系。

3.1　传统评价指标经典赋权方法

现有的城市地下空间资源评价指标赋权工作所使用的经典方法主要分为三类：①主观赋权法，主要包括专家打分法、层次分析法等；②客观赋权法，主要包括熵权法、CRITIC法、投影寻踪法等；③综合赋权法。

3.1.1　主观赋权法

1. 专家打分法

专家打分法(expert scoring method，ESM)，是一种专家赋权法，其与专家的个人经验密切相关，具有非常强的个人主观性。同时征询多位专家的意见时，需要对专家们面向同一评价指标给出的不同结果进行等权平均，以得到评价指标的最终权重。由于ESM的简捷性，部分学者会将其用于城市地下空间资源评价指标赋权，其数学表达式为

$$w=\frac{1}{m}\sum_{i=1}^{m}a_i \tag{3.1}$$

式中，a_i 为专家 i 对评价指标给出的评分，m 为专家人数，w 为专家们赋予评价指标的权重。

2. 层次分析法

城市地下空间是由多种因素、多层因子组成的多层次复杂系统，其系统内部各

影响因素、影响因子和系统外部环境之间有着密不可分的联系和相互作用，应采用定性和定量相结合的方法去认识和评价这一复杂系统，故层次分析法是有效的且符合实际的多层次复杂系统的指标权重赋权方法。

3.1.2 客观赋权法

1. **熵权法**

熵权法(Entropy)是一种在综合考虑各因素提供信息量的基础上计算评价指标综合权重的数学方法[102,104]。作为客观赋权法，其主要根据各指标传递给决策者的信息量大小来确定评价指标的权重。熵权法能准确地反映城市地下空间资源评价指标所含的信息量，可解决城市地下空间资源评价指标信息量大、量化难的问题。基于熵权法的客观性和数据依赖性，其常被用于城市地下空间资源评价指标的赋权分析。作为一种客观赋权法，熵权法与个人经验无关，只与评价指标的属性数据值相关。若同一评价指标的属性值差别越大，则其被赋予的权重越大。

结合城市地下空间资源评价指标的初始属性数据，熵权法可通过计算评价指标熵值的方式来确定其指标维度的熵权(权重)。假定评价目标有 m 个样本，n 个评价指标，其计算步骤如下所述。

(1)按照 min-max 标准化方法对评价指标进行标准化处理。对于正向评价指标有

$$a_{ij}=\frac{x_{ij}-\min(x_j)}{\max(x_j)-\min(x_j)} \tag{3.2}$$

对于负向评价指标有

$$a_{ij}=\frac{\max(x_j)-x_{ij}}{\max(x_j)-\min(x_j)} \tag{3.3}$$

式中，x_{ij} 是评价样本 i 的第 j 个评价指标的统计数值($i=1,2,\cdots,m$；$j=1,2,\cdots,n$)，a_{ij} 是 x_{ij} 经过标准化后的数值。

(2)计算评价指标的熵值。

$$H_j=-\frac{1}{\ln m}\sum_{i=1}^{m}f_{ij}\ln f_{ij} \tag{3.4}$$

$$f_{ij}=\frac{1+a_{ij}}{\sum\limits_{i=1}^{m}(1+a_{ij})} \tag{3.5}$$

式中，H_j 是评价样本第 j 个评价指标的熵值。

(3)计算评价指标的指标维度熵权，以此作为评价指标的权重。

$$w_j^{e}=\frac{1-H_j}{\sum_{j=1}^{n}(1-H_j)} \tag{3.6}$$

式中，w_j^{e} 是评价样本第 j 个评价指标的指标维度权重，$\sum_{j=1}^{n} w_j^{e}=1$。

2. CRITIC 法

CRITIC 法是由 Diakoulaki 于 20 世纪 90 年代提出的一种用于计算评价指标权重的客观赋权方法[138-140]，常使用指标间的相关系数、指标内的变异大小来衡量评价指标在整个体系中所占的权重。一般而言，指标间的相关系数越大，其互相冲突的概率就越小，所承载的信息量的重复性越高，则分配的指标权重越小；而指标自身的变异程度（指标数值的标准差）越大，所承载的信息对整个体系的影响就越大，则分配的权重也越大。

基于此，因 CRITIC 法综合考虑了指标之间的相关性和指标自身的变异性，其所得到的指标权重对评价指标的信息会有更加全面和客观的体现。假定评价目标有 m 个样本，n 个评价指标，其计算步骤如下所述。

（1）利用评价指标的属性数据，构建数值矩阵 $\boldsymbol{X}$，则有

$$\boldsymbol{X}=(x_{ij})_{m\times n} \tag{3.7}$$

式中，x_{ij} 为评价样本 i 的第 j 个评价指标的属性数值（$i=1,2,\cdots,m$；$j=1,2,\cdots,n$）。

（2）计算评价指标 j 的变异系数。

$$\nu_j=\frac{s_j}{\overline{x_j}} \tag{3.8}$$

其中

$$\overline{x_j}=\frac{1}{m}\sum_{i=1}^{m} x_{ij} \tag{3.9}$$

$$s_j=\sqrt{\frac{1}{m-1}\sum_{i=1}^{m}(x_{ij}-\overline{x_j})} \tag{3.10}$$

式中，$\overline{x_j}$ 为评价指标 j 所有取值的算术平均数，s_j 为评价指标 j 的标准差。

（3）对数值矩阵 $\boldsymbol{X}$ 进行标准化处理，计算评价指标 j 的标准化值，其数学表达式为

$$a_{ij}=\frac{x_{ij}-\overline{x_j}}{s_j} \tag{3.11}$$

式中，a_{ij} 是 x_{ij} 经过标准化后的量化值。

（4）利用皮尔逊相关系数法计算评价指标 k 与评价指标 l 之间的相关系数，其数学表达式为

$$r_{kl}=\frac{\sum_{i=1}^{m}(a_{ik}-\overline{x_k})(a_{il}-\overline{x_l})}{\sqrt{\sum_{i=1}^{m}(a_{ik}-\overline{x_k})^2}\sqrt{\sum_{i=1}^{m}(a_{il}-\overline{x_l})^2}} \tag{3.12}$$

式中，$\overline{x_k}$、$\overline{x_l}$ 分别为评价指标 k 与评价指标 l 所有取值的算术平均数，其中 $k,l=1,2,\cdots,n$。

然后根据计算得到的评价指标之间的相关系数，构建评价指标的相关系数矩阵 $\boldsymbol{R}$ 为

$$\boldsymbol{R}=(r_{kl})_{n\times n}=\begin{bmatrix}1 & r_{12} & \cdots & r_{1n}\\ r_{21} & 1 & \cdots & r_{2n}\\ \vdots & \vdots & & \vdots\\ r_{n1} & r_{n2} & \cdots & 1\end{bmatrix} \tag{3.13}$$

(5)计算评价指标 j 的独立性程度量化系数 η_j 为

$$\eta_j=\sum_{k=1}^{n}(1-r_{kj}) \tag{3.14}$$

(6)结合评价指标 j 的变异系数 v_j 和独立性程度量化系数 η_j，计算评价指标的综合信息量 C_j 为

$$C_j=\nu_j\eta_j \tag{3.15}$$

(7)基于归一化原则，确定评价指标 j 的权重 w_j 为

$$w_j=\frac{C_j}{\sum_{j=1}^{n}C_j} \tag{3.16}$$

3. 投影寻踪法

投影寻踪(projection pursuit，PP)法是一种较新颖的多元数据处理方法[186-189]，其通过构建投影向量上低维数据之间的空间结构来分析处理高维空间数据内包含的数据信息。假定评价目标有 m 个样本、n 个评价指标，则投影寻踪法的计算步骤如下所述。

(1)利用评价指标的初始数据 x_{ij} 构建数值矩阵 $\boldsymbol{X}$，见式(3.7)；然后按照 min-max 标准化方法，对数值矩阵进行标准化处理，得到评价指标 j 的量化值 a_{ij}，见式(3.2)和式(3.3)。

(2)构造评价样本 i 的投影指标函数。设 $\boldsymbol{a}$ 为任意方向的投影(单位)向量，其分量数与评价指标的数量保持一致；然后将每个评价样本的 n 维数据值投影到投影向量 $\boldsymbol{a}$ 上，即可构造出评价样本 i 的投影指标函数，其数学表达式为

$$\boldsymbol{Z}_i=\sum_{j=1}^{n}\boldsymbol{a}_j a_{ij} \tag{3.17}$$

式中，a_{ij} 是 x_{ij} 经过标准化后的量化值($i=1,2,\cdots,m$；$j=1,2,\cdots,n$)；$\boldsymbol{a}_j$ 为评价指标 j 对应的分投影向量，所有评价指标对应的分投影向量可构成投影向量 $\boldsymbol{a}=(a_1,a_2,\cdots,a_n)$；$\boldsymbol{Z}_i$ 为投影指标函数。

(3)构造评价样本 i 的投影目标函数。投影寻踪法在寻找能够最大限度呈现出高维空间数据信息的投影方向时，常通过构造投影目标函数的方式实现，其数学表达式为

$$Q(\boldsymbol{a})=S(\boldsymbol{a})D(\boldsymbol{a}) \tag{3.18}$$

式中

$$S(\boldsymbol{a})=\sqrt{\frac{\sum_{i=1}^{m}(\boldsymbol{Z}_i-\overline{Z})^2}{m-1}} \tag{3.19}$$

$$D(\boldsymbol{a})=\sum_{i=1}^{m}\sum_{k=1}^{m}(R-r_{ik})f(R-r_{ik}) \tag{3.20}$$

$\overline{Z}$ 为投影值 $\boldsymbol{Z}_i$ 的算术平均数；$S(\boldsymbol{a})$ 为投影值 $\boldsymbol{Z}_i$ 的标准差，其数值越大，投影点团越分散；$D(\boldsymbol{a})$ 为投影值 $\boldsymbol{Z}_i$ 的局部密度；R 为 $D(\boldsymbol{a})$ 的窗口半径，一般取为 $0.1S(\boldsymbol{a})$；r_{ik} 为评价样本 i 与评价样本 k 投影值之间的距离，且 $r_{ik}=|\boldsymbol{Z}_i-\boldsymbol{Z}_k|$，其中 $i,k=1,2,\cdots,m$；$f(R-r_{ik})$ 为阶跃函数，其规定当 $R-r_{ik}\geqslant 0$ 时，阶跃函数值取为 1，反之取为 0；$Q(\boldsymbol{a})$ 为投影目标函数。

(4)优化评价样本 i 的投影目标函数。为最大限度地体现投影方向上的最佳数据特征，需要寻找出使投影目标函数最大的最优投影方向；当评价指标的原始属性数据给定后，投影目标函数值的大小就只与投影向量 $\boldsymbol{a}$ 有关，此时可利用遗传算法计算出如下非线性方程组的最优解，即为最佳投影向量 $\boldsymbol{a}$，其数学表达式为

$$\max Q(\boldsymbol{a})=S(\boldsymbol{a})D(\boldsymbol{a}) \tag{3.21}$$

投影向量的约束条件为

$$\text{s. t.}\sum_{j=1}^{n}\boldsymbol{a}_j^2=1 \tag{3.22}$$

(5)计算评价指标 j 的权重。通过前述步骤计算得到的最佳投影向量的各投影分量作为各评价指标的权重值，其数学表达式为

$$w_j=\boldsymbol{a}_j^2 \tag{3.23}$$

式中，w_j 为评价指标 j 的权重值，所有评价指标被赋予的权重值构成权重向量 $\boldsymbol{w}=(w_1,w_2,\cdots,w_n)$。

3.1.3　综合赋权法

不同赋权方法计算的单一指标维度的评价指标权重，经过调和平均[187]、连续

累乘[190]、分权[145]等数学手段处理，再参考遗传算法[191]、博弈论[192]等数学工具的运算规则，可有机组合不同类型的赋权方法，从而保留不同赋权方法的优势，使评价指标的权重赋值更加合理。假定评价对象有 n 个评价指标，使用了 s 种赋权方法，不同组合赋权的计算步骤如下所述。

(1)基于调和平均、乘法算式的组合赋权。

$$w'_j = \frac{1}{\sum_{k=1}^{s} \frac{1}{w_j^k}} \tag{3.24}$$

$$w'_j = \prod_{j=1}^{s} w_j^k \tag{3.25}$$

$$w_j = \frac{w'_j}{\sum_{j=1}^{n} w'_j} \tag{3.26}$$

式中，w_j^k 为使用第 k 种赋权方法得到的评价指标 j 的权重值，且 $\sum_{j=1}^{n} w_j^k = 1$，其中 $k = 1,2,\cdots,s$；w'_j 为经调和平均或乘法算式运算得到的评价指标 j 的相对权重值；w_j 为评价指标 j 的最终权重值，且 $\sum_{j=1}^{n} w_j = 1$，其中 $j = 1,2,\cdots,n$。

(2)基于分权因子的组合赋权。

$$w_j = \sum_{k=1}^{s} \alpha_k w_j^k \tag{3.27}$$

式中，w_j^k、w_j 同上；α_k 为第 k 种赋权方法的分权因子，且 $\sum_{k=1}^{s} \alpha_k = 1$，其中 $k = 1,2,\cdots,s$。

分权因子 α_k 主要有两种获取途径：①基于专家经验的主观赋值；②基于权重向量集的优化求解。其具体内容如下所述。

(1)基于专家经验的主观赋值。基于专家经验的 α_k 主观赋值反映决策过程中专家对不同赋权方法获取的指标权重的偏好程度，具有较强的主观性，可由专家直接给定。

(2)基于权重向量集的优化求解。为反映不同赋权方法得到的权重向量间的离散程度，最大限度量化分权因子的数学求解，考虑评价指标最终权重与不同赋权法得到的权重之间的离差平方和越小时，分权因子越可靠。鉴于此，通过建立如下非线性方程组来计算所求的赋权方法的分权因子，并通过遗传算法寻求目标函数的最优解，其数学表达式为

约束条件为

$$\left.\begin{aligned}&\min F=\sum_{k=1}^{s}\sum_{j=1}^{n}(w_j-w_j^k)^2\\&\text{s. t. }\sum_{k=1}^{s}\alpha_k=1\\&\text{s. t. }\sum_{j=1}^{n}w_j^k=1\\&\text{s. t. }\sum_{j=1}^{n}w_j=1\\&0\leqslant w_j,w_j^k,\alpha_k\leqslant 1\end{aligned}\right\}\tag{3.28}$$

3.2　顾及时变特性的指标赋权

3.2.1　指标时变特性

一般来说，不同的城市地下空间资源评价指标在固定的时间节点或时间区间内会存在一个静态参数值，即评价指标的数据具有横截面数据的特征。同时，城市地下空间资源的同一评价指标的参数值在动态演化的过程中会随之动态变化，即评价指标的数据也具有时间序列数据的特征(时变特性)。总体而言，城市地下空间资源评价中使用的指标属性数据通常是由多个评价指标在时间序列中的多个时间节点上获得的数据集，其同时具有横截面数据和时间序列数据的双重特征。本质上评价指标的数据集是一种面板数据，具有明显的时变特性，如表 3.1 所示。

表 3.1　城市地下空间资源评价指标的动态时间序列数据集

数据	t_1				t_2				…	t_s			
O_1	$x_{11}^{t_1}$	$x_{12}^{t_1}$	…	$x_{1n}^{t_1}$	$x_{11}^{t_2}$	$x_{12}^{t_2}$	…	$x_{1n}^{t_2}$	…	$x_{11}^{t_s}$	$x_{12}^{t_s}$	…	$x_{1n}^{t_s}$
O_2	$x_{21}^{t_1}$	$x_{22}^{t_1}$	…	$x_{2n}^{t_1}$	$x_{21}^{t_2}$	$x_{22}^{t_2}$	…	$x_{2n}^{t_2}$	…	$x_{21}^{t_s}$	$x_{22}^{t_s}$	…	$x_{2n}^{t_s}$
⋮	⋮	⋮		⋮	⋮	⋮		⋮		⋮	⋮		⋮
O_m	$x_{m1}^{t_1}$	$x_{m2}^{t_1}$	…	$x_{mn}^{t_1}$	$x_{m1}^{t_2}$	$x_{m2}^{t_2}$	…	$x_{mn}^{t_2}$	…	$x_{m1}^{t_s}$	$x_{m2}^{t_s}$	…	$x_{mn}^{t_s}$

注：$x_{mn}^{t_s}$ 表示评价样本 m 的第 n 个评价指标在 t_s 时刻的原始静态值。

为了同时反映城市地下空间资源评价指标数据的静态和动态特征，拟通过引入时间维度的赋权方法，改进传统的指标维度赋权方法，构建顾及城市地下空间资源评价指标时变特性的混合权重分配方法，使城市地下空间资源评价所需的指标权重更加合理可靠。

3.2.2 时变赋权原理

为顾及城市地下空间资源评价指标的时变特性对其权重值的影响，需要尽可能地挖掘数据的信息量和数据的时序差异。为此，首先厘清各时间节点对评价指标权重值的影响程度，以不同时刻的时间维度权重值构成时间权重向量；再基于时序加权平均算子和时间权重向量的使用顺序，构造用于城市地下空间资源评价指标权重值计算的指标维-时间维混合权重分配方法。

1. **基于时间维度的指标赋权**

在综合评价过程中，评价指标在不同时间点或时段的数据值的差异会影响最终评价结果，因此有必要分析时间因素对评价指标的影响程度。而时间维度的指标赋权通常使用时间熵和时间度来综合衡量[193]，其具体定义如下所述。

时间熵 I：用于描述在不同时刻的评价指标数据在聚合过程中，其时间维度权重中包含信息的程度。一般而言，时间熵越大，时间维度权重之间的差异越小，离散度越小，不确定性越小，其包含的信息量就越大，反之亦然，其数学表达式为

$$I=-\sum_{k=1}^{s} w_k^t \ln w_k^t \tag{3.29}$$

式中，w_k^t 为 k 时刻的时间维度权重值，$\sum_{k=1}^{s} w_k^t=1$，并且不同时刻的时间维度权重值构成了时间维度权重向量 $\boldsymbol{W}^t=(w_1^t,w_2^t,\cdots,w_s^t)$。

时间度 λ：用于描述不同时刻的评价指标数据在聚合过程中，其对时间序列的重视程度，其标度参考值如表 3.2 所示。通常，时间度越小表明对距离评价时刻越近的数据越重视，反之亦然[194]，其数学表达式为

$$\lambda=\sum_{k=1}^{s} \frac{s-k}{s-1} w_k^t \tag{3.30}$$

表 3.2 时间度 λ 的标度参考值

赋值	说明
0.1	非常重视近期数据
0.3	较重视近期数据
0.5	同样重视所用时期数据
0.7	较重视远期数据
0.9	非常重视远期数据
0.2、0.4、0.6、0.8	对应以上两相邻判断的中间情况

时间维度权重向量的计算需要遵循如下两点：①根据文献资料和专家意见，主观确定时间度 λ 的取值；②以尽可能地挖掘数据的信息量和数据的时间序列差异为标准，兼顾各指标的重要程度，使确定的时间维度权重向量能够保证子元素之间

的差异最小，即时间维度权重向量的时间熵最大，其数学计算模型为

$$\left.\begin{aligned} &\max I=-\sum_{k=1}^{s} w_k^t \ln w_k^t \\ &\lambda=\sum_{k=1}^{s} \frac{s-k}{s-1} w_k^t \\ &\text{s.t.} \sum_{k=1}^{s} w_k^t=1 \quad (k=1,2,\cdots,s) \end{aligned}\right\} \tag{3.31}$$

由所构建的数学计算模型可以看出，其为典型的非线性优化问题，可利用遗传算法寻求目标函数的最优解，即为所求的时间维度权重向量。

2. 指标维-时间维的综合赋权

考虑城市地下空间资源评价指标在不同时期的参数值具有不同强度的时变特性，利用时序加权平均算子（time ordered weighted averaging，TOWA）[158]可将传统指标维度赋权法与时间维度赋权法有机融合，构造指标维-时间维混合权重分配方法（I-TW），其数学表达式为

$$F(\langle t_1,a_1\rangle,\langle t_2,a_2\rangle,\cdots,\langle t_k,a_k\rangle,\cdots,\langle t_s,a_s\rangle)=\sum_{k=1}^{s} w_k^t b_k \tag{3.32}$$

式中，$\langle t_k,a_k\rangle$ 为 TOWA 算子，t_k 为时间诱导分量，a_k 为数据分量，$k=1,2,\cdots,s$；b_k 为与 w_k^t 对应的 TOWA 算子中的数据分量；F 为 s 维 TOWA 算子。

根据混合加权过程中时间维度权重的使用顺序，I-TW 模型可划分为时间加权前置法（time weighted preposition method，TW_{pre}）与时间加权后置法（time weighted postposition method，TW_{post}）。假定评价目标有 m 个样本、n 个评价指标、s 个评价时刻，其计算步骤分别如下所述。

1）时间加权前置法

TW_{pre} 法是一种先考虑时间维度对评价指标权重的影响，再体现指标维度对评价指标权重影响的混合赋权法，其计算步骤如下所述。

（1）基于 TOWA 算子，利用时间维度权重向量对评价样本 i 的评价指标 j 的时间序列数据进行加权平均处理，将其转换为横截面数据，其计算模型为

$$\begin{aligned} x_{ij}&=F(\langle t_1,x_{ij}(t_1)\rangle,\langle t_2,x_{ij}(t_2)\rangle,\cdots,\langle t_k,x_{ij}(t_k)\rangle,\cdots,\langle t_s,x_{ij}(t_s)\rangle) \\ &=\sum_{k=1}^{s} w_k^t x_{ij}(t_k) \end{aligned} \tag{3.33}$$

式中，x_{ij} 为评价样本 i 的评价指标 j 的静态横截面数据，$x_{ij}(t_k)$ 为评价样本 i 的评价指标 j 在 k 时刻的时间序列数据；$i=1,2,\cdots,m$；$j=1,2,\cdots,n$。

（2）经过极值标准化处理后，将静态横截面数据转换成量化数据，再结合指标维度权重向量及评价数学模型，对评价样本 i 进行综合评价，从而得到其最终评价结果为

$$R_i = G(w_j^i, a_{ij}) \tag{3.34}$$

式中，R_i 为城市地下空间资源最终评价结果；a_{ij} 为 x_{ij} 的量化值；w_j^i 为样本 i 的评价指标 j 的指标维度权重值，$\sum_{j=1}^{n} w_j^i = 1$，并且不同评价指标的指标维度权重值构成了指标维度权重向量 $\boldsymbol{W}^i = (w_1^i, w_2^i, \cdots, w_n^i)$；$G$ 为评价数学模型。

综上所述，混合权重分配方法中时间加权前置法的构建原理表明：其先利用时间维度权重向量来保留物理因素内评价指标的弱（无）时变特性，并量化人文因素内评价指标的强时变特性，再结合指标维度权重向量和评价数学模型计算评价样本的最终结果。鉴于此，此方法适用于面向城市地下空间资源不同评价目标的综合评价指标体系。

2）时间加权后置法

TW_{post} 法是一种先考虑指标维度对评价指标权重的影响，再体现时间维度对评价指标权重影响的混合赋权法，其计算步骤如下所述。

（1）综合评价样本 i 的评价指标 j 在不同时刻的动态横截面数据的量化值、指标维度权重向量与评价数学模型，获取不同时间序列上的评价样本 i 的动态评价结果，其计算模型为

$$y_i(t_k) = G(w_j^i, a_{ij}(t_k)) \tag{3.35}$$

式中，$y_i(t_k)$ 为评价样本 i 在 k 时刻的动态评价结果，$a_{ij}(t_k)$ 为评价样本 i 的评价指标 j 在 k 时刻的动态横截面数据的量化值。

（2）基于 TOWA 算子，利用时间维度权重向量对不同时间序列上的评价样本 i 的动态评价结果进行加权平均处理，从而得到其最终评价结果为

$$\begin{aligned} R_i &= F(\langle t_1, y_i(t_1)\rangle, \langle t_2, y_i(t_2)\rangle, \cdots, \langle t_k, y_i(t_k)\rangle, \cdots, \langle t_s, y_i(t_s)\rangle) \\ &= \sum_{k=1}^{s} w_k^t y_i(t_k) \end{aligned} \tag{3.36}$$

综上所述，混合权重分配方法中时间加权后置法的构建原理表明：其先利用指标维度权重向量和评价数学模型，获取不同时间序列上评价样本的最终结果，再利用时间维度权重向量来量化人文因素内评价指标的强时变特性，同时也人为地提高了物理因素内评价指标的弱（无）时变特性。鉴于此，此方法适用于物理因素评价指标较少而人文因素评价指标较多的城市地下空间资源评价指标体系。

3.2.3 两类赋权方法对比分析

不同的城市地下空间资源评价指标在评价体系中有着不同的作用和贡献重要度，需要赋予与其作用相符合的权重值才有利于对评价对象开展合理的综合评价。往往评价指标权重值的差异会导致评价结果出现很大的差异。鉴于此，为厘清混合权重分配方法 I-TW 与单一指标维度赋权法在城市地下空间资源评价过程中发

挥的不同作用，以传统指标维度赋权法中的熵权法为例，基于权重离散度对两类赋权方法开展对比分析。

1. 方法与原理

结合现有研究工作，拟采用离散度（以欧氏距离度量）来衡量指标赋权方法的合理性，假定评价目标有 m 个样本、n 个评价指标，使用了 s 种赋权方法，不同赋权方法的离散度的计算步骤如下所述。

（1）计算不同类型赋权方法之间的欧氏距离，其数学表达式为

$$d_{kl}=\sqrt{\sum_{i=1}^{m}(R_i^k-R_i^l)^2} \tag{3.37}$$

式中，d_{kl} 为第k、l 种赋权方法之间的欧氏距离；R_i^k、R_i^l 分别为使用第k、l 种赋权方法得到的评价样本 i 的最终评价结果；$1\leqslant k,l\leqslant s$。

（2）计算不同类型赋权方法的离散度，其数学表达式为

$$D_k=\frac{1}{s-1}\sum_{l=1}^{s}d_{kl} \tag{3.38}$$

式中，D_k 为第 k 种赋权方法与其他赋权方法之间的离散度。

2. 分析结果

在分析面向城市地下空间资源质量的评价指标时，一般需要从三个方面考虑：参考面向不同评价目标的已有城市地下空间资源评价指标体系；从全要素评价的角度衡量城市地质类型的影响、评价规模的大小、数据获取的难度；结合城市地下空间资源评价指标数值的动态变化特征。在遵循科学性、系统性、时效性、尺度性、易获取性的筛选原则下，参照面向城市地下空间资源不同评价目标的综合评价指标体系，城市地下空间资源质量评价的具体评价指标为：

（1）物理因素中选取地质介质、岩土体条件等评价因子。其中，地质介质纳入地面坡度 X_1、软土厚度 X_2、砂土液化指数 X_3、地下水腐蚀性 X_4、潜水埋深 X_5 等评价指标；岩土体条件纳入黏聚力 X_6、内摩擦角 X_7、承载力 X_8、渗透系数 X_9 等评价指标。

（2）人文因素中选取经济条件、社会条件、地理位置条件、工程建设条件等评价因子。其中经济条件纳入人均 GDP X_{10}、人均收入 X_{11}、人均支出 X_{12} 等评价指标；社会条件纳入人口密度 X_{13}、基准地价 X_{14}、城市化率 X_{15} 等评价指标；地理位置条件则只纳入距市中心距离 X_{16} 为评价指标；工程建设条件纳入地面设施类型 X_{17}、地下设施类型 X_{18} 等评价指标。

（3）控制性因素中选取政府政策、地质缺陷等评价因子。其中政府政策纳入国家政策 X_{19} 为评价指标；地质缺陷则纳入断层 X_{20}、岩溶 X_{21} 等评价指标。

为探讨传统熵权法与混合权重分配方法 I-TW 对城市地下空间资源评价结果的影响及二者间的相互优良关系，开展基于不同类别赋权方法的城市地下空间资

源评价合理性分析，参照上述城市地下空间资源评价指标统计数值的区间范围，构建 T_1、T_2 不同时刻的初始属性数据分别如表 3.3 和表 3.4 所示。

表 3.3　T_1 时刻城市地下空间资源评价指标的初始属性数据

指标	X_1 /(°)	X_2 /m	X_3	X_4	X_5 /m	X_6 /MPa	X_7 /(°)	X_8 /kPa	X_9 /(m/d)	X_{10} /万元	X_{11} /元
N_1	1	3.5	6	6	10	10	10	100	1	1	5 000
N_2	1.2	3.3	5	6.2	15	15	11	150	1.1	1.5	5 300
N_3	2.1	3	4	6.5	20	20	15	200	1.2	2	5 500
N_4	2.9	2.5	3	6.7	25	25	25	250	1.3	2.5	6 000
N_5	3.6	2.3	2	6.9	30	35	30	400	1.4	3	6 500
N_6	4.1	2	1	7	50	80	40	800	1.5	6	7 000

指标	X_{12} /元	X_{13} /(人/km²)	X_{14} /(元/m²)	X_{15}	X_{16} /km	X_{17}	X_{18}	X_{19}	X_{20}	X_{21}	
N_1	3 000	1 000	4 000	50	4	1	1	0	1.5	0.5	
N_2	3 500	1 200	4 500	52	3.5	1.1	1.3	1	2.1	1.2	
N_3	4 000	1 500	5 000	56	3	1.3	1.5	2	2.6	1.4	
N_4	4 200	1 800	5 500	58	2.5	1.6	1.7	3	3.2	1.5	
N_5	4 500	1 900	6 500	59	1.5	1.9	1.8	4	3.6	1.7	
N_6	5 000	2 000	7 000	60	1	2	2	5	4	2	

表 3.4　T_2 时刻城市地下空间资源评价指标的初始属性数据

指标	X_1 /(°)	X_2 /m	X_3	X_4	X_5 /m	X_6 /MPa	X_7 /(°)	X_8 /kPa	X_9 /(m/d)	X_{10} /万元	X_{11} /元
N_1	1.1	3.4	5.9	6.1	11	11	11	110	1.1	1.1	5 100
N_2	1.3	3.2	4.9	6.3	16	16	12	160	1.2	1.6	5 400
N_3	2.2	2.9	3.9	6.6	21	21	16	200	1.3	2.1	5 600
N_4	3.0	2.4	2.9	6.8	26	26	26	260	1.4	2.6	6 100
N_5	3.7	2.2	1.9	7.0	31	36	31	410	1.5	3.1	6 600
N_6	4.2	1.9	0.9	7.0	51	81	41	810	1.6	6.1	7 100

指标	X_{12} /元	X_{13} /(人/km²)	X_{14} /(元/m²)	X_{15}	X_{16} /km	X_{17}	X_{18}	X_{19}	X_{20}	X_{21}	
N_1	3 100	1 100	4 100	51	3.9	1.1	1.1	1	1.6	0.6	
N_2	3 600	1 300	4 600	53	3.4	1.2	1.4	2	2.2	1.3	
N_3	4 100	1 600	5 100	57	2.9	1.4	1.6	3	2.7	1.5	
N_4	4 300	1 900	5 600	59	2.4	1.7	1.8	4	3.3	1.6	
N_5	4 600	2 000	6 600	60	1.4	2.0	1.9	5	3.7	1.8	
N_6	5 100	2 100	7 100	61	0.9	2.1	2.1	5	4.1	2.1	

考虑到近期数据较为重要的情况，使用混合权重分配方法 I-TW 进行指标赋权时，时间度 λ 取 0.4，经计算得到 T_1、T_2 时刻的时间维度加权向量为 $\boldsymbol{W}^t=(0.4,$

0.6)。然后,采用熵权法分别计算 T_1、T_2 时刻和时间权重前置法下评价指标 X_1 至 X_{21} 的参考权重值,分别如下所述。

T_1 时刻:$\boldsymbol{W}$=(0.052 8,0.046 7,0.040 7,0.039 2,0.053 1,0.075 5,0.066 9,0.074 0,0.040 7,0.061 9,0.049 5,0.036 2,0.039 3,0.045 8,0.038 0,0.045 8,0.051 9,0.034 2,0.040 7,0.037 9,0.029 0)。

T_2 时刻:$\boldsymbol{W}$=(0.053 1,0.046 9,0.040 9,0.038 3,0.053 3,0.075 9,0.067 1,0.074 3,0.040 9,0.062 1,0.049 7,0.036 3,0.039 4,0.046 0,0.038 1,0.046 0,0.052 1,0.034 4,0.037 8,0.038 1,0.029 1)。

TW_{pre}:$\boldsymbol{W}$=(0.053 0,0.046 8,0.040 9,0.038 6,0.053 3,0.075 7,0.067 0,0.074 2,0.040 9,0.062 0,0.049 6,0.036 3,0.039 4,0.046 0,0.038 1,0.046 0,0.052 0,0.034 3,0.038 9,0.038 0,0.029 1)。

基于城市地下空间资源评价指标的初始属性数据和多目标线性加权数学模型,分别采用传统熵权法和混合权重分配方法 I-TW 对城市地下空间资源进行综合评价,获得各评价对象在 T_1、T_2 时刻的熵权法、时间权重前置法、时间权重后置法等不同类型赋权方法下的城市地下空间资源评价结果,如图 3.1 所示。

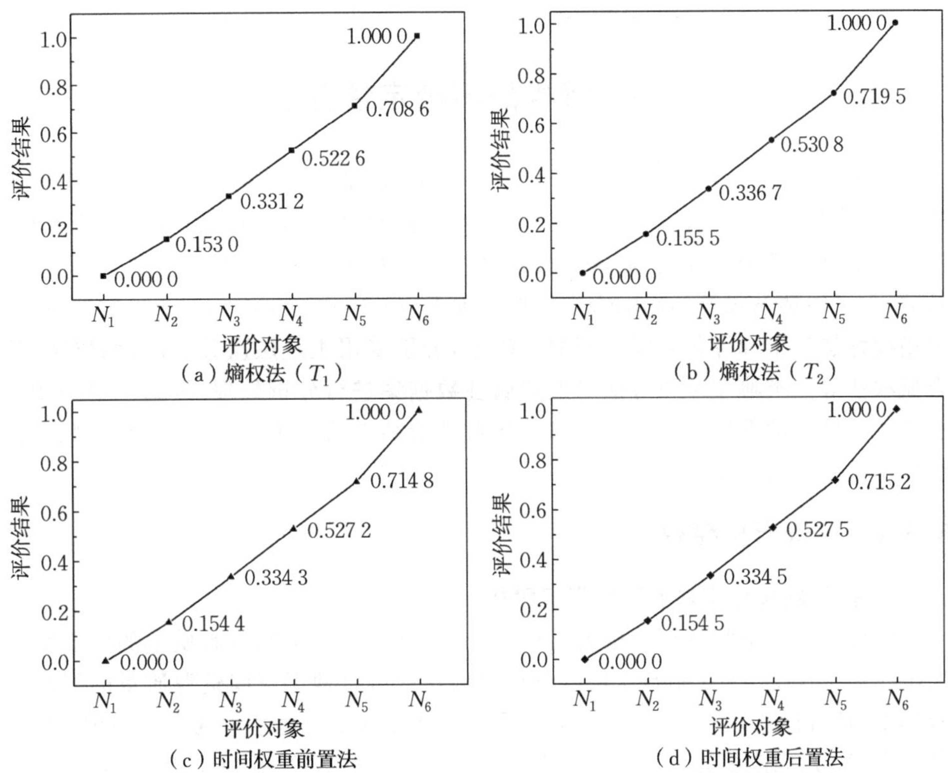

(a) 熵权法(T_1)　(b) 熵权法(T_2)

(c) 时间权重前置法　(d) 时间权重后置法

图 3.1　基于传统熵权法和 I-TW 的城市地下空间资源评价结果

参照四类不同赋权方法下的城市地下空间资源评价结果，分别计算出不同时刻下传统熵权法和不同类型混合权重分配方法 I-TW 的离散度，如表 3.5 所示。

结果表明：传统熵权法和 I-TW 赋权方法计算得到的离散度有较大区别，其结果按从小到大的顺序依次排列为 $D(\mathrm{TW_{post}}) < D(\mathrm{TW_{pre}}) < D(\mathrm{Entropy}_{T_2}) < D(\mathrm{Entropy}_{T_1})$。一方面，对于不同类型的 I-TW 赋权方法而言，时间加权前置法计算的离散度约等于 0.005 157 122，时间加权后置法计算的离散度约等于 0.005 157 118，二者几乎相同。另一方面，I-TW 赋权方法下的时间加权后置法或时间加权前置法，计算得到的离散度均远小于不同时刻的传统熵权法的权重离散度。显然，在获取到不同时刻的城市地下空间资源评价指标的初始属性值时，相较于传统熵权法，混合权重分配方法更适用于城市地下空间资源评价的指标赋权。

表 3.5 不同赋权方法的离散度

赋权方法	$\mathrm{Entropy}_{T_1}$	$\mathrm{Entropy}_{T_2}$	$\mathrm{TW_{pre}}$	$\mathrm{TW_{post}}$	D_i
$\mathrm{Entropy}_{T_1}$	0	0.014 9	0.009 0	0.009 0	0.010 8
$\mathrm{Entropy}_{T_2}$	0.014 9	0	0.006 5	0.006 0	0.009 1
$\mathrm{TW_{pre}}$	0.008 4	0.006 5	0	0.000 5	0.005 2
$\mathrm{TW_{post}}$	0.009 0	0.006 0	0.000 5	0	0.005 2

3.3 赋权的不确定性分析

参考已有的城市地下空间资源评价研究成果，依托中国地质调查局南京地质调查中心提供的江苏省南京市江北新区核心规划区的工程地质和水文地质资料，构建以地基承载力特征值、黏聚力、内摩擦角、压缩模量、含水量、孔隙比、垂直渗透系数、水平渗透系数等为影响因素的城市地下空间资源评价指标的属性数据集，在采用线性加权求和评价数学模型的基础上，分别采用主观层次分析法、熵权法、综合赋权法等三类典型赋权方法对上述属性数据集进行分析处理，再基于单一赋权法的评价结果的数值特征分析赋权方法对评价结果的作用机制，进而厘清赋权方法的不确定性对评价结果的影响。

3.3.1 评价指标赋权

1. 基于层次分析法的评价指标赋权

以城市地下空间资源质量为目标层，选取城市地下空间资源质量的主要影响因子作为指标层 (X)，则基于层次分析法构建的城市地下空间资源质量的层次结构模型为：目标层，城市地下空间资源质量(A)；指标层，地基承载力特征值(X_1)、黏聚力(X_2)、内摩擦角(X_3)、压缩模量(X_4)、含水量(X_5)、孔隙比(X_6)、垂直渗透系数(X_7)、水平渗透系数(X_8)。

由上述层次结构模型构造评价指标的 $A-X$ 判断矩阵，即

A	X_1	X_2	X_3	X_4	X_5	X_6	X_7	X_8
X_1	1	1/5	1/4	2	1/2	3	4	5
X_2	5	1	2	7	3	6	8	9
X_3	4	1/2	1	6	4	5	7	8
X_4	1/2	1/7	1/6	1	1/3	2	3	4
X_5	2	1/3	1/4	3	1	7	8	9
X_6	1/3	1/6	1/5	1/2	1/7	1	2	3
X_7	1/4	1/8	1/7	1/3	1/8	1/2	1	2
X_8	1/5	1/9	1/8	1/4	1/9	1/3	1/2	1

运用 MATLAB 计算判断矩阵的最大特征值 λ_{max} 及其所对应的权向量 $\boldsymbol{\omega}$，并进行一致性检验，得

$$\boldsymbol{\omega}_A(X)=[0.1846\ \ 0.7026\ \ 0.5758\ \ 0.1209\ \ 0.3376\ \ 0.0853\ \ 0.0566\ \ 0.0415]^T$$

$$\lambda_{max}^X=8.5033, CI_A(X)=0.0719, RI_A(X)=1.41, CR_A(X)=0.0510<0.1$$

依据主观赋权法中层次分析法的计算规则，结合城市地下空间资源质量评价指标的初始属性数据，计算上述八个评价指标基于层次分析法的最终权重值，具体计算结果如图 3.2 所示。

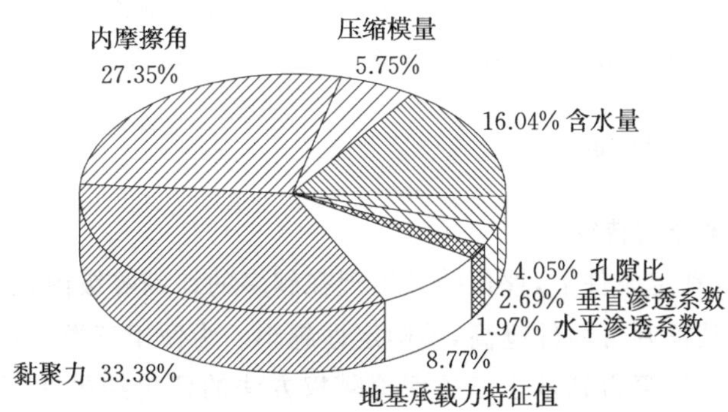

图 3.2　基于层次分析法的城市地下空间资源质量评价指标权重

2. 基于熵权法的评价指标赋权

依据客观赋权法中熵权法的计算规则，结合城市地下空间资源质量评价指标的初始属性数据，计算上述八个评价指标基于熵权法的最终权重值，具体计算结果如图 3.3 所示。

3. 基于调和平均综合法的评价指标赋权

依据基于调和平均的综合法的计算规则，结合基于层次分析法和熵权法的城市地下空间资源质量评价指标的权重，计算上述八个评价指标基于调和平均综合法的最终权重值，具体计算结果如图 3.4 所示。

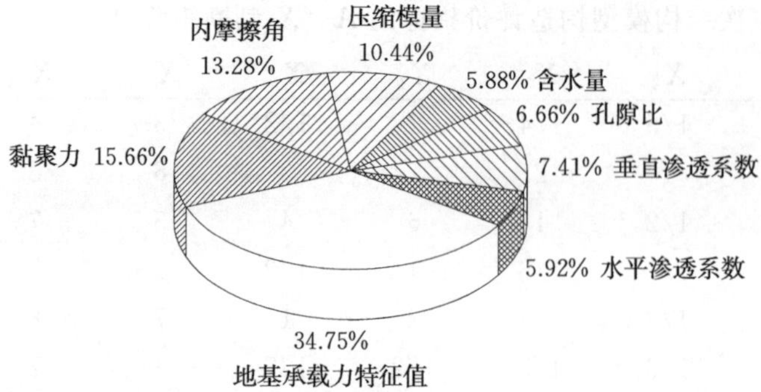

图 3.3 基于熵权法的城市地下空间资源质量评价指标权重

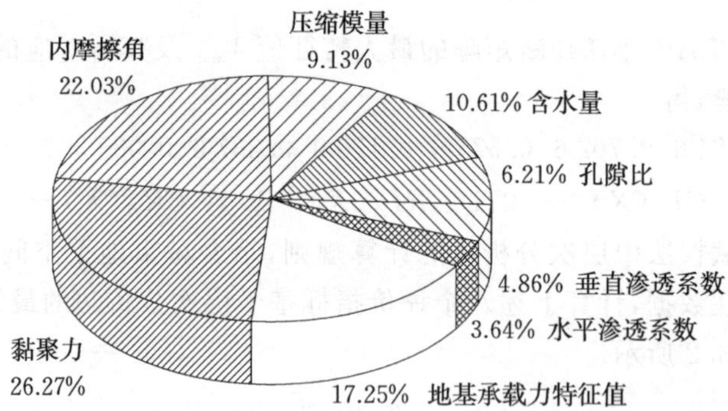

图 3.4 基于调和平均综合法的城市地下空间资源质量评价指标权重

3.3.2 数值分布特征

1. 评价结果分布特征

在同一等级判定条件下，评价结果出现在越多的评判等级内，表明评价结果的可区分度越高，其评判可靠性越高，不确定性越小。为便于三类评价赋权方法的不确定性对比分析，计算得到基于三类评价赋权方法的评价结果在不同判定等级下的出现次数，如图 3.5 所示。

图 3.5 表明：相比于层次分析法的评价结果，基于熵权法的评价结果在不同判定等级下出现的次数更加平均，分布范围更广；而基于调和平均综合法的评价结果的分布趋势则位于层次分析法和熵权法之间。

2. 评价结果数值特征

在采用线性加权求和评价数学模型的基础上，分别采用主观层次分析法、熵权法、综合赋权法三类典型赋权方法对上述属性数据集进行分析处理，得到评价结果的平均值与标准差，如图 3.6 所示。

图 3.6 表明：基于层次分析法的评价结果的平均值最小，标准差也最小；基于

熵权法的评价结果的平均值最大，标准差也最大；而基于调和平均综合法的评价结果的平均值和标准差均位于层次分析法和熵权法之间。

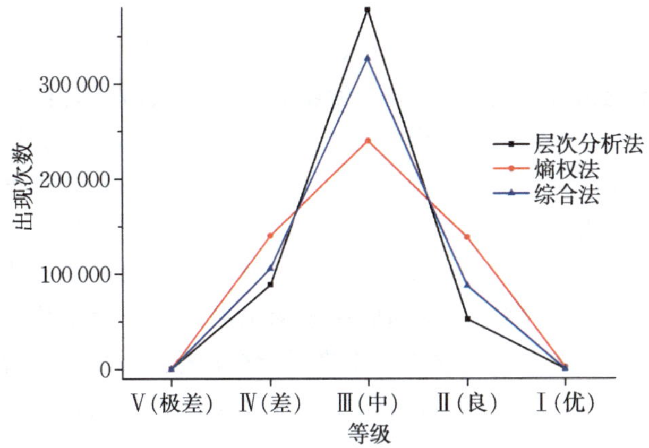

图 3.5　基于三类评价赋权方法的评价结果的分布特征

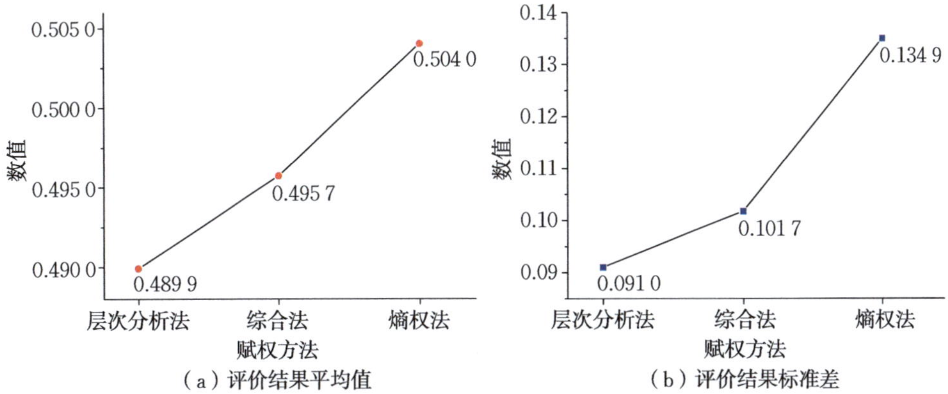

图 3.6　基于三类赋权方法的评价结果的数值特征

综上所述，基于熵权法的评价结果的分布范围最广、标准差最大、可区分度最高；基于层次分析法的评价结果则分布范围最小、标准差最小、可区分度最低；而基于调和平均综合法的评价结果的分布范围、标准差与可区分度则位于层次分析法和熵权法之间。这表明若只从评价指标的属性数据集出发，基于熵权法的评价结果更加合理地表达了评价结果的可区分度；而基于层次分析法的评价结果则更加集中，区分度低。同时，基于调和平均综合法中和了上述两种方法的数值分布特征，其评价结果的分布相较于单一赋权法起到了取长补短的调节作用。

3.4 本章小结

本章系统总结了城市地下空间资源评价指标主观赋权方法、客观赋权方法、综合赋权方法等传统指标维度赋权方法，创新提出了顾及时变特性的指标赋权和赋权不确定性分析方法，着重介绍了基于时序加权平均算子的指标维-时间维混合权重分配方法(I-TW)，完善了城市地下空间资源评价指标赋权的维度体系。但由于评价指标时变特性表征往往需要基于大量长时间序列监测数据，这对城市地下空间资源评价指标的时间序列数据要求较高，目前时间序列数据的建立和标准化工作尚未系统开展，因此本书第 6 章的应用案例仍采用基于静态数据的指标赋权方法进行城市地下空间资源三维评价。未来，除继续优化顾及评价指标时变特性的指标赋权方法外，还需要考虑评价指标在平面和垂向上的空间分异特性，研究基于变权思想的指标赋权方法。

第4章　城市地下空间资源评价数学模型

评价数学模型是结合指标体系与权重进行城市地下空间资源量化评价的数学基础。近年，国内外学者将多目标线性加权函数模型、模糊综合评判法、灰色评价法等应用于城市地下空间资源评价，提升了模型筛分和选取的合理性。但是，上述经典模型计算所得城市地下空间资源评价结果，均采用分等级的阶梯状定性表达模式，不能连续化表达城市地下空间资源评价的量化结果，无法体现复杂情景下城市地下空间资源评价对象的细节差异与空间渐变特征，与城市地下空间资源的空间实际分布状况不符。本章全面梳理了加权求和数学模型、相关度(隶属度、可拓关联度、灰色关联度等)数学模型等传统城市地下空间资源评价数学模型，以及以隶属度为核心的模糊综合评判数学模型。着重介绍了一种基于区间连续函数的城市地下空间资源评价连续性表达数学模型，以实现城市地下空间资源评价结果的连续化表达，期望提升评价数学模型的适配性和可用性。

4.1　经典的评价数学模型

4.1.1　加权求和数学模型

线性加权求和模型(linear weighted summation model，LWSM)是城市地下空间资源评价中常使用的一种数学模型。LWSM 使用的多目标线性加权求和函数具有层次性结构的特点(图 4.1)，这与城市地下空间资源评价指标体系的层次结构特点非常相似。同时，LWSM 可通过对评价指标体系参数的量化，以及评价指标权重间的数学关联程度的定量计算结果，来表征评价要素影响作用的重要程度和相互干扰程度，假定评价目标有 p 个评价因素，每个评价因素含 m 个评价因子，每个评价因子含 n 个评价指标，其数学表达式为

$$S=\sum_{h=1}^{p}\Big[\sum_{i=1}^{m}\big(\sum_{j=1}^{n}A_{hij}B_{hij}\big)C_{hi}\Big]D_{h} \tag{4.1}$$

式中，S 为评价目标的最终总得分；A_{hij} 为第 h 个评价因素中第 i 个评价因子的第 j 个评价指标的量化分值；D_h 为第 h 个评价因素所占的因素权重，且 $\sum_{h=1}^{p}D_h=1$，其中 $h=1,2,\cdots,p$；C_{hi} 为第 h 个评价因素中第 i 个评价因子所占的因子权重，且 $\sum_{i=1}^{m}C_{hi}=1$，其中 $i=1,2,\cdots,m$；B_{hij} 为 A_{hij} 对应的评价指标所占的指标权重，且

$\sum_{j=1}^{n} B_{hij}=1$，其中 $j=1,2,\cdots,n$。

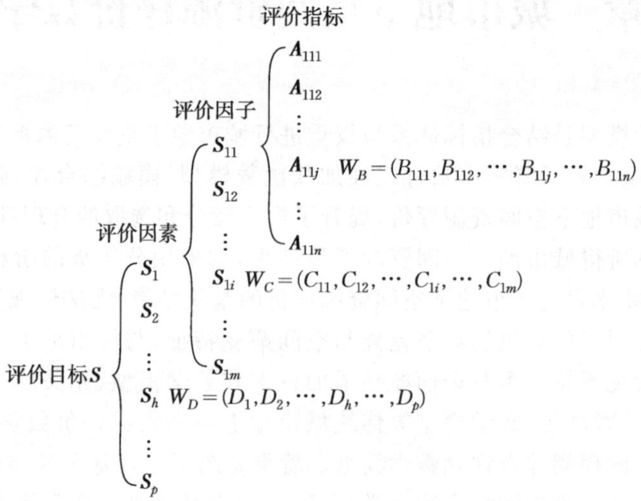

图 4.1 LWSM 的层次结构

LWSM 的主要思想是：首先确定每一个评价指标的量化分值，再结合评价指标、评价因子、评价因素在评价指标体系中所占的各级权重，基于线性加权求和函数计算出城市地下空间资源评价目标的最终总得分，然后结合预先设定的等级标准给城市地下空间资源评价目标总得分划分相应的等级，以用于后续的城市地下空间资源建设适宜性评价等研究工作。

4.1.2 相关度数学模型

城市地下空间资源评价数学模型中的相关度数学模型，主要通过引入隶属度、可拓关联度、灰色关联度、云确定度等相关度来量化评价指标参数值。在此以隶属度和可拓关联度为例，介绍模糊综合评判法、可拓评价法等相关度数学模型的主要构建流程。

1. 模糊综合评判法

1)因素论域、评判论域及权数

因素论域 $U=\{u_1,u_2,\cdots,u_n\}$ 为描述、刻画被评价对象的 n 种因素，表示被评判对象的各影响因素组成的集合；评判论域 $V=\{v_1,v_2,\cdots,v_m\}$ 为描述、刻画每一因素及评判结果所处状态的 m 种评判，表示评语组成的集合。$\mathbf{A}=(a_1,a_2,\cdots,a_n)$ 为因素论域 U 中诸元素重要程度的量，表现为因素论域 U 上的权重向量，即权数。

2)隶属度、隶属函数与 F 分布

设在论域 U 上给定了一个映射

$$B: U \to [0,1]$$
$$u \mapsto B(u)$$

则称 B 为 U 上的 F 集，$B(u)$ 为 B 的隶属函数，或称 $B(u)$ 为 u 对 B 的隶属度，即隶属度是由隶属函数确定的。当以实数 R 作论域时，则实数 R 上 F 集的隶属函数称为 F 分布。

3)评判矩阵与综合评判

对每个因素 $u_i(i=1,2,\cdots,n)$ 进行评判，可得到 V 上的模糊集 $(r_{i1},r_{i2},\cdots,r_{im})$，它是从 U 到 V 的一个模糊映射，即

$$f: U \to F(V)$$
$$u_i \mapsto (r_{i1},r_{i2},\cdots,r_{im})$$

模糊映射 f 可以确定一个模糊关系 $\boldsymbol{R} \in \mu_{n\times m}$，称为评判矩阵。$\boldsymbol{R}$ 是由所有对单因素评判的 F 集组成的。

$$\boldsymbol{R}=\begin{bmatrix} r_{11} & r_{12} & \cdots & r_{1m} \\ r_{21} & r_{22} & \cdots & r_{2m} \\ \vdots & \vdots & & \vdots \\ r_{n1} & r_{n2} & \cdots & r_{nm} \end{bmatrix} \tag{4.2}$$

对于因素论域 U 上的权重向量 $\boldsymbol{A}=(a_1,a_2,\cdots,a_n)$，通过 $\boldsymbol{R}$ 变换为评判论域 V 上的模糊集 $\boldsymbol{B}=\boldsymbol{A}\circ\boldsymbol{R}$，于是 $(U,V,\boldsymbol{R})$ 构成一个综合评判模型。若输入一个权重分配 $\boldsymbol{A}\in F(U)$，则输出一个综合评判 $\boldsymbol{B}=\boldsymbol{A}\circ\boldsymbol{R}\in F(V)$。

4)模糊综合评判算子

对权重分配 $\boldsymbol{A}\in F(U)$，对应的综合评判 $\boldsymbol{B}=\boldsymbol{A}\circ\boldsymbol{R}$，这里 $\boldsymbol{A}=(a_1,a_2,\cdots,a_n)$，$\boldsymbol{B}=(b_1,b_2,\cdots,b_m)$，$\boldsymbol{R}=[r_{ij}]_{m\times n}$。其中 b_j 是通过模糊算子计算得到的。可见计算 b_j 的算子是很重要的。不同的算子适用于解决不同的实际问题。

(1)算子Ⅰ：M($\wedge$，$\vee$)，计算结果只考虑最突出的因素，其他因素并不真正起作用。

(2)算子Ⅱ：M($\cdot$，$\vee$)，即 $b_j=\bigvee_{k=1}^{n}(a_k\cdot r_{kj})$。此算子兼顾所有因素，比算子Ⅰ稍微精确一些，一般不会丢失信息。

(3)算子Ⅲ：M($\wedge$，$\oplus$)，即 $b_j=\bigoplus_{k=1}^{n}(a_k\wedge r_{kj})=\sum_{k=1}^{n}(a_k\wedge r_{kj})$，这里运算 $\oplus$ 为有界和。由于权重分配满足 $\sum_{k=1}^{n}a_k=1$，因此 $\sum_{k=1}^{n}(a_k\wedge r_{kj})\leqslant 1$，故运算 $\oplus$ 与普通加法一致。

(4)算子Ⅳ：M($\cdot$，$+$)，即 $b_j=\sum_{k=1}^{n}(a_k\cdot r_{kj})$。

5)二级模糊综合评判

如果评判对象的有关影响因素很多,很难合理地确定出权数分配,即难以真实地反映各因素在整体中的地位,这时需采取多级评判。

将因素集U分成若干组,即$U=\bigcup_{i=1}^{p}U_i$,其中,$U_i\cap U_j=\phi,i\neq j$。设$U_i=\{u_{i1},u_{i2},\cdots,u_{in_i}\}$,于是$U=\{u_{11},\cdots,u_{1n_1},u_{21},\cdots,u_{2n_2},\cdots,u_{p1},\cdots,u_{pn_p}\}$。令$\overline{U}=\{U_1,U_2,\cdots,U_p\}$,称$\overline{U}$为第2层因素集,其元素$U_i$为第1层因素集$U$的子集,并对此进行综合评判,便可得到二级模糊综合评判数学模型。二级模糊综合评判包括以下两部分。

(1)对第2层的第i组$U_i=\{u_{i1},u_{i2},\cdots,u_{in_i}\}$中诸因素进行单因素评判,即建立模糊映射$f_i:U_i\to F(V)$,其中$f_i(u_{ik})=(r_{k1}^{(i)},r_{k2}^{(i)},\cdots,r_{km}^{(i)})\in F(V)$,于是可求得评判矩阵$\boldsymbol{R}_i$,以$(U_i,V,\boldsymbol{R}_i)$为原始模型,在$U_i$中给出诸因素的权重分配$\boldsymbol{A}_i=(a_{i1},a_{i2},\cdots a_{in_i})$,求得综合评价$\boldsymbol{B}_i=\boldsymbol{A}_i\circ\boldsymbol{R}_i\in F(V)$,其中$i=1,2,\cdots,p$。

(2)考虑第2层因素集$\overline{U}=\{U_1,U_2,\cdots,U_p\}$,以$\boldsymbol{B}_i$作为因素$U_i$的单因素评判,建立模糊映射$f:\overline{U}\to F(V),U_i\mapsto f(U_i)=\boldsymbol{B}_i$,于是得到第2层模糊关系综合评判矩阵为

$$\boldsymbol{R}=\begin{bmatrix}\boldsymbol{B}_1\\\boldsymbol{B}_2\\\vdots\\\boldsymbol{B}_p\end{bmatrix}=\begin{bmatrix}b_{11}&b_{12}&\cdots&b_{1m}\\b_{21}&b_{22}&\cdots&b_{2m}\\\vdots&\vdots&&\vdots\\b_{p1}&b_{p2}&\cdots&b_{pm}\end{bmatrix}\tag{4.3}$$

以$(\overline{U},V,\boldsymbol{R})$为原始模型,在$\overline{U}$中给出诸因素的权重分配$\boldsymbol{A}=(a_1,a_2,\cdots,a_p)$,求得综合评判模型$\boldsymbol{B}=\boldsymbol{A}\circ\boldsymbol{R}\in F(V)$。

以$\boldsymbol{B}$作为研究问题进行综合评判,称为二级模糊综合评价,类似地,可推广到二级模糊综合评价。

模糊综合评判法的主要思想是:首先根据评价指标的初始数据等级划分标准的端点值来确定评价指标的分界值;其次基于评判域等级和评价指标数据特征选定合适的模糊隶属度函数;再次基于模糊隶属度函数量化评价指标的参数值以获取评价指标的模糊隶属度矩阵,并结合评价指标权重计算评价目标的模糊综合评判总结果;最后根据最大隶属度准则判定评价目标的最终等级,以用于后续的城市地下空间资源建设适宜性评价等研究工作。

2. 可拓评价法

可拓原理是20世纪80年代由蔡文教授提出的一种用于研究物元及其变换的理论,其在处理评价指标的多属性和不相容问题上有较好的效果。假定评价目标有m个样本、n个评价指标,其计算步骤如下所述。

1）构建评价目标的物元

物元是可拓评价法用于评价目标的基本单元。在厘定好评价指标的前提下，通过初步处理生成评价目标的物元三元组，其数学表达式为

$$\boldsymbol{R}=(N,\boldsymbol{C},\boldsymbol{V})=\begin{bmatrix} N_t, & c_1, & v_1 \\ & c_2, & v_2 \\ & \vdots & \vdots \\ & c_n, & v_n \end{bmatrix}=\begin{bmatrix} \boldsymbol{R}_1 \\ \boldsymbol{R}_2 \\ \vdots \\ \boldsymbol{R}_n \end{bmatrix} \tag{4.4}$$

式中，$\boldsymbol{R}=(N,\boldsymbol{C},\boldsymbol{V})$ 为评价目标的物元三元组，$N_t(t=1,2,\cdots,m)$ 为评价目标的评价样本，$c_i(i=1,2,\cdots,n)$ 为评价目标的评价指标，$v_i(i=1,2,\cdots,n)$ 为评价指标的量值。

2）确立经典域、节域和待评物元

经典域：根据评价目标的评价指标及其分类等级，确立出模型的经典域（定性或定量评价物元模型），其数学表达式为

$$\boldsymbol{R}_{0j}=(N_j,\boldsymbol{C},\boldsymbol{V}_{0j})=\begin{bmatrix} N_j, & c_1, & v_{01j} \\ & c_2, & v_{02j} \\ & \vdots & \vdots \\ & c_n, & v_{0nj} \end{bmatrix}=\begin{bmatrix} N_j, & c_1, & (a_{01j},b_{01j}) \\ & c_2, & (a_{02j},b_{02j}) \\ & \vdots & \vdots \\ & c_n, & (a_{0nj},b_{0nj}) \end{bmatrix} \tag{4.5}$$

式中，$\boldsymbol{R}_{0j}(j=1,2,\cdots,p)$ 为第 j 等级下评价目标的物元模型；$N_j(j=1,2,\cdots,p)$ 为第 j 等级下评价目标的评价样本；$v_{0ij}=(a_{0ij},b_{0ij})$ 为评价目标处于第 j 等级时，评价指标 c_i 相对于 N_j 的数值区间，其中，a_{0ij} 为区间左端点值，b_{0ij} 为区间右端点值，$i=1,2,\cdots,n$。

节域：根据评价目标的评价指标的取值范围，确立出模型的节域，其数学表达式为

$$\boldsymbol{R}_p=(N_p,\boldsymbol{C},\boldsymbol{V}_p)=\begin{bmatrix} N_p, & c_1, & v_{1p} \\ & c_2, & v_{2p} \\ & \vdots & \vdots \\ & c_n, & v_{np} \end{bmatrix}=\begin{bmatrix} N_p, & c_1, & (a_{1p},b_{1p}) \\ & c_2, & (a_{2p},b_{2p}) \\ & \vdots & \vdots \\ & c_n, & (a_{np},b_{np}) \end{bmatrix} \tag{4.6}$$

式中，$\boldsymbol{R}_p$ 为评价指标允许数值区间上的物元模型，N_p 为全体等级下评价目标的评价样本；$\boldsymbol{V}_p$ 为评价目标在全体等级下评价指标 c_i 相对于 N_p 的允许数值区间。

待评物元：根据评价目标的评价指标的实际数据值，确立待评物元，其数学表达式为

$$\boldsymbol{R}_m=(N_m,\boldsymbol{C},\boldsymbol{V}_m)=\begin{bmatrix} N_m, & c_1, & v_{1m} \\ & c_2, & v_{2m} \\ & \vdots & \vdots \\ & c_n, & v_{nm} \end{bmatrix} \tag{4.7}$$

式中，N_m 为评价目标的全体评价样本，$v_{im}(i=1,2,\cdots,n)$ 为全体评价样本的评价指标 c_i 的实际值。

3）确立关联函数和可拓关联度

开展最终评价工作前，需要量化待评物元与经典域间的接近程度，即评价指标的可拓关联度，为此可选用如下关联函数进行计算，即

$$r_{tj}(v_{ti})=\begin{cases}\dfrac{-\rho(v_{ij},v_{0ij})}{|v_{0ij}|}, & v_{ij}\in v_{0ij}\\[2ex] \dfrac{\rho(v_{ij},v_{0ij})}{\rho(v_{ij},v_{0ip})-\rho(v_{ij},v_{0ij})}, & v_{ij}\notin v_{0ij}\end{cases} \tag{4.8}$$

其中

$$\rho(v_{ij},v_{0ij})=\left|v_{ij}-\frac{1}{2}(b_{0ij}+a_{0ij})\right|-\frac{1}{2}(b_{0ij}-a_{0ij}) \tag{4.9}$$

$$\rho(v_{ij},v_{0ip})=\left|v_{ij}-\frac{1}{2}(b_{0ip}+a_{0ip})\right|-\frac{1}{2}(b_{0ip}-a_{0ip}) \tag{4.10}$$

式中，$r_{tj}(v_{ti})$ 为评价目标针对各评价等级的可拓关联度，表征了待评物元的评价指标相对于各评价等级的概率。其中，$t=1,2,\cdots,m$；$i=1,2,\cdots,n$；$j=1,2,\cdots,p$。通过适宜的评价指标权重计算评价对象的综合可拓关联度，并根据最大值原则确立评价对象的等级，以用于后续的城市地下空间资源建设适宜性评价等研究工作。

综上所述，现阶段城市地下空间资源评价数学模型中的加权求和数学模型，计算过程简捷直观，并且按预设的等级标准中的固定赋值对参数值进行量化。也正是因为如此，它的量化取值呈离散化、不连续状态。鉴于其评价结果也是按照预设的等级进行划分，这导致其评价结果呈阶梯状分布，并且造成参数值和量化值失真；而相关度数学模型通过引入隶属度、可拓关联度、灰色关联度、云确定度等相关度函数来量化参数值，在一定程度上保障了参数值的真实度和连续性。但由于相关度的赋值仍按预设的等级标准进行划分，它的取值仍呈离散化分布，量化值存在一定程度的失真，并且其评价结果也是按照预设的等级进行划分，这导致其评价结果呈现出阶梯状、不连续表达分布的现象。因此，需要综合考虑城市地下空间资源评价目标和评价指标的实际情况选取合适的评价数学模型。

4.2 模糊综合评判数学模型

目前国内外有关城市地下空间资源质量评价的研究多侧重于影响因素的定性分析[16-28]，缺乏基于合理方法科学确定影响因素的重要性。实际上，城市地下空间资源质量差异具有典型的模糊性和不确定性，因而要求评价模型能够合理地刻画、描述这种模糊性和不确定性。但现有的定性分析及因子分析等方法[25]因存

在人为划分质量等级等问题，并不能很好地解决这种模糊性和不确定性问题。模糊综合评价依据隶属度和最大隶属原则确定质量等级，因而采用模糊综合评判进行研究将会使评价结果更具有客观性和合理性。

模糊综合评判是在考虑 n 种因素、m 种评判的情况下，寻找从 U 到 V 的模糊变换 f，并据此构造模糊关系矩阵 $\boldsymbol{R}=[r_{ij}]_{m\times n}\in F(U\times V)$。基于模糊算子对影响因素的权重向量与模糊关系矩阵进行某种模糊运算，从而得到评判集上的模糊子集，依据最大隶属原则，便可得出评判结果。

地下空间开发利用存在岩体和土体介质类型的差异性，因而模糊综合评判数学模型中某些指标的隶属函数在岩体和土体中是不同的，但建立地下空间资源质量模糊综合评判数学模型的方法是一致的。下面以土体中地下空间开发利用为例，论述地下空间资源质量模糊综合评判数学模型的建立。

4.2.1　确定因素论域与评判论域

1. 因素论域的确定

将“城市地下空间资源质量”这一问题定义为因素论域 U，基于已建立的评价指标体系，因素论域 U 可分成 5 组，即 $U=\bigcup_{i=1}^{5}U_i$，其中：

$U_1=\{u_{11},u_{12},u_{13}\}$。$U_1$ 表示工程地质条件：u_{11}、u_{12}、u_{13} 分别表示活断层与地裂缝、滑坡与岩溶、地震烈度。其中 u_{11}、u_{12}、u_{13} 分别相对应于评价指标体系中的 X_1、X_2、X_3。

$U_2=\{u_{21},u_{22},u_{23},u_{24},u_{25}\}$。$U_2$ 表示水文地质条件：u_{21}、u_{22}、u_{23}、u_{24}、u_{25} 分别表示受影响的地下水赋存类型、地下水水位及补给、单位涌水量、渗透系数、地下水腐蚀性。其中 u_{21}、u_{22}、u_{23}、u_{24}、u_{25} 分别相对应于评价指标体系中的 X_4、X_5、X_6、X_7、X_8。

$U_3=\{u_{31},u_{32},u_{33},u_{34}\}$。$U_3$ 表示土体条件：u_{31}、u_{32}、u_{33}、u_{34} 分别表示土体黏聚力、土体内摩擦角、承载力标准值、土体压缩模量。其中 u_{31}、u_{32}、u_{33}、u_{34} 分别相对应于评价指标体系中的 X_9、X_{10}、X_{11}、X_{12}。

$U_4=\{u_{41},u_{42}\}$。U_4 表示地面及地下空间条件：u_{41}、u_{42} 分别表示地面空间类型、受已开发地下空间的影响程度。其中 u_{41}、u_{42} 分别相对应于评价指标体系中的 X_{13}、X_{14}。

$U_5=\{u_{51},u_{52}\}$。U_5 表示地域位置条件：u_{51}、u_{52} 分别表示城市在区域地理位置中的重要性、与城市中心区的位置关系。其中 u_{51}、u_{52} 分别相对应于评价指标体系中的 X_{15}、X_{16}。

2. 评判论域的确定

将“城市地下空间资源质量等级”定义为评判论域 V，共分五个级别，则评判论

域 V 可表示为

$$V=\{v_1,v_2,\cdots,v_m\} \tag{4.11}$$

式中，V 为 U 中相应因素评价标准的集合，v_1 为很差，v_2 为较差，v_3 为一般，v_4 为较好，v_5 为很好。

再依据《岩土工程勘察规范》(GB 50021—2001)、工程实践经验及模糊综合评判法等国家或行业规范与评价理论，结合研究区域的具体情况，逐一确定城市地下空间资源质量评价指标的等级标准，以便于计算各评价指标的隶属度。

4.2.2　构造单因素模糊关系矩阵

1. 隶属度的确定

1)评价指标的定义

已构建的城市地下空间资源质量评价指标体系中的指标分为两种类型，即连续型指标（u_{13}、u_{23}、u_{24}、u_{31}、u_{32}、u_{33}、u_{34}）和离散型指标（u_{11}、u_{12}、u_{21}、u_{22}、u_{25}、u_{41}、u_{42}、u_{51}、u_{52}）。对于连续型指标，又包括两种类型，即正指标和逆指标。对此，我们做如下定义。

定义 1　连续型正指标：评价指标的数值具有连续性，并且评价指标值越大，质量等级越高。指标体系中 u_{31}、u_{32}、u_{33}、u_{34} 为连续型正指标。连续型正指标的共同特点是：质量等级越高，分类标准值越大。在这种情况下，介于两个质量等级分类标准值之间的数据，在两个质量等级上的隶属函数特点为：对稍低的质量等级而言呈减函数分布（评价因子数据越大，在该等级的隶属度越小），而对稍高的质量等级而言则呈增函数分布。其隶属函数的一般式为

$$A(x)=\begin{cases}1, & x\leqslant a\\ \dfrac{b-x}{b-a}, & a<x<b\\ 0, & x\geqslant b\end{cases} \tag{4.12}$$

式中，a、b 分别为相邻的两个质量等级分类标准值，x 为待评价指标的数据，$A(x)$ 为待评价指标的数据隶属于某一质量等级的隶属度。

其 F 分布属偏小型半梯形 F 分布，如图 4.2(a)所示。

定义 2　连续型逆指标：评价指标的数值具有连续性，并且评价指标值越大，质量等级越低。指标体系中的 u_{13}、u_{23}、u_{24} 为连续型逆指标。它们所具有的共同特点是：质量等级越高，分类标准值越小。在这种情况下，介于两个质量等级分类标准值之间的数据，在两个质量等级上的隶属函数特点为：对稍低的质量等级而言呈增函数分布（评价因子数据越大，在该等级的隶属度越大），而对稍高的质量等级而言则呈减函数分布。其隶属函数的一般式为

$$A(x)=\begin{cases}0, & x \leqslant a \\ \dfrac{x-a}{b-a}, & a<x<b \\ 1, & x \geqslant b\end{cases} \tag{4.13}$$

式中，a、b 分别为相邻的两个质量等级分类标准值，x 为待评价指标的数据，$A(x)$ 为待评价指标的数据隶属于某一质量等级的隶属度。

其 F 分布属偏大型半梯形 F 分布，如图 4.2(b)所示。

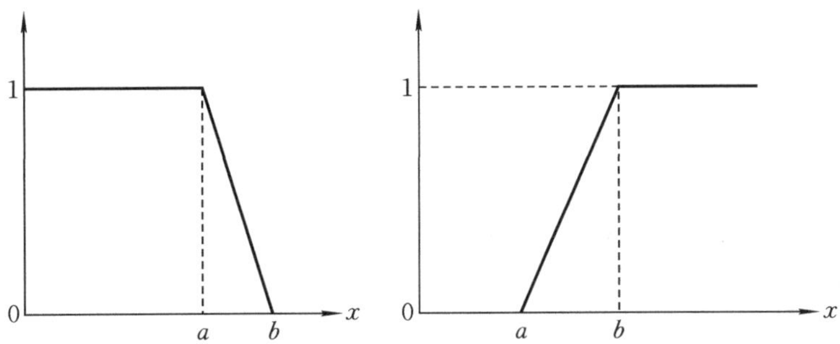

（a）正指标　（b）逆指标

图 4.2　连续型 F 分布

定义 3　离散型指标：评价指标的数据不具有连续性且评价指标与质量等级之间的关系是基于定性的概念关联。评价指标体系中的离散型指标主要有 u_{11}、u_{12}、u_{21}、u_{22}、u_{25}、u_{41}、u_{42}、u_{51}、u_{52}。

对于连续型指标，应基于连续型评价指标的整体特性通过构造隶属函数来确定其隶属度，并应根据具体指标特点及其与评判论域 V 的隶属关系确定具体的 F 分布函数；对于离散型指标，其隶属度依据专家经验来确定。

2)连续型正指标的隶属度

——连续型正指标隶属函数的一般形式。

依据连续型正指标的概念、特点及其与评判论域 V 的关系可构造出 u_{31}、u_{32}、u_{33}、u_{34} 等四个指标隶属函数(图 4.3)，其一般形式分别为

$$r_{i1}(x_{ip})=\begin{cases}1, & x_{ip} \leqslant b_{i1} \\ (b_{i2}-x_{ip})/(b_{i2}-b_{i1}), & b_{i1}<x_{ip}<b_{i2} \\ 0, & x_{ip} \geqslant b_{i2}\end{cases} \tag{4.14}$$

$$r_{i2}(x_{ip})=\begin{cases}(b_{i3}-x_{ip})/(b_{i3}-b_{i2}), & b_{i2}<x_{ip}<b_{i3} \\ (x_{ip}-b_{i1})/(b_{i2}-b_{i1}), & b_{i1}<x_{ip} \leqslant b_{i2} \\ 0, & x_{ip} \leqslant b_{i1}, x_{ip} \geqslant b_{i3}\end{cases} \tag{4.15}$$

$$r_{i3}(x_{ip})=\begin{cases}(b_{i4}-x_{ip})/(b_{i4}-b_{i3}), & b_{i3}<x_{ip}<b_{i4}\\(x_{ip}-b_{i2})/(b_{i3}-b_{i2}), & b_{i2}<x_{ip}\leqslant b_{i3}\\0, & x_{ip}\leqslant b_{i2},x_{ip}\geqslant b_{i4}\end{cases}\tag{4.16}$$

$$r_{i4}(x_{ip})=\begin{cases}(b_{i5}-x_{ip})/(b_{i5}-b_{i4}), & b_{i4}<x_{ip}<b_{i5}\\(x_{ip}-b_{i3})/(b_{i4}-b_{i3}), & b_{i3}<x_{ip}\leqslant b_{i4}\\0, & x_{ip}\leqslant b_{i3},x_{ip}\geqslant b_{i5}\end{cases}\tag{4.17}$$

$$r_{i5}(x_{ip})=\begin{cases}0, & x_{ip}\leqslant b_{i4}\\(x_{ip}-b_{i4})/(b_{i5}-b_{i4}), & b_{i4}<x_{ip}<b_{i5}\\1, & x_{ip}\geqslant b_{i5}\end{cases}\tag{4.18}$$

式中，$r_{i1}(x_{ip})$、$r_{i2}(x_{ip})$、$r_{i3}(x_{ip})$、$r_{i4}(x_{ip})$、$r_{i5}(x_{ip})$ 分别为第 i 评价单元体第 p 因子(指标) 在 Ⅰ、Ⅱ、Ⅲ、Ⅳ、Ⅴ 质量等级上的隶属度；b_{i1}、b_{i2}、b_{i3}、b_{i4}、b_{i5} 分别为第 i 评价单元体第 p 因子在 Ⅰ、Ⅱ、Ⅲ、Ⅳ、Ⅴ 质量等级上的标准值；x_{ip} 为第 i 评价单元体第 p 因子(指标) 数据。

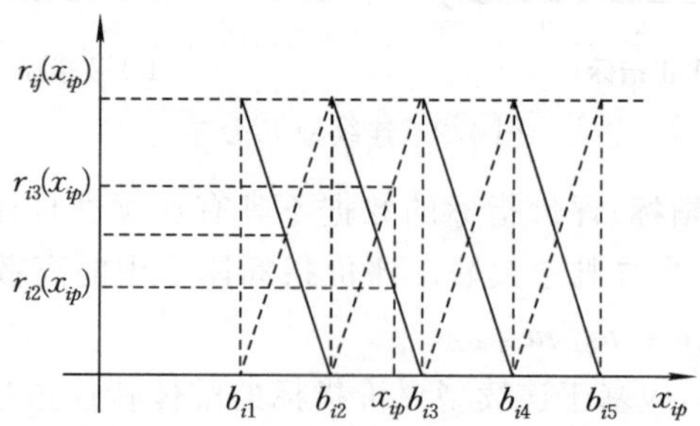

图 4.3 连续型正指标隶属函数关系

——连续型正指标的隶属函数。

基于连续型正指标的评价标准及其隶属函数的一般形式，可构造出连续型正指标 u_{31}、u_{32}、u_{33}、u_{34} 的隶属函数如下所述。

u_{31} 的隶属函数为

$$r_{i1}(x_{iu_{31}})=\begin{cases}1, & x_{iu_{31}}\leqslant 10\\(20-x_{iu_{31}})/10, & 10<x_{iu_{31}}<20\\0, & x_{iu_{31}}\geqslant 20\end{cases}\tag{4.19}$$

$$r_{i2}(x_{iu_{31}})=\begin{cases}(30-x_{iu_{31}})/10, & 20<x_{iu_{31}}<30\\(x_{iu_{31}}-10)/10, & 10<x_{iu_{31}}\leqslant 20\\0, & x_{iu_{31}}\leqslant 10,x_{iu_{31}}\geqslant 30\end{cases}\tag{4.20}$$

$$r_{i3}(x_{iu_{31}})=\begin{cases}(40-x_{iu_{31}})/10, & 30<x_{iu_{31}}<40\\(x_{iu_{31}}-20)/10, & 20<x_{iu_{31}}\leqslant 30\\0, & x_{iu_{31}}\leqslant 20,x_{iu_{31}}\geqslant 40\end{cases} \tag{4.21}$$

$$r_{i4}(x_{iu_{31}})=\begin{cases}(50-x_{iu_{31}})/10, & 40<x_{iu_{31}}<50\\(x_{iu_{31}}-30)/10, & 30<x_{iu_{31}}\leqslant 40\\0, & x_{iu_{31}}\leqslant 30,x_{iu_{31}}\geqslant 50\end{cases} \tag{4.22}$$

$$r_{i5}(x_{iu_{31}})=\begin{cases}0, & x_{iu_{31}}\leqslant 40\\(x_{iu_{31}}-40)/10, & 40<x_{iu_{31}}<50\\1, & x_{iu_{31}}\geqslant 50\end{cases} \tag{4.23}$$

u_{32} 的隶属函数为

$$r_{i1}(x_{iu_{32}})=\begin{cases}1, & x_{iu_{32}}\leqslant 10\\(20-x_{iu_{32}})/10, & 10<x_{iu_{32}}<20\\0, & x_{iu_{32}}\geqslant 20\end{cases} \tag{4.24}$$

$$r_{i2}(x_{iu_{32}})=\begin{cases}(30-x_{iu_{32}})/10, & 20<x_{iu_{32}}<30\\(x_{iu_{32}}-10)/10, & 10<x_{iu_{32}}\leqslant 20\\0, & x_{iu_{32}}\leqslant 10,x_{iu_{32}}\geqslant 30\end{cases} \tag{4.25}$$

$$r_{i3}(x_{iu_{32}})=\begin{cases}(35-x_{iu_{32}})/5, & 30<x_{iu_{32}}<35\\(x_{iu_{32}}-20)/10, & 20<x_{iu_{32}}\leqslant 30\\0, & x_{iu_{32}}\leqslant 20,x_{iu_{32}}\geqslant 35\end{cases} \tag{4.26}$$

$$r_{i4}(x_{iu_{32}})=\begin{cases}(40-x_{iu_{32}})/5, & 35<x_{iu_{32}}<40\\(x_{iu_{32}}-30)/5, & 30<x_{iu_{32}}\leqslant 35\\0, & x_{iu_{32}}\leqslant 30,x_{iu_{32}}\geqslant 40\end{cases} \tag{4.27}$$

$$r_{i5}(x_{iu_{32}})=\begin{cases}0, & x_{iu_{32}}\leqslant 35\\(x_{iu_{32}}-35)/5, & 35<x_{iu_{32}}<40\\1, & x_{iu_{32}}\geqslant 40\end{cases} \tag{4.28}$$

u_{33} 的隶属函数为

$$r_{i1}(x_{iu_{33}})=\begin{cases}1, & x_{iu_{33}}\leqslant 100\\(150-x_{iu_{33}})/50, & 100<x_{iu_{33}}<150\\0, & x_{iu_{33}}\geqslant 150\end{cases} \tag{4.29}$$

$$r_{i2}(x_{iu_{33}})=\begin{cases}(200-x_{iu_{33}})/50, & 150<x_{iu_{33}}<200\\(x_{iu_{33}}-100)/50, & 100<x_{iu_{33}}\leqslant 150\\0, & x_{iu_{33}}\leqslant 100, x_{iu_{33}}\geqslant 200\end{cases}\tag{4.30}$$

$$r_{i3}(x_{iu_{33}})=\begin{cases}(250-x_{iu_{33}})/50, & 200<x_{iu_{33}}<250\\(x_{iu_{33}}-150)/50, & 150<x_{iu_{33}}\leqslant 200\\0, & x_{iu_{33}}\leqslant 150, x_{iu_{33}}\geqslant 250\end{cases}\tag{4.31}$$

$$r_{i4}(x_{iu_{33}})=\begin{cases}(300-x_{iu_{33}})/50, & 250<x_{iu_{33}}<300\\(x_{iu_{33}}-200)/50, & 200<x_{iu_{33}}\leqslant 250\\0, & x_{iu_{33}}\leqslant 200, x_{iu_{33}}\geqslant 300\end{cases}\tag{4.32}$$

$$r_{i5}(x_{iu_{33}})=\begin{cases}0, & x_{iu_{33}}\leqslant 250\\(x_{iu_{33}}-250)/50, & 250<x_{iu_{33}}<300\\1, & x_{iu_{33}}\geqslant 300\end{cases}\tag{4.33}$$

u_{34} 的隶属函数为

$$r_{i1}(x_{iu_{34}})=\begin{cases}1, & x_{iu_{34}}\leqslant 4\\(8-x_{iu_{34}})/4, & 4<x_{iu_{34}}<8\\0, & x_{iu_{34}}\geqslant 8\end{cases}\tag{4.34}$$

$$r_{i2}(x_{iu_{34}})=\begin{cases}(12-x_{iu_{34}})/4, & 8<x_{iu_{34}}<12\\(x_{iu_{34}}-4)/4, & 4<x_{iu_{34}}\leqslant 8\\0, & x_{iu_{34}}\leqslant 4, x_{iu_{34}}\geqslant 12\end{cases}\tag{4.35}$$

$$r_{i3}(x_{iu_{34}})=\begin{cases}(16-x_{iu_{34}})/4, & 12<x_{iu_{34}}<16\\(x_{iu_{34}}-8)/4, & 8<x_{iu_{34}}\leqslant 12\\0, & x_{iu_{34}}\leqslant 8, x_{iu_{34}}\geqslant 16\end{cases}\tag{4.36}$$

$$r_{i4}(x_{iu_{34}})=\begin{cases}(20-x_{iu_{34}})/4, & 16<x_{iu_{34}}<20\\(x_{iu_{34}}-12)/4, & 12<x_{iu_{34}}\leqslant 16\\0, & x_{iu_{34}}\leqslant 12, x_{iu_{34}}\geqslant 20\end{cases}\tag{4.37}$$

$$r_{i5}(x_{iu_{34}})=\begin{cases}0, & x_{iu_{34}}\leqslant 16\\(x_{iu_{34}}-16)/4, & 16<x_{iu_{34}}<20\\1, & x_{iu_{34}}\geqslant 20\end{cases}\tag{4.38}$$

3)连续型逆指标的隶属度

——连续型逆指标隶属函数的一般形式。

依据连续型逆指标的概念、特点及其与评判论域的关系，可构造出 u_{13}、u_{23}、u_{24} 三个指标在五个质量等级上的隶属函数的一般形式分别为

$$r_{i1}(x_{ip})=\begin{cases}1, & x_{ip}\geqslant b_{i1}\\(x_{ip}-b_{i2})(b_{i1}-b_{i2}), & b_{i2}<x_{ip}<b_{i1}\\0, & x_{ip}\leqslant b_{i2}\end{cases}\tag{4.39}$$

$$r_{i2}(x_{ip})=\begin{cases}(x_{ip}-b_{i3})/(b_{i2}-b_{i3}), & b_{i3}<x_{ip}<b_{i2}\\(b_{i1}-x_{ip})/(b_{i1}-b_{i2}), & b_{i2}\leqslant x_{ip}<b_{i1}\\0, & x_{ip}\leqslant b_{i3},x_{ip}\geqslant b_{i1}\end{cases}\tag{4.40}$$

$$r_{i3}(x_{ip})=\begin{cases}(x_{ip}-b_{i4})/(b_{i3}-b_{i4}), & b_{i4}<x_{ip}<b_{i3}\\(b_{i2}-x_{ip})/(b_{i2}-b_{i3}), & b_{i3}\leqslant x_{ip}<b_{i2}\\0, & x_{ip}\leqslant b_{i4},x_{ip}\geqslant b_{i2}\end{cases}\tag{4.41}$$

$$r_{i4}(x_{ip})=\begin{cases}(x_{ip}-b_{i5})/(b_{i4}-b_{i5}), & b_{i5}<x_{ip}<b_{i4}\\(b_{i3}-x_{ip})/(b_{i3}-b_{i4}), & b_{i4}\leqslant x_{ip}<b_{i3}\\0, & x_{ip}\leqslant b_{i5},x_{ip}\geqslant b_{i3}\end{cases}\tag{4.42}$$

$$r_{i5}(x_{ip})=\begin{cases}0, & x_{ip}\geqslant b_{i4}\\(b_{i4}-x_{ip})/(b_{i4}-b_{i5}), & b_{i5}<x_{ip}<b_{i4}\\1, & x_{ip}\leqslant b_{i5}\end{cases}\tag{4.43}$$

式中，$r_{i1}(x_{ip})$、$r_{i2}(x_{ip})$、$r_{i3}(x_{ip})$、$r_{i4}(x_{ip})$、$r_{i5}(x_{ip})$ 分别为第 i 评价单元体第 p 因子(指标)在 Ⅰ、Ⅱ、Ⅲ、Ⅳ、Ⅴ 质量等级上的隶属度；b_{i1}、b_{i2}、b_{i3}、b_{i4}、b_{i5} 分别为第 i 评价单元体第 p 因子(指标)在 Ⅰ、Ⅱ、Ⅲ、Ⅳ、Ⅴ 质量等级上的标准值；x_{ip} 为第 i 评价单元体第 p 因子(指标)数据。

——连续型逆指标的隶属函数。

基于连续型逆指标的评价标准及其隶属函数的一般形式，可构造出连续型逆指标 u_{13}、u_{23}、u_{24} 的隶属函数如下所述。

u_{13} 的隶属函数为

$$r_{i1}(x_{iu_{13}})=\begin{cases}1, & x_{iu_{13}}\geqslant 10\\x_{iu_{13}}-9, & 9<x_{iu_{13}}<10\\0, & x_{iu_{13}}\leqslant 9\end{cases}\tag{4.44}$$

$$r_{i2}(x_{iu_{13}})=\begin{cases}x_{iu_{13}}-8, & 8<x_{iu_{13}}<9\\10-x_{iu_{13}}, & 9\leqslant x_{iu_{13}}<10\\0, & x_{iu_{13}}\leqslant 8,x_{iu_{13}}\geqslant 10\end{cases}\tag{4.45}$$

$$r_{i3}(x_{iu_{13}})=\begin{cases}x_{iu_{13}}-7, & 7<x_{iu_{13}}<8\\9-x_{iu_{13}}, & 8\leqslant x_{iu_{13}}<9\\0, & x_{iu_{13}}\leqslant 7, x_{iu_{13}}\geqslant 9\end{cases} \tag{4.46}$$

$$r_{i4}(x_{iu_{13}})=\begin{cases}x_{iu_{13}}-6, & 6<x_{iu_{13}}<7\\8-x_{iu_{13}}, & 7\leqslant x_{iu_{13}}<8\\0, & x_{iu_{13}}\leqslant 6, x_{iu_{13}}\geqslant 8\end{cases} \tag{4.47}$$

$$r_{i5}(x_{iu_{13}})=\begin{cases}0, & x_{iu_{13}}\geqslant 7\\7-x_{iu_{13}}, & 6<x_{iu_{13}}<7\\1, & x_{iu_{13}}\leqslant 6\end{cases} \tag{4.48}$$

u_{23} 的隶属函数为

$$r_{i1}(x_{iu_{23}})=\begin{cases}1, & x_{iu_{23}}\geqslant 40\\(x_{iu_{23}}-30)/10, & 30<x_{iu_{23}}<40\\0, & x_{iu_{23}}\leqslant 30\end{cases} \tag{4.49}$$

$$r_{i2}(x_{iu_{23}})=\begin{cases}(x_{iu_{23}}-16)/14, & 16<x_{iu_{23}}<30\\(40-x_{iu_{23}})/10, & 30\leqslant x_{iu_{23}}<40\\0, & x_{iu_{23}}\leqslant 16, x_{iu_{23}}\geqslant 40\end{cases} \tag{4.50}$$

$$r_{i3}(x_{iu_{23}})=\begin{cases}(x_{iu_{23}}-8)/8, & 8<x_{iu_{23}}<16\\(30-x_{iu_{23}})/14, & 16\leqslant x_{iu_{23}}<30\\0, & x_{iu_{23}}\leqslant 8, x_{iu_{23}}\geqslant 30\end{cases} \tag{4.51}$$

$$r_{i4}(x_{iu_{23}})=\begin{cases}(x_{iu_{23}}-4)/4, & 4<x_{iu_{23}}<8\\(16-x_{iu_{23}})/8, & 8\leqslant x_{iu_{23}}<16\\0, & x_{iu_{23}}\leqslant 4, x_{iu_{23}}\geqslant 16\end{cases} \tag{4.52}$$

$$r_{i5}(x_{iu_{23}})=\begin{cases}0, & x_{iu_{23}}\geqslant 8\\(8-x_{iu_{23}})/4, & 4<x_{iu_{23}}<8\\1, & x_{iu_{23}}\leqslant 4\end{cases} \tag{4.53}$$

u_{24} 的隶属函数为

$$r_{i1}(x_{iu_{24}})=\begin{cases}1, & x_{iu_{24}}\geqslant 10\\(x_{iu_{24}}-1)/9, & 1<x_{iu_{24}}<10\\0, & x_{iu_{24}}\leqslant 1\end{cases} \tag{4.54}$$

$$r_{i2}(x_{iu_{24}})=\begin{cases}10(x_{iu_{24}}-0.1)/9, & 0.1<x_{iu_{24}}<1\\(10-x_{iu_{24}})/9, & 1\leqslant x_{iu_{24}}<10\\0, & x_{iu_{24}}\leqslant 0.1,x_{iu_{24}}\geqslant 10\end{cases}\tag{4.55}$$

$$r_{i3}(x_{iu_{24}})=\begin{cases}100(x_{iu_{24}}-0.01)/9, & 0.01<x_{iu_{24}}<0.1\\10(1-x_{iu_{24}})/9, & 0.1\leqslant x_{iu_{24}}<1\\0, & x_{iu_{24}}\leqslant 0.01,x_{iu_{24}}\geqslant 1\end{cases}\tag{4.56}$$

$$r_{i4}(x_{iu_{24}})=\begin{cases}1\,000(x_{iu_{24}}-0.001)/9, & 0.001<x_{iu_{24}}<0.01\\100(0.1-x_{iu_{24}})/9, & 0.01\leqslant x_{iu_{24}}<0.1\\0, & x_{iu_{24}}\leqslant 0.001,x_{iu_{24}}\geqslant 0.1\end{cases}\tag{4.57}$$

$$r_{i5}(x_{iu_{24}})=\begin{cases}0, & x_{iu_{24}}\geqslant 0.01\\1\,000(0.01-x_{iu_{24}})/9, & 0.001<x_{iu_{24}}<0.01\\1, & x_{iu_{24}}\leqslant 0.001\end{cases}\tag{4.58}$$

4)离散型指标的隶属度

评价指标体系中 u_{11}、u_{12}、u_{21}、u_{22}、u_{25}、u_{41}、u_{42}、u_{51}、u_{52} 九个指标为离散型指标,其隶属度依据经验及专家打分法确定。各指标的隶属度的确定如表 4.1、表 4.2、表 4.3、表 4.4、表 4.5、表 4.6、表 4.7、表 4.8、表 4.9 所示。

表 4.1　活断层与地裂缝(u_{11})隶属度

活断层与地裂缝	质量				
	Ⅰ	Ⅱ	Ⅲ	Ⅳ	Ⅴ
无	0	0	0	0	1
较小	0	0	0	1	0
一般	0	0	1	0	0
较大	0	1	0	0	0
很大	1	0	0	0	0

表 4.2　滑坡与岩溶(u_{12})隶属度

滑坡与岩溶	质量				
	Ⅰ	Ⅱ	Ⅲ	Ⅳ	Ⅴ
频繁发生	1	0	0	0	0
常发生	0	1	0	0	0
有时发生	0	0	1	0	0
很少发生	0	0	0	1	0
无	0	0	0	0	1

表 4.3 受影响的地下水赋存类型(u_{21})隶属度

受影响的地下水赋存类型	质量				
	Ⅰ	Ⅱ	Ⅲ	Ⅳ	Ⅴ
潜水＋承压水	0.80	0.20	0	0	0
承压水	0.20	0.80	0	0	0
上层滞水＋潜水	0	0.10	0.80	0.10	0
潜水	0	0	0	0.80	0.20
上层滞水	0	0	0	0.20	0.80

表 4.4 地下水水位及补给(u_{22})隶属度

地下水水位及补给	质量				
	Ⅰ	Ⅱ	Ⅲ	Ⅳ	Ⅴ
不含地下水	0.90	0.10	0	0	0
位于1/2含水层以下补给较少	0.10	0.90	0	0	0
位于1/2含水层以下补给较多	0	0.10	0.80	0.10	0
位于1/2含水层以上补给较少	0	0	0	0.90	0.10
位于1/2含水层以上补给较多	0	0	0	0.10	0.90

表 4.5 地下水腐蚀性(u_{25})隶属度

地下水腐蚀性	质量				
	Ⅰ	Ⅱ	Ⅲ	Ⅳ	Ⅴ
很强	0.70	0.30	0	0	0
强	0.20	0.70	0.10	0	0
一般	0	0.20	0.60	0.20	0
弱	0	0	0.10	0.70	0.20
无	0	0	0	0.30	0.70

表 4.6 地面空间类型(u_{41})的隶属度

地面空间类型	质量				
	Ⅰ	Ⅱ	Ⅲ	Ⅳ	Ⅴ
保护或重要建筑物及河湖水域	1.00	0	0	0	0
一般建筑物	0.10	0.60	0.30	0	0
可拆卸建筑物	0	0.20	0.60	0.20	0
道路	0	0	0.10	0.60	0.30
绿地或广场	0	0	0	0	1.00

表 4.7 受已开发地下空间的影响程度(u_{42})隶属度

受已开发地下空间的影响程度	质量				
	Ⅰ	Ⅱ	Ⅲ	Ⅳ	Ⅴ
很大	1.00	0	0	0	0
较大	0.20	0.80	0	0	0

续表

受已开发地下空间的影响程度	质量				
	Ⅰ	Ⅱ	Ⅲ	Ⅳ	Ⅴ
一般	0	0.10	0.80	0.10	0
较小	0	0	0	0.80	0.20
无	0	0	0	0	1.00

表 4.8　城市在区域地理位置中的重要性(u_{51})隶属度

城市在区域地理位置中的重要性	质量				
	Ⅰ	Ⅱ	Ⅲ	Ⅳ	Ⅴ
不重要	1.00	0	0	0	0
较不重要	0	1.00	0	0	0
一般	0	0.10	0.80	0.10	0
重要	0	0	0	1.00	0
很重要	0	0	0	0	1.00

表 4.9　与城市中心区位置关系(u_{52})隶属度

与城市中心区位置关系	质量				
	Ⅰ	Ⅱ	Ⅲ	Ⅳ	Ⅴ
远离中心区	0.90	0.10	0	0	0
接近过渡区	0.10	0.90	0	0	0
过渡区	0	0.10	0.80	0.10	0
中心区边缘	0	0	0	0.90	0.10
中心区	0	0	0	0.10	0.90

2. 模糊关系矩阵 $\boldsymbol{R}$ 的构造

对已掌握的城市某一地块(或评价单元体)的各因子 $u_i(i=1,2,\cdots,n)$ 值，根据其隶属度进行评判，得到因素论域U与评价论域V之间的单因素(如工程地质条件、水文地质条件、土体条件、地面及地下空间条件、地域位置条件等)的模糊关系评判矩阵 $\boldsymbol{R}=[r_{ij}]_{m\times n}$，$\boldsymbol{R}$ 表示 m 行 n 列的模糊关系矩阵，即

$$\boldsymbol{R}=\begin{bmatrix}\boldsymbol{R}_1\\ \boldsymbol{R}_2\\ \vdots\\ \boldsymbol{R}_n\end{bmatrix}=\begin{bmatrix}r_{11} & r_{12} & \cdots & r_{1n}\\ r_{21} & r_{22} & \cdots & r_{2n}\\ \vdots & \vdots & & \vdots\\ r_{m1} & r_{m2} & \cdots & r_{mn}\end{bmatrix}\tag{4.59}$$

式中，$\boldsymbol{R}$ 为各单因素的模糊关系矩阵，r_{ij} 为第i 个评价指标在j 质量等级上的隶属度，m 为各单因素的评价指标个数，n 为质量等级级别。

据评价指标体系及模糊关系矩阵的一般形式可分别构造出工程地质条件、水文地质条件、土体条件、地面及地下空间条件及地域位置条件的模糊关系矩阵，具体如下所述。

(1)工程地质条件(U_1)的模糊关系矩阵为

$$R_1 = \begin{bmatrix} R_{11} \\ R_{12} \\ R_{13} \end{bmatrix} = \begin{bmatrix} r_{1(11)} & r_{1(12)} & r_{1(13)} & r_{1(14)} & r_{1(15)} \\ r_{1(21)} & r_{1(22)} & r_{1(23)} & r_{1(24)} & r_{1(25)} \\ r_{1(31)} & r_{1(32)} & r_{1(33)} & r_{1(34)} & r_{1(35)} \end{bmatrix} \tag{4.60}$$

(2)水文地质条件(U_2)的模糊关系矩阵为

$$R_2 = \begin{bmatrix} R_{21} \\ R_{22} \\ R_{23} \\ R_{24} \\ R_{25} \end{bmatrix} = \begin{bmatrix} r_{2(11)} & r_{2(12)} & r_{2(13)} & r_{2(14)} & r_{2(15)} \\ r_{2(21)} & r_{2(22)} & r_{2(23)} & r_{2(24)} & r_{2(25)} \\ r_{2(31)} & r_{2(32)} & r_{2(33)} & r_{2(34)} & r_{2(35)} \\ r_{2(41)} & r_{2(42)} & r_{2(43)} & r_{2(44)} & r_{2(45)} \\ r_{2(51)} & r_{2(52)} & r_{2(53)} & r_{2(54)} & r_{2(55)} \end{bmatrix} \tag{4.61}$$

(3)土体条件(U_3)的模糊关系矩阵为

$$R_3 = \begin{bmatrix} R_{31} \\ R_{32} \\ R_{33} \\ R_{34} \end{bmatrix} = \begin{bmatrix} r_{3(11)} & r_{3(12)} & r_{3(13)} & r_{3(14)} & r_{3(15)} \\ r_{3(21)} & r_{3(22)} & r_{3(23)} & r_{3(24)} & r_{3(25)} \\ r_{3(31)} & r_{3(32)} & r_{3(33)} & r_{3(34)} & r_{3(35)} \\ r_{3(41)} & r_{3(42)} & r_{3(43)} & r_{3(44)} & r_{3(45)} \end{bmatrix} \tag{4.62}$$

(4)地面及地下空间条件(U_4)的模糊关系矩阵为

$$R_4 = \begin{bmatrix} R_{41} \\ R_{42} \end{bmatrix} = \begin{bmatrix} r_{4(11)} & r_{4(12)} & r_{4(13)} & r_{4(14)} & r_{4(15)} \\ r_{4(21)} & r_{4(22)} & r_{4(23)} & r_{4(24)} & r_{4(25)} \end{bmatrix} \tag{4.63}$$

(5)地域位置条件(U_5)的模糊关系矩阵为

$$R_5 = \begin{bmatrix} R_{51} \\ R_{52} \end{bmatrix} = \begin{bmatrix} r_{5(11)} & r_{5(12)} & r_{5(13)} & r_{5(14)} & r_{5(15)} \\ r_{5(21)} & r_{5(22)} & r_{5(23)} & r_{5(24)} & r_{5(25)} \end{bmatrix} \tag{4.64}$$

4.2.3 单因素 A 与 R 的复合运算

由于单因素各指标对单因素的影响程度未必相等,所以需对各指标加权,用 U 上的 F 集 $\boldsymbol{A}=(a_1,a_2,\cdots,a_n)$ 表示因素的各指标权重分配,各单因素的若干评价因子的权重在第 2 章评价指标体系中已基于层次分析法研究确定。通过确定合适的模糊算子并将 $\boldsymbol{A}$ 与模糊关系矩阵 $\boldsymbol{R}$ 进行合成,即可得到各因素的评价模型 $\boldsymbol{B}=\boldsymbol{b}_j$,即 $\boldsymbol{A}\circ\boldsymbol{R}=\boldsymbol{B}=\boldsymbol{b}_j=(b_1,b_2,\cdots,b_n)$。

在本次研究中,在构造评价模型 $\boldsymbol{B}$ 时,采用 M(·,+)和 M(∧,∨)两种模糊算子,并进行相互比较,以期得到客观的评价结果。

1. 基于算子 M(·,+)的单因素评价模型

$$\boldsymbol{B}=\boldsymbol{A}\circ\boldsymbol{R} \tag{4.65}$$

式中,$\boldsymbol{A}=(a_1,a_2,\cdots,a_n)$,$\sum_{i=1}^{n}a_i=1, a_i\geqslant 0$;$\boldsymbol{R}=[r_{ij}]_{n\times m}$;$\boldsymbol{b}_j=\sum_{i=1}^{n}a_i r_{ij}, j=1,\cdots,$

m。此处 $\boldsymbol{b}_j$ 是 $r_{1j},r_{2j},\cdots,r_{nj}$ 的函数，也就是各单因素的评价函数；$\boldsymbol{B}$ 即为单因素评价结果。据此可构造出基于算子 M(•，+) 的工程地质条件(U_1)、水文地质条件(U_2)、土体条件(U_3)、地面及地下空间条件(U_4)及地域位置条件(U_5)的评价模型 $\boldsymbol{B}_1^{(1)}$、$\boldsymbol{B}_2^{(1)}$、$\boldsymbol{B}_3^{(1)}$、$\boldsymbol{B}_4^{(1)}$、$\boldsymbol{B}_5^{(1)}$。U_1、U_2、U_3、U_4、U_5 基于算子 M(•，+) 的评价计算模型 $\boldsymbol{B}_1^{(1)}$、$\boldsymbol{B}_2^{(1)}$、$\boldsymbol{B}_3^{(1)}$、$\boldsymbol{B}_4^{(1)}$、$\boldsymbol{B}_5^{(1)}$ 如下所述。

$$\begin{aligned}\boldsymbol{B}_1^{(1)} &= \boldsymbol{A}_1 \circ \boldsymbol{R}_1 \\ &= [0.460 \quad 0.221 \quad 0.319] \circ \begin{bmatrix} r_{1(11)} & r_{1(12)} & r_{1(13)} & r_{1(14)} & r_{1(15)} \\ r_{1(21)} & r_{1(22)} & r_{1(23)} & r_{1(24)} & r_{1(25)} \\ r_{1(31)} & r_{1(32)} & r_{1(33)} & r_{1(34)} & r_{1(35)} \end{bmatrix}\end{aligned} \tag{4.66}$$

$$\begin{aligned}\boldsymbol{B}_2^{(1)} &= \boldsymbol{A}_2 \circ \boldsymbol{R}_2 \\ &= [0.269 \quad 0.220 \quad 0.220 \quad 0.179 \quad 0.112] \circ \begin{bmatrix} r_{2(11)} & r_{2(12)} & r_{2(13)} & r_{2(14)} & r_{2(15)} \\ r_{2(21)} & r_{2(22)} & r_{2(23)} & r_{2(24)} & r_{2(25)} \\ r_{2(31)} & r_{2(32)} & r_{2(33)} & r_{2(34)} & r_{2(35)} \\ r_{2(41)} & r_{2(42)} & r_{2(43)} & r_{2(44)} & r_{2(45)} \\ r_{2(51)} & r_{2(52)} & r_{2(53)} & r_{2(54)} & r_{2(55)} \end{bmatrix}\end{aligned} \tag{4.67}$$

$$\begin{aligned}\boldsymbol{B}_3^{(1)} &= \boldsymbol{A}_3 \circ \boldsymbol{R}_3 \\ &= [0.286 \quad 0.286 \quad 0.286 \quad 0.142] \circ \begin{bmatrix} r_{3(11)} & r_{3(12)} & r_{3(13)} & r_{3(14)} & r_{3(15)} \\ r_{3(21)} & r_{3(22)} & r_{3(23)} & r_{3(24)} & r_{3(25)} \\ r_{3(31)} & r_{3(32)} & r_{3(33)} & r_{3(34)} & r_{3(35)} \\ r_{3(41)} & r_{3(42)} & r_{3(43)} & r_{3(44)} & r_{3(45)} \end{bmatrix}\end{aligned} \tag{4.68}$$

$$\begin{aligned}\boldsymbol{B}_4^{(1)} &= \boldsymbol{A}_4 \circ \boldsymbol{R}_4 \\ &= [0.600\,0 \quad 0.400\,0] \circ \begin{bmatrix} r_{4(11)} & r_{4(12)} & r_{4(13)} & r_{4(14)} & r_{4(15)} \\ r_{4(21)} & r_{4(22)} & r_{4(23)} & r_{4(24)} & r_{4(25)} \end{bmatrix}\end{aligned} \tag{4.69}$$

$$\begin{aligned}\boldsymbol{B}_5^{(1)} &= \boldsymbol{A}_5 \circ \boldsymbol{R}_5 \\ &= [0.500\,0 \quad 0.500\,0] \circ \begin{bmatrix} r_{5(11)} & r_{5(12)} & r_{5(13)} & r_{5(14)} & r_{5(15)} \\ r_{5(21)} & r_{5(22)} & r_{5(23)} & r_{5(24)} & r_{5(25)} \end{bmatrix}\end{aligned} \tag{4.70}$$

2. 基于算子 M(∧，∨)的单因素评价模型

$$\boldsymbol{B} = \boldsymbol{A} \circ \boldsymbol{R} \tag{4.71}$$

式中，$\boldsymbol{A} = (a_1,a_2,\cdots,a_n)$，$\sum_{i=1}^{n} a_i = 1, a_i \geqslant 0$；$\boldsymbol{R} = [r_{ij}]_{n\times m}$；$\boldsymbol{b}_j = \max_i \min_j [a_i, r_{ij}] = \vee [a_i \wedge r_{ij}]$。此处 $\boldsymbol{b}_j$ 是 $r_{1j},r_{2j},\cdots,r_{nj}$ 的函数，也就是各单因素的评价函数；$\boldsymbol{B}$ 即为单因素评价结果。据此可构造出基于算子 M(∧，∨) 的工程地质条件(U_1)、水

文地质条件(U_2)、土体条件(U_3)、地面及地下空间条件(U_4)、地域位置条件(U_5)的评价模型 $\boldsymbol{B}_1^{(2)}$、$\boldsymbol{B}_2^{(2)}$、$\boldsymbol{B}_3^{(2)}$、$\boldsymbol{B}_4^{(2)}$、$\boldsymbol{B}_5^{(2)}$。U_1、U_2、U_3、U_4、U_5 基于算子 M($\wedge$, $\vee$) 的评价计算模型 $\boldsymbol{B}_1^{(2)}$、$\boldsymbol{B}_2^{(2)}$、$\boldsymbol{B}_3^{(2)}$、$\boldsymbol{B}_4^{(2)}$、$\boldsymbol{B}_5^{(2)}$ 如下所述。

$$\boldsymbol{B}_1^{(2)}=\boldsymbol{A}_1\circ\boldsymbol{R}_1$$

$$=[0.460\quad 0.221\quad 0.319]\circ\begin{bmatrix} r_{1(11)} & r_{1(12)} & r_{1(13)} & r_{1(14)} & r_{1(15)} \\ r_{1(21)} & r_{1(22)} & r_{1(23)} & r_{1(24)} & r_{1(25)} \\ r_{1(31)} & r_{1(32)} & r_{1(33)} & r_{1(34)} & r_{1(35)} \end{bmatrix} \tag{4.72}$$

$$\boldsymbol{B}_2^{(2)}=\boldsymbol{A}_2\circ\boldsymbol{R}_2$$

$$=[0.269\quad 0.220\quad 0.220\quad 0.179\quad 0.112]\circ\begin{bmatrix} r_{2(11)} & r_{2(12)} & r_{2(13)} & r_{2(14)} & r_{2(15)} \\ r_{2(21)} & r_{2(22)} & r_{2(23)} & r_{2(24)} & r_{2(25)} \\ r_{2(31)} & r_{2(32)} & r_{2(33)} & r_{2(34)} & r_{2(35)} \\ r_{2(41)} & r_{2(42)} & r_{2(43)} & r_{2(44)} & r_{2(45)} \\ r_{2(51)} & r_{2(52)} & r_{2(53)} & r_{2(54)} & r_{2(55)} \end{bmatrix} \tag{4.73}$$

$$\boldsymbol{B}_3^{(2)}=\boldsymbol{A}_3\circ\boldsymbol{R}_3$$

$$=[0.286\quad 0.286\quad 0.286\quad 0.142]\circ\begin{bmatrix} r_{3(11)} & r_{3(12)} & r_{3(13)} & r_{3(14)} & r_{3(15)} \\ r_{3(21)} & r_{3(22)} & r_{3(23)} & r_{3(24)} & r_{3(25)} \\ r_{3(31)} & r_{3(32)} & r_{3(33)} & r_{3(34)} & r_{3(35)} \\ r_{3(41)} & r_{3(42)} & r_{3(43)} & r_{3(44)} & r_{3(45)} \end{bmatrix} \tag{4.74}$$

$$\boldsymbol{B}_4^{(2)}=\boldsymbol{A}_4\circ\boldsymbol{R}_4$$

$$=[0.6000\quad 0.4000]\circ\begin{bmatrix} r_{4(11)} & r_{4(12)} & r_{4(13)} & r_{4(14)} & r_{4(15)} \\ r_{4(21)} & r_{4(22)} & r_{4(23)} & r_{4(24)} & r_{4(25)} \end{bmatrix} \tag{4.75}$$

$$\boldsymbol{B}_5^{(2)}=\boldsymbol{A}_5\circ\boldsymbol{R}_5$$

$$=[0.5000\quad 0.5000]\circ\begin{bmatrix} r_{5(11)} & r_{5(12)} & r_{5(13)} & r_{5(14)} & r_{5(15)} \\ r_{5(21)} & r_{5(22)} & r_{5(23)} & r_{5(24)} & r_{5(25)} \end{bmatrix} \tag{4.76}$$

按照最大隶属原则确定单因素评价的质量等级，即

$$b_{\max}=\max(b_1,b_2,b_3,b_4,b_5) \tag{4.77}$$

式中，b_1、b_2、b_3、b_4、b_5 为单因素评价结果中相对应于五个质量等级的隶属度。

4.2.4 二级综合评价模型

依据五个单因素 U_1、U_2、U_3、U_4、U_5 的评价结果及各因素相对于“城市地下空

间资源质量”所占权重的不同,进行第二级的综合评判。其评判模型为

$$\boldsymbol{C}=\boldsymbol{A}\circ\boldsymbol{B}=\boldsymbol{A}\circ\begin{bmatrix}A_1\circ R_1\\A_2\circ R_2\\A_3\circ R_3\\A_4\circ R_4\\A_5\circ R_5\end{bmatrix}=\boldsymbol{A}\begin{bmatrix}\boldsymbol{B}_1\\\boldsymbol{B}_2\\\boldsymbol{B}_3\\\boldsymbol{B}_4\\\boldsymbol{B}_5\end{bmatrix}=\boldsymbol{A}\circ(b_{ij})_{5\times m} \tag{4.78}$$

式中,$\boldsymbol{B}_i$ 是第 i 个单因素评判的结果,$\boldsymbol{C}$ 是综合评价结果,即某一地块(或评价单元体)的城市地下空间资源质量评价结果。

根据以上二级综合评价的一般形式及两种算子 M(·,+)和 M(∧,∨)所得到的工程地质条件($\boldsymbol{B}_1^{(1)}$、$\boldsymbol{B}_1^{(2)}$)、水文地质条件($\boldsymbol{B}_2^{(1)}$、$\boldsymbol{B}_2^{(2)}$)、土体条件($\boldsymbol{B}_3^{(1)}$、$\boldsymbol{B}_3^{(2)}$)、地面及地下空间条件($\boldsymbol{B}_4^{(1)}$、$\boldsymbol{B}_4^{(2)}$)、地域位置条件($\boldsymbol{B}_5^{(1)}$、$\boldsymbol{B}_5^{(2)}$),可构造出基于两种算子 M(·,+)和 M(∧,∨)的城市地下空间资源质量评价结果的二级综合评价模型 $\boldsymbol{C}^{(1)}$ 及 $\boldsymbol{C}^{(2)}$。

1. 基于算子 M(·,+)的二级综合评价模型

$$\boldsymbol{C}^{(1)}=\boldsymbol{A}\circ\boldsymbol{B}^{(1)}=\boldsymbol{A}\circ\begin{bmatrix}\boldsymbol{B}_1^{(1)}\\\boldsymbol{B}_2^{(1)}\\\boldsymbol{B}_3^{(1)}\\\boldsymbol{B}_4^{(1)}\\\boldsymbol{B}_5^{(1)}\end{bmatrix}=[0.260\quad 0.221\quad 0.162\quad 0.308\quad 0.049]\circ\begin{bmatrix}\boldsymbol{B}_1^{(1)}\\\boldsymbol{B}_2^{(1)}\\\boldsymbol{B}_3^{(1)}\\\boldsymbol{B}_4^{(1)}\\\boldsymbol{B}_5^{(1)}\end{bmatrix} \tag{4.79}$$

2. 基于算子 M(∧,∨)的二级综合评价模型

$$\boldsymbol{C}^{(2)}=\boldsymbol{A}\circ\boldsymbol{B}^{(2)}=\boldsymbol{A}\circ\begin{bmatrix}\boldsymbol{B}_1^{(2)}\\\boldsymbol{B}_2^{(2)}\\\boldsymbol{B}_3^{(2)}\\\boldsymbol{B}_4^{(2)}\\\boldsymbol{B}_5^{(2)}\end{bmatrix}=[0.260\quad 0.221\quad 0.162\quad 0.308\quad 0.049]\circ\begin{bmatrix}\boldsymbol{B}_1^{(2)}\\\boldsymbol{B}_2^{(2)}\\\boldsymbol{B}_3^{(2)}\\\boldsymbol{B}_4^{(2)}\\\boldsymbol{B}_5^{(2)}\end{bmatrix} \tag{4.80}$$

按照最大隶属原则确定综合评价结果的质量等级,即

$$c_{\max}=\max(c_1,c_2,c_3,c_4,c_5) \tag{4.81}$$

式中,c_1、c_2、c_3、c_4、c_5 为单因素评价结果中相对应于五个质量等级的隶属度。

4.3　结果连续性表达数学模型

近年,国内外学者将多目标线性加权函数数学模型、可变模糊集方法、模糊综合评判法、灰色评价法等数学模型应用于城市地下空间资源评价,部分提升了模型筛分和选取的合理性。但是,上述数学模型计算所得的城市地下空间资源评价结果均采用分等级的阶梯状定性表达模式(图 4.4),不能连续化表达城市地下空间资源评价的量化结果,无法体现城市地下空间资源评价对象的细节差异与空间渐变特征,这与城市地下空间资源的空间实际分布状况不符。因此,为满足现阶段城市地下空间资源评价结果的连续表达需求,本书提出一种基于区间连续函数的城市地下空间资源评价结果连续性表达数学模型,结合适宜的评价指标赋权方法,用以实现城市地下空间资源评价结果的连续化表达。

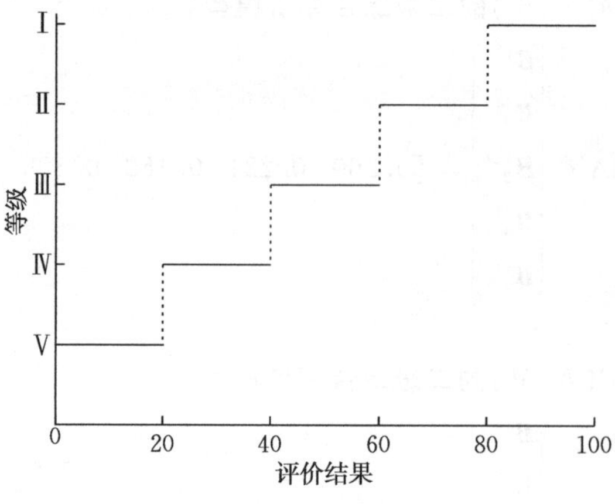

图 4.4　现有数学模型下城市地下空间资源评价结果的阶梯性分布特征

4.3.1　连续表达原理

区间连续数学模型(interval continuous mathematical models,ICMM)是一种可实现评价结果连续表达和交叉可比的数学模型[195]。ICMM 的主要内容包括三个方面,分别是评价指标基准区间的构建、指标量化值的合理计算及与加权函数模型的结合。假定评价目标有 m 个样本、n 个评价指标,ICMM 的具体构建步骤如下所述。

1. 确定评价指标的基准区间

按影响因素的性质可将其划分为定性评价指标和定量评价指标两种类型,并分别对定性、定量评价指标的基准区间 $[V_l, V_r]$ 作出两种假设:①评价指标为定性指标时，假定其基准区间为固定区间，并根据评价指标对应的定性描述准则在基准区间内取其初始值；②评价指标为定量指标时，假定其基准区间为动态区间，结合评价指标的属性数据特点和已有研究成果，将评价指标的真实取值作为其在基准区间内的初始值。

2. 计算评价指标的量化值

通过对评价指标初始值的数学处理，生成评价指标的量化值，使得不同的评价指标能够在同一数值尺度上进行横向比较、同类分析和综合处理。鉴于评价指标对评价结果可产生正向或负向影响，因此评价指标的量化计算方法可分为如下两类：

（1）对于正向评价指标，有

$$a_{ij}=\left(\frac{x_{ij}-V_{\mathrm{l}}}{V_{\mathrm{r}}-x_{ij}}\right)^{n} \tag{4.82}$$

（2）对于负向评价指标，有

$$a_{ij}=-\left(\frac{x_{ij}-V_{\mathrm{l}}}{V_{\mathrm{r}}-x_{ij}}\right)^{n}+1 \tag{4.83}$$

式中，x_{ij} 是评价样本 i 的第 j 个评价指标的初始值（$i=1,2,\cdots,m$；$j=1,2,\cdots,n$）；V_{l} 为评价指标基准区间的左端点值，V_{r} 为评价指标基准区间的右端点值，n 可选为 1/3、1/2、1、2、3，分别表示 ICMM 中的立方根模型（cubic root model）、平方根模型（square root model）、线性模型（linear model）、平方模型（square model）、立方模型（cubic model）；a_{ij} 的取值范围为[0,1]，规定当评价指标的初始值小于或等于其基准区间左端点时，$a_{ij}=0$；当评价指标的初始值大于或等于其基准区间右端点时，$a_{ij}=1$。

由图 4.5 与图 4.6 可知：正向或负向评价指标的量化处理方式存在以下五种不同变化类型的转换关系，具体来说：①线性模型，此数学模型下评价指标初始值的大小对初始值与量化值间的转换无影响，适用于数值不敏感型评价指标；②平方模型，此数学模型下评价指标初始值位于其基准区间的高位时，对初始值与量化值间的转换影响较大，适用于高值较敏感型评价指标；③立方模型，此数学模型下评价指标初始值位于其基准区间的高位时，对初始值与量化值间的转换影响很大，适用于高值敏感型评价指标；④平方根模型，此数学模型下评价指标初始值位于其基准区间的低位时，对初始值与量化值间的转换影响较大，适用于低值较敏感型评价指标；⑤立方根模型，此数学模型下评价指标初始值位于其基准区间的低位时，对初始值与量化值间的转换影响很大，适用于低值敏感型评价指标。

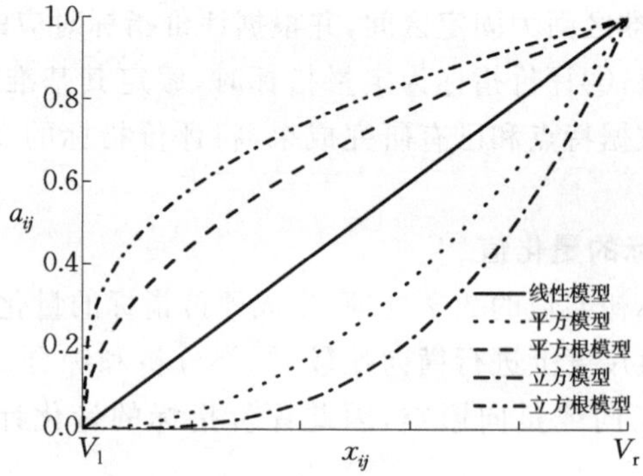

图 4.5　正向评价指标的转换关系

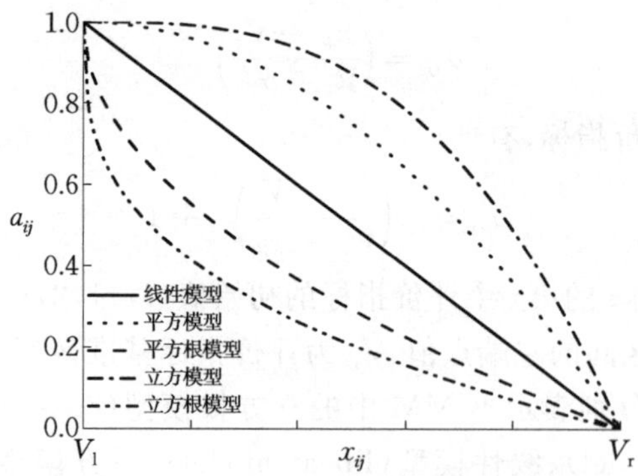

图 4.6　负向评价指标的转换关系

3. 计算评价结果

结合适宜的评价指标权重体系，采用加权平均求和的数学方法，计算得到评价要素的最终评价结果 L，其值域为[0,1]，并具有连续变化和可比较的数值特征(图 4.7)，其数学表达式为

$$L=\sum_{i=1}^{m}\sum_{j=1}^{n}w_j a_{ij} \tag{4.84}$$

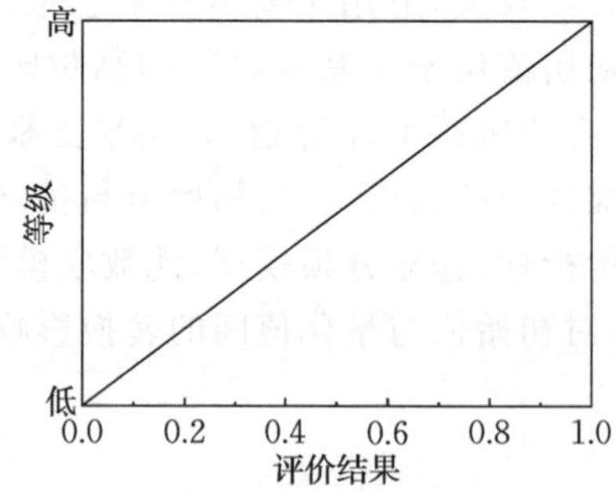

图 4.7　基于 ICMM 的评价结果的连续变化数值特征

4.3.2 趋势性分析

为探讨评价指标参数值与评价结果间的作用关系，开展 ICMM 的趋势性分析数值实验，其具体实施可概括为两个部分：①确定评价所需的影响因素及其初始值，计算评价指标的权重，选用 ICMM 综合计算得到城市地下空间资源评价目标的最终评价结果；②以单调递增 10%的幅度，逐一改变评价指标的初始值，依次分析每一个评价指标对城市地下空间资源评价目标的最终评价结果产生的趋势影响。

1. 分析基础

在遵循科学性、系统性、时效性、尺度性、易获取性的筛选原则下，参照城市地下空间资源质量评价指标体系，确定可用于趋势性分析数值实验的评价指标，主要分为三大类评价因素：①物理因素，包括地质介质、岩土体条件等评价因子，分别纳入地面坡度、软土厚度、砂土液化指数、地下水腐蚀性、潜水埋深、黏聚力、内摩擦角、承载力、渗透系数等评价指标；②人文因素，包括经济条件、社会条件、地理位置条件、工程建设条件等评价因子，分别纳入人均 GDP、人均收入、人均支出、人口密度、基准地价、城市化率、距市中心距离、地面设施类型、地下设施类型等评价指标；③控制性因素，包括政府政策、地质缺陷等评价因子，纳入国家政策、断层、岩溶等评价指标。

为分析 ICMM 对城市地下空间资源评价结果的趋势性影响，开展基于上述城市地下空间资源评价指标虚拟数据的数值实验，并给定评价指标的基准区间。为便于计算，评价指标基准区间的左端点值均设定为 0，右端点值的设定如表 4.10 所示。

表 4.10　用于数值实验的城市地下空间资源评价指标的右端点值

指标	X_1 /(°)	X_2 /m	X_3	X_4	X_5 /m	X_6 /MPa	X_7 /(°)	X_8 /kPa	X_9 /(m/d)	X_{10} /万元	X_{11} /元
V_r	30	10	10	7	60	80	60	800	1.5	10	8 000
指标	X_{12} /元	X_{13} /(人/km^2)	X_{14} /(元/m^2)	X_{15}	X_{16} /km	X_{17}	X_{18}	X_{19}	X_{20}	X_{21}	
V_r	6 000	4 000	12 000	85	5	5	5	5	5	5	

基于前述 T_1 时刻城市地下空间资源评价指标的初始属性数据，采用熵权法计算各评价指标的参考权重值为 $\boldsymbol{W}=(0.052\,8,\ 0.046\,7,\ 0.040\,7,\ 0.039\,2,\ 0.053\,1,\ 0.075\,5,\ 0.066\,9,\ 0.074\,0,\ 0.040\,7,\ 0.061\,9,\ 0.049\,5,\ 0.036\,2,\ 0.039\,3,\ 0.045\,8,\ 0.038\,0,\ 0.045\,8,\ 0.051\,9,\ 0.034\,2,\ 0.040\,7,\ 0.037\,9,\ 0.029\,0)$，然后以 N_3 点的评价指标初始值为基准数值，以单调递增 10%的幅度，逐一改变评价指标的参数值，基于 ICMM 计算每一次评价指标参数值变化后的城市地下空间资源评价结果，用以开展 ICMM 的趋势性分析。

2. 趋势性分析

分析物理因素时，地质介质评价因子中的地面坡度、软土厚度、砂土液化指数、地下水腐蚀性、潜水埋深的初始值分别在 1～4.1、2～3.5、1～6、6～7、10～50 的范围内以单调递增 10%的幅度依次选取 11 个数值进行步进验算；岩土条件评价因子中的黏聚力、内摩擦角、承载力、渗透系数的初始值分别在 10～80、10～40、100～800、1～1.5 的范围内以单调递增 10%的幅度依次选取 11 个数值进行步进验算。基于 ICMM 的五类转换关系，计算基于物理因素内的评价指标初始值步进变化而变化的城市地下空间资源评价结果(图 4.8)。

图 4.8 表明：伴随着 X_1、X_4、X_5、X_6、X_7、X_8 和 X_9 七个评价指标参数值的增加，城市地下空间资源评价结果同时呈现上升趋势。而 X_2 和 X_3 的变化趋势与上述评价指标却完全相反，其随着参数值的增加，城市地下空间资源评价结果同时呈现下降趋势。此外，上述物理因素内的所有评价指标在五类转换关系中的曲线变化率存在如下规律：线性模型下曲线的变化率始终保持一致；平方模型和立方模型下曲线的变化率随着评价指标参数值的增加而加大，即参数值越大，影响越大；而平方根模型和立方根模型下曲线的变化率则随着评价指标参数值的增加而减少，即参数值越大，影响越小。

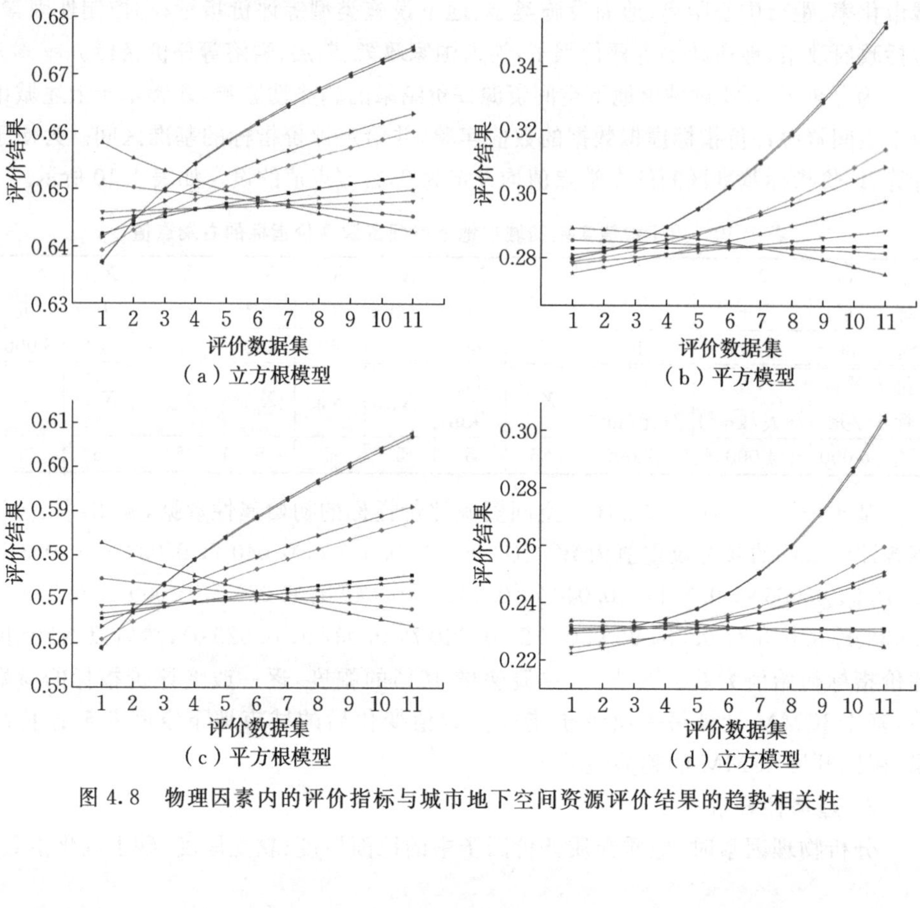

图 4.8　物理因素内的评价指标与城市地下空间资源评价结果的趋势相关性

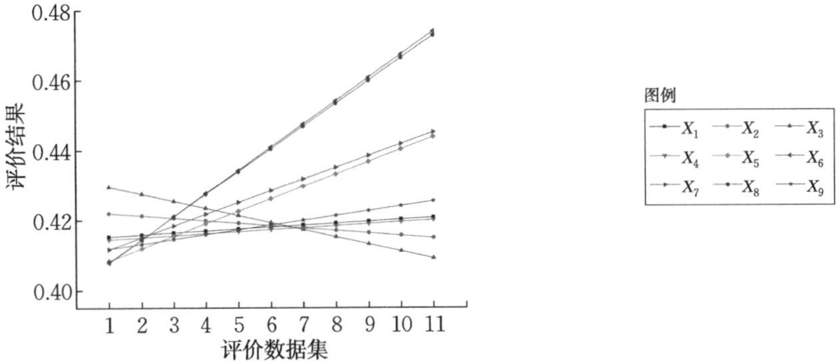

(e) 线性模型

图 4.8(续)　物理因素内的评价指标与城市地下空间资源评价结果的趋势相关性

分析人文因素时,经济因子中的人均 GDP、人均收入、人均支出的初始值分别在 1～6、5 000～7 000、3 000～5 000 的范围内以单调递增 10%的幅度依次选取 11 个数值进行步进验算;社会条件评价因子中的人口密度、基准地价、城市化率的初始值分别在 1 000～2 000、4 000～7 000、50～60 的范围内以单调递增 10%的幅度依次选取 11 个数值进行步进验算;地理位置条件评价因子中的距市中心距离的初始值在 1 000～4 000 的范围内以单调递增 10%的幅度依次选取 11 个数值进行步进验算;工程建设条件评价因子中的地面设施类型、地下设施类型的初始值均在 1～2 的范围内以单调递增 10%的幅度依次选取 11 个数值进行步进验算。基于 ICMM 的五类转换关系,计算基于人文因素内的评价指标初始值步进变化而变化的城市地下空间资源评价结果(图 4.9)。

分析控制性因素时,政府政策评价因子中的国家政策的初始值在 0～5 范围内以单调递增 10%的幅度依次选取 11 个数值进行步进验算;地质缺陷中的断层、岩溶的初始值分别在 1.5～4、0.5～2 范围内以单调递增 10%的幅度依次选取 11 个数值进行步进验算。基于 ICMM 的五类转换关系,计算基于控制性因素内的评价指标初始值步进变化而变化的城市地下空间资源评价结果(图 4.10)。

图 4.10 表明:伴随着 X_{19}、X_{20}、X_{21} 三个评价指标参数值的增加,城市地下空间资源评价结果同时呈现上升趋势。此外,上述控制性因素内的所有评价指标在五类转换关系中的变化率存在如下规律:线性模型下曲线的变化率始终保持一致;平方模型和立方模型下曲线的变化率随着评价指标参数值的增加而加大,即参数值越大,影响越大;而平方根模型和立方根模型下曲线的变化率则随着评价指标参数值的增加而减少,即参数值越大,影响越小。

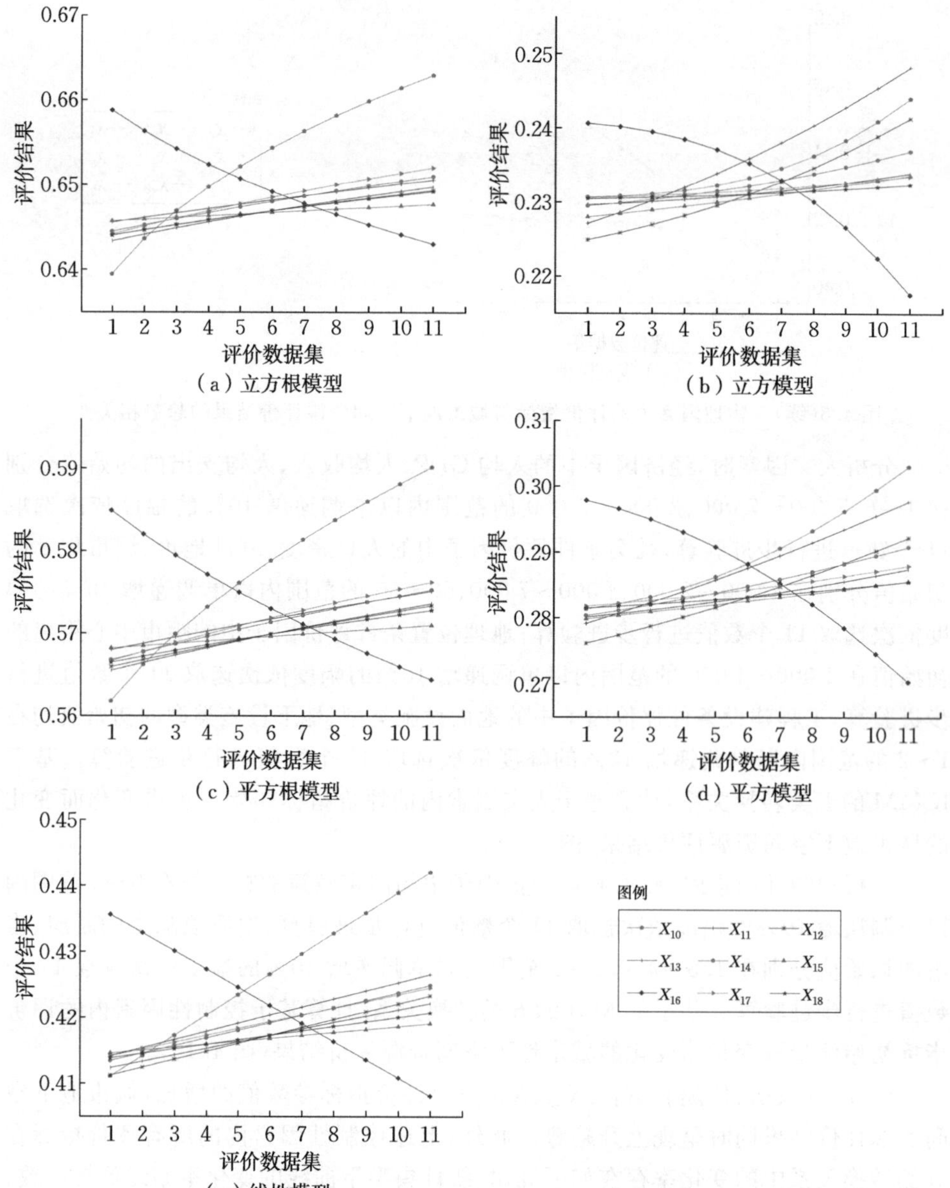

图 4.9　人文因素内的评价指标与城市地下空间资源评价结果的趋势相关性

在上述趋势性分析结果的基础上，为进一步验证评价指标参数值与评价结果间的作用关系，开展城市地下空间资源评价指标的参数敏感性分析。原始评价指标矩阵由上述 21 个评价指标的所有变化值构成，评价结果矩阵由基于熵权法和 ICMM 计算得到的对应城市地下空间资源评价结果构成。最后通过灰色关联分析法计算出城市地下空间资源各评价指标的灰色关联度，其排序如图 4.11 所示。

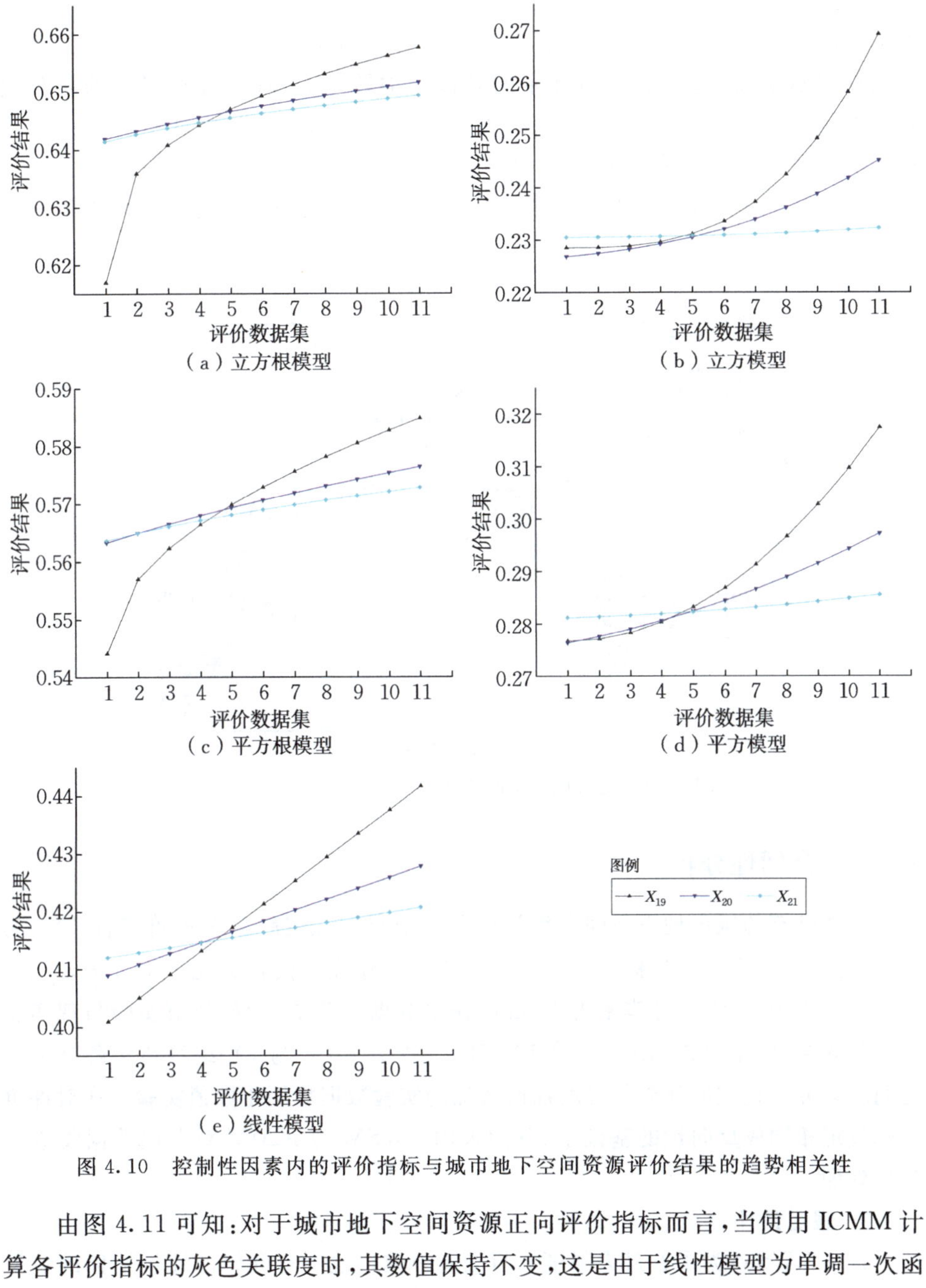

（a）立方根模型　（b）立方模型　（c）平方根模型　（d）平方模型　（e）线性模型

图 4.10　控制性因素内的评价指标与城市地下空间资源评价结果的趋势相关性

由图 4.11 可知：对于城市地下空间资源正向评价指标而言，当使用 ICMM 计算各评价指标的灰色关联度时，其数值保持不变，这是由于线性模型为单调一次函数，而数据集也呈线性单调变化，从而经过无量纲化、差异序列矩阵与灰色关联系数矩阵处理后，二者完全耦合，导致其敏感性一致；当使用 ICMM 中的其他四类转换关系时，计算得到的灰色关联度的顺序是完全一致的，表明基于灰色关联分析法的城市地下空间资源正向评价指标的参数敏感性具有很好的一致性。对于城市地下空间资源负向评价指标而言，ICMM 计算得到的各评价指标的灰色关联度仍然保持不变；而当使用 ICMM 中的其他四类转换关系时，计算得到的灰色关联度的顺序并不一致，表明基于灰色关联分析法的城市地下空间资源负向评价指标的参数敏感性具有较差的一致性；当使用 ICMM 的任意一类转换关系时，三个城市地下空间资源负向评价指标的灰色关联度均小于任意正向评价指标的灰色关联度。

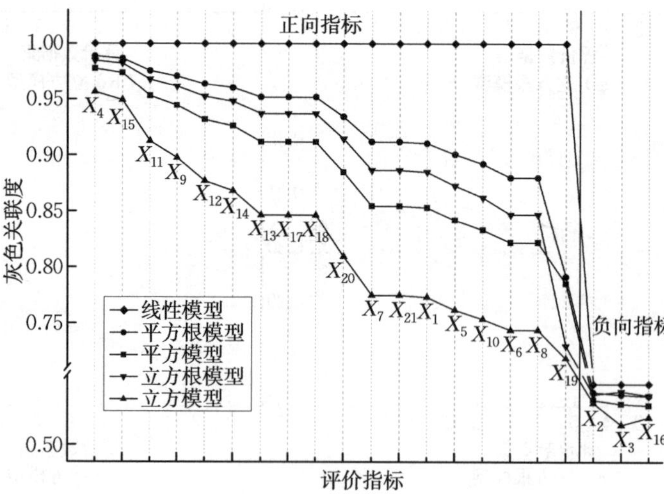

图 4.11 城市地下空间资源评价指标的灰色关联度

4.3.3 合理性分析

参考已有的城市地下空间资源评价研究成果，拟选择 10 个评价指标（X_1 为定性指标，其余为定量指标），考虑我国主要城市建成区面积为几十平方千米至一千多平方千米，以空间分辨率为 15 m 的栅格数据为基准，为使数值实验与现实状况尽量吻合，使用 MATLAB 生成 10^2、10^3、10^4、10^5、10^6 与 10^7 组每列元素为 0～1 之间均匀分布且数值随着行号增加而增加的实验数据集用于数值实验。在对评价指标设定相同权重向量的基础上，分别采用 LWSM 与 ICMM 对上述数据集进行分析处理。

1. 假定条件

传统 LWSM 为了在最大限度上与现实中城市地下空间资源评价指标的数据分布状况吻合，设定 1 个定性指标 a_1，并将其划分为优、良、中、差、极差共五个等级，分别对应量化分 1、0.75、0.5、0.25、0；设定九个定量指标 $a_k(k=2,3,\cdots,10)$，将其划定为 k 个等级，对应量化分为 $i/(k-1)$，其中 $i=0:(k-1)$。

ICMM 为了在最大限度上与现实中城市地下空间资源评价指标的数据分布状况吻合，从而有利于评价结果的横向对比，将评价结果全部划分为五个等级，依次为Ⅴ、Ⅳ、Ⅲ、Ⅱ、Ⅰ，其对应评价结果的数值区间依次为[0, 0.2]、(0.2, 0.4]、(0.4, 0.6]、(0.6, 0.8]、(0.8, 1]。

2. 数值分布

为了能够直观地观测评价结果的变化趋势，基于计算得到的评价结果绘制出不同数学模型下城市地下空间资源综合质量的评价结果分布趋势，如图 4.12 所示。由图 4.12 可知：对于 LWSM 而言，随着实验数据量级的增加，多个评价结果在不同数值区间上出现了相等的情况，间断地形成了多个等值区间，呈现非常明显的不连续、阶梯状的分布形态，并且在不同等级内评价结果出现的频率差异较大，与实验数据线性单调递增的变化趋势不吻合。与之相反，对于 ICMM 而言，随着实验数据量级的增加，其评价结果呈现非常明显的单调递增、连续变化的分布形态，并且在不同等级内评价结果出现的频率基本一致，与实验数据的变化趋势相当吻合。

3. 可靠性分析

现有评价理论体系将评价结果进行等级划定，而相邻的不同等级在分级点附近的评价分值非常接近(如评价分数为 0.199 的点会被划定为Ⅴ级，而评价分数为 0.201 的点会被划定为Ⅳ级)，极易造成等级误判。基于初始数据单调递增的特征，在理想状态下基于不同数学模型的评价结果会呈现均匀分布的趋势，那么在分级点左、右两侧相等范围内出现的点的数量会基本一致。因此，在数值实验中基于某种数学模型的评价结果在上述范围内出现的数量之差越小，证明该数学模型出现等级误判的概率越小，其评判可靠性越高。鉴于此，为表征评价结果在分级点左、右两侧相等范围内出现的数量之差与总数量的比率，使用偏移误差 $Error_{n\%}$ 加以描述，其表达式为

$$Error_{n\%}=\left|\frac{Num_{+n\%}-Num_{-n\%}}{TN}\right| \tag{4.85}$$

式中，$Num_{+n\%}$ 为位于偏移分级点右侧 $n\%$ 范围内的评价结果的数量，$Num_{-n\%}$ 为位于偏移分级点左侧 $n\%$ 范围内的评价结果的数量，TN 为实验数据的总数量。

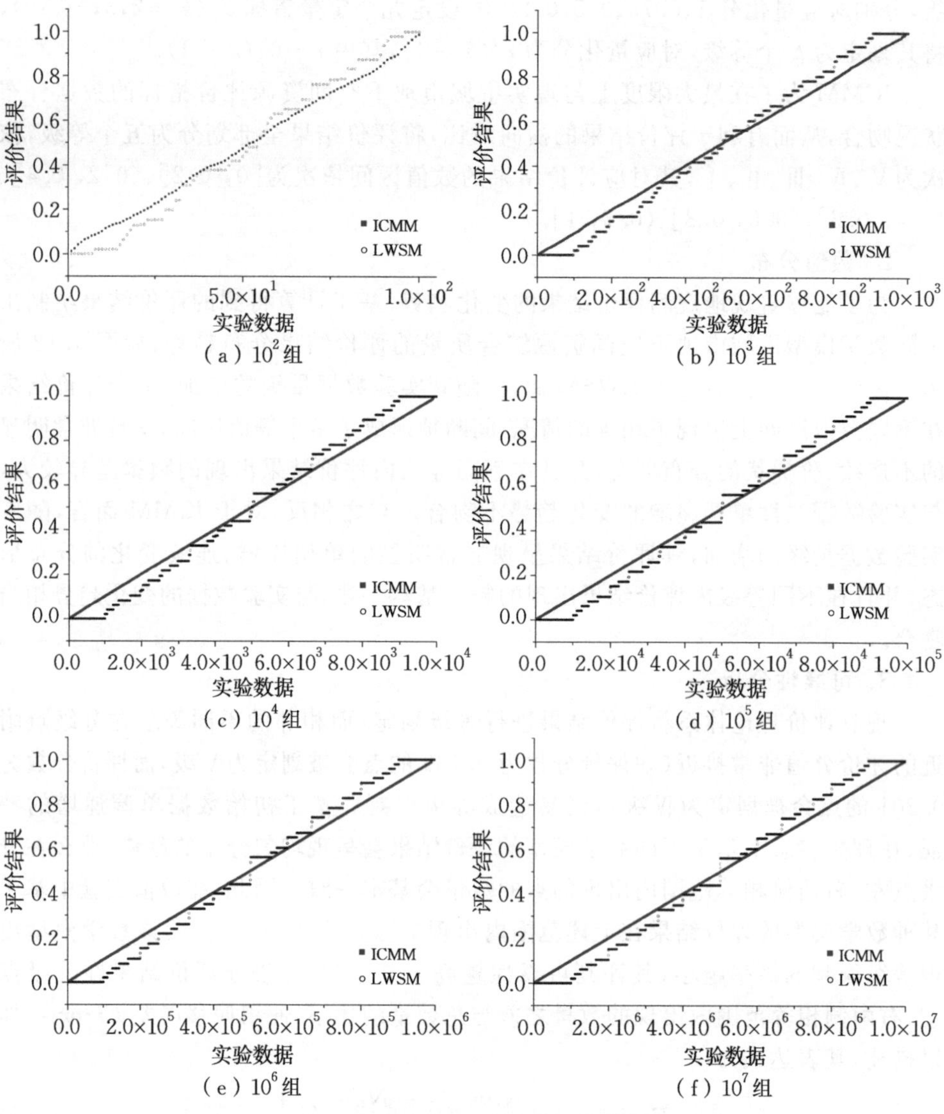

图 4.12　基于 LWSM 与 ICMM 的评价结果分布趋势

以偏移分级点 5%、10%、15%、20%、25%为例，分别计算四个分级点(0.2、0.4、0.6、0.8)在上述不同偏移区间下的偏移误差，结果如图 4.13 所示。

图 4.13 表明：在任意区间的偏移误差下，两类评价数学模型均存在如下两种情况：①在相同实验组数下，ICMM 的偏移误差均小于 LWSM；②当实验组数小于 10^5 时，ICMM 的偏移误差明显小于 LWSM，随着实验组数的增加，二者之间的差异缩小且逐渐趋近于 0。上述结果反映 ICMM 的评价结果误判率会更低，其评价可靠性更高，适用性也更好，并且在多种不同区间的偏移误差下均出现了相似的变

化趋势。在大样本条件下(10^5、10^6、10^7 实验组)，两种评价数学模型的五类偏移误差 $Error_{5\%}$、$Error_{10\%}$、$Error_{15\%}$、$Error_{20\%}$、$Error_{25\%}$ 均比较接近；而在小样本条件下(10^2、10^3、10^4 实验组)，两种评价数学模型从偏移误差 $Error_{15\%}$ 开始出现了明显的突变特征。为量化两种评价数学模型偏移误差的区间优劣，需要对其不同偏移区间上构成的欧氏距离进行计算分析。

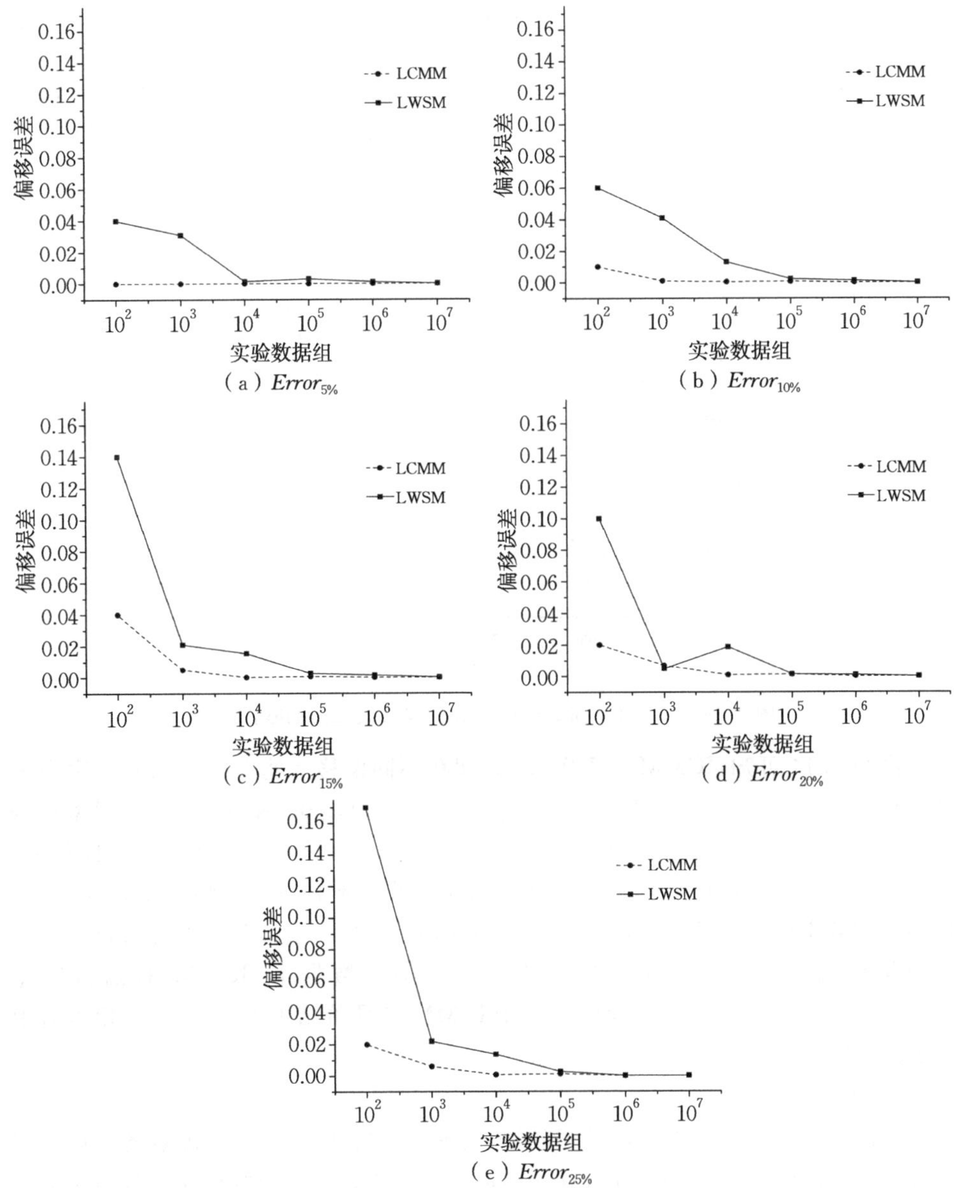

(a) $Error_{5\%}$　(b) $Error_{10\%}$　(c) $Error_{15\%}$　(d) $Error_{20\%}$　(e) $Error_{25\%}$

图 4.13　分级点附近不同误差区间下评价数学模型的偏移误差

一般来说,分级区间内的样本数量不宜过多,也不宜过少。过少的样本数量无法完全体现总体数据的偏移误差特征,同时过多的样本数量往往会掩盖其偏移误差特征。为更加合理地选择偏移区间,从 n 维空间的欧氏距离的角度出发,对偏移误差 $Error_{n\%}$ 的偏移区间选择作定量的数学比较,其结果如图 4.14 所示。其中两个点集 A 和 B 在 n 维空间的欧氏距离 D_{AB} 的表达式为:

$$D_{AB}=\sqrt{\sum_{i=1}^{n}(A_i-B_i)^2} \tag{4.86}$$

式中,n 维欧氏空间是一个点集 A 或 B,它在点集内的每个分量可表示为(A_1,A_2,…,A_n;$i=1,2,\cdots n$),A_i、B_i 分别是点集 A、B 的第 i 个坐标。一般来说,在同等条件下,两个点集之间的欧氏距离越大,表明两者之间的差异越明显。

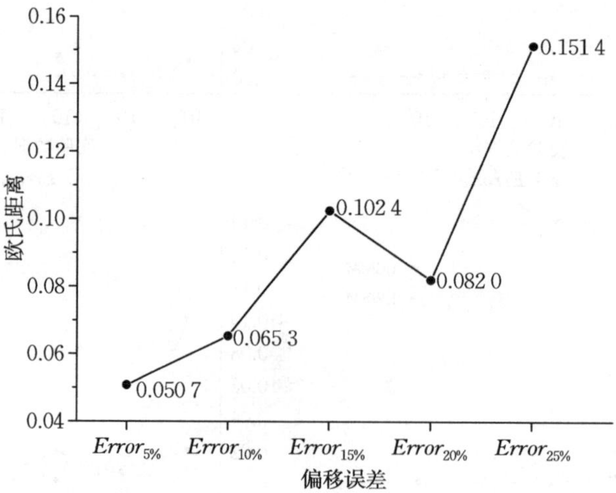

图 4.14 基于 LWSM 与 ICMM 的偏移误差间的欧氏距离

由图 4.14 可知:ICMM 与 LWSM 之间在不同偏移区间上构成的欧氏距离为 D=(0.050 7, 0.065 3, 0.102 4, 0.082 0, 0.151 4),表明两种评价数学模型在偏移误差 $Error_{25\%}$(D=0.151 4)和 $Error_{15\%}$(D=0.102 4)处具有更大的欧氏距离,即模型间的差异对比更显著。在同时考虑样本数量不宜过多的情况下,$Error_{15\%}$ 作为评判数学模型评价可靠性的参数更加合理。考虑最优数学模型评价可靠性参数为偏移误差 $Error_{15\%}$ 时,在任意同一组实验数据下,ICMM 的偏移误差 $Error_{15\%}$ 均小于 LWSM。这反映出基于 ICMM 的评价结果误判率更低、模型适用性更好,其评价可靠性更高。

4. 稳定性分析

在同一等级判定条件下,不同等级内出现的点的数量越均匀,即点的出现频率越接近,评价结果的准确度越高,其评判可靠性越高。为便于两种评价数学模型的稳定性对比分析,计算得到基于 ICMM 和 LWSM 的评价结果在不同判定等级下的出现频率，如图 4.15 所示。

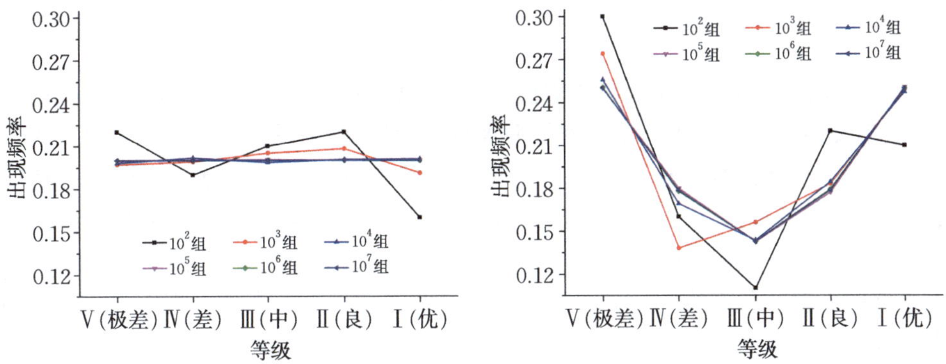

(a) ICMM　　(b) LWSM

图 4.15　基于 ICMM 与 LWSM 的评价结果的分布态势

图 4.15 表明：①在相同实验数据量级时，相比于 LWSM，基于 ICMM 的评价结果在不同判定等级下出现的次数明显更加平均；②随着实验数据量级的增加，基于 LWSM 的评价结果在不同判定等级下出现的次数呈现出两端多、中间少的趋势，而基于 ICMM 的评价结果基本趋向于平均分布。鉴于本次数值实验中采用的是随机生成 10^2、10^3、10^4、10^5、10^6 与 10^7 组呈单调递增趋势的模拟数据，其合理评价结果应为五个等级区间上呈现完全平均分布态势，即出现频率均应该为 0.20。计算得到基于 ICMM 和 LWSM 的评价结果的标准差分别为

$$S_{\mathrm{ICMM}}=(0.025\,50,\ 0.006\,71,\ 0.001\,57,\ 0.000\,29,\ 0.000\,14,\ 0.000\,06)$$

$$S_{\mathrm{LWSM}}=(0.071\,06,\ 0.059\,05,\ 0.049\,36,\ 0.048\,27,\ 0.048\,03,\ 0.047\,94)$$

由此可知：基于任意同一组实验数据，评价结果的标准差呈现 ICMM 均小于 LWSM，表明基于 ICMM 的评价结果的分布状况态势明显更平均，其评价稳定性也更好。

总之，LWSM 的计算过程简捷直观，是按预设的等级标准中的固定赋值对评价指标参数值进行量化处理。但也正因如此，它的评价指标量化值呈现离散化、不连续分布的状态。加之，基于 LWSM 的评价结果也按照预设的等级进行划分，导致其评价结果呈现出阶梯状分布态势，最终造成评价指标量化值失真和评价结果判定不够准确。而 ICMM 使用区间连续函数量化评价指标参数值，一定程度上保障了评价指标量化值的真实度，并采用了加权求和的方式计算评价要素的目标总分。相比于基于 LWSM 的评价结果的等级划定方式，基于 ICMM 的评价结果的连续化数值表达更加有利于不同区域在同一时间城市地下空间资源评价结果的横向对比、同一区域在时间轴上城市地下空间资源评价结果的纵向对比。

4.4 本章小结

本章系统总结了加权求和数学模型、相关度(隶属度、可拓关联度、灰色关联度等)数学模型等传统城市地下空间资源评价数学模型,并重点介绍了以隶属度为核心的模糊综合评判数学模型。为满足现阶段城市地下空间资源评价结果的连续表达需求,创新提出了一种基于区间连续函数的城市地下空间资源评价连续性表达数学模型,并在后续章节南京江北新区案例中应用连续数学模型开展了城市地下空间资源质量三维评价和可视化。由于连续数学模型在评价指标连续表达和空间连续等方面的要求严格,后续的宁波东部新城案例和杭州“三江汇”未来城市实践区案例由于地质环境复杂程度和数据的稀疏性,仍采用了加权求和数学模型开展城市地下空间资源质量三维评价和可视化。未来,需改进城市地下空间资源评价连续表达模型,构建适合于任意评价指标体系下的新型连续评价函数模型。此外,结合顾及时变特性的评价指标赋权方法,还需要研究城市地下空间资源动态评价模型,以及顾及指标属性随机性的城市地下空间资源评价概率模型。

第 5 章　城市地下空间资源评价基本单元体

城市地下空间资源评价基本单元体既是评价指标的属性载体，也是质量、容量及适宜性等评价目标的空间操作对象。基于空间基本单元，可利用 GIS 的空间分析与聚合计算等功能，结合指标权重和评价数学模型计算得出城市地下空间资源质量、容量和适宜性评价结果。目前，国内外研究主要以地面为参照进行二维评价单元划分，因而评价结果不能准确、细致地表征城市地下空间资源质量在三维空间上的客观分异特征，也无法确切地引导城市地下空间资源开发利用及城市立体空间规划与开发建设。本章以城市地下空间资源质量、开发利用容量评价为例，详细介绍城市地下空间资源评价基本三维单元体的构建全流程。

5.1　基本单元体的内涵与必要性

5.1.1　基本单元体的内涵

开发利用城市地下空间时，一般首先基于地面空间条件而选择性地开发利用相应的地下空间。在一定深度范围内，不同的地面空间条件所决定的相应地下空间资源开发利用是不同的。在研究城市地下空间资源评价目标时，在一定地下空间范围内，可以进一步划分出一些最小的立体空间单元，并且在这些最小的立体空间单元内，城市地下空间资源质量、开发利用容量影响因子的属性是相对均一的。传统评价单元体主要以地面为参照进行二维评价单元划分，如图 5.1(a)所示，因而评价结果不能准确、细致地表征城市地下空间资源质量在三维空间上的客观分异特征，也无法确切地引导城市地下空间的开发利用及城市地面的规划和开发建设。为充分反映地下三维立体空间差异性，可以按一定的规则对地下空间进行三维几何划分，得到一种三维单元体。该单元体是城市地下空间资源质量、开发利用容量评价的近似均质单元体，如图 5.1(b)所示。

基本单元体是指标属性信息的载体，因而在进行城市地下空间资源评价时应基于基本单元体进行。基本单元体也是评价结果统计分析的载体，即城市地下空间资源评价结果的可视化表征也应基于基本单元体而进行。

5.1.2　基本单元体的特点

根据评价基本单元体的定义，任何一个基本单元体均具有以下特点。

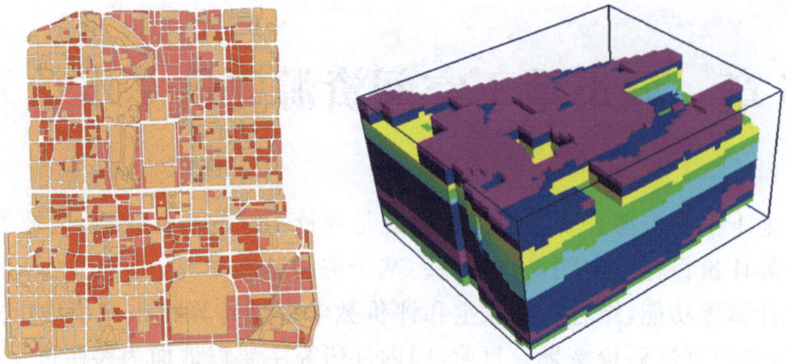

(a) 二维单元体　　(b) 三维单元体

图 5.1　地下空间资源评价基本单元体示意

(1)近似均质性。近似均质性主要表现在基本单元体是在进行城市地下空间资源评价时所划分出的属性信息近似均一的空间单元体。基本单元体是城市地下空间资源评价空间分异特征研究的基本空间单元,其几何形状与尺寸大小受地层结构、指标属性等多种复杂因素的综合影响。

(2)空间尺度不确定性。空间尺度不确定性主要表现在两个方面:一方面,城市地下空间资源评价基本单元体是基于各影响因子经一定的空间划分而得到的,基本单元体的空间尺度(如范围和大小等)是由各影响因子的空间分布所决定的,因而不同城市的地下空间资源评价基本单元体的大小可能不同;另一方面,在不同的城市甚至是同一城市的不同发展阶段,评价区域的空间尺度(地面范围及评价深度)也可能不同,因而其不确定性也表现在基本单元体的空间尺度随研究区域的空间尺度的不同而不同。

5.2　基本单元体的划分原理

根据三维地理信息系统(3D GIS)与三维地学建模系统(3D GMS)中关于三维空间划分的基本原理,分析认为基于三维体素(Voxel)的划分方法适合进行城市地下空间资源评价基本单元体的划分。

5.2.1　体素单元特点

体素(voxel)是三维空间体元划分的一种规则几何模型。该模型的实质是二维格网模型的三维扩展,即以一组规则尺寸的三维体素来剖分所要研究分析的三维空间。其构模特点是把要建模的空间分割成规则的六面体网格,称为体素,并且每个体素被视为均质性。

5.2.2　基本单元体的划分原理

(1)研究确定评价区域的坐标体系。评价区域一般是相对较小的区域，因而应选用区域地理坐标体系。将评价区域包络盒的某一坐标格网结点作为坐标原点，该结点的选择应保证评价区域位于坐标系的第一象限内，使得评价区域内的几何坐标值为正值。为了使所选择的坐标系具有普遍适用性，平面坐标原点可选在区域坐标中距离评价区域最近的西南向的格网结点上。如图 5.2 左图所示，虚线评价区域分布于 6 个地理格网内，这些地理格网围成评价区域的外包络边界。垂直方向以最低高程点为原点，即平面坐标向下平移至最低高程处。将区域地理坐标系中的 X、Y 轴方向分别作为评价区域的 X、Y 轴方向，评价深度方向作为 Z 轴方向。

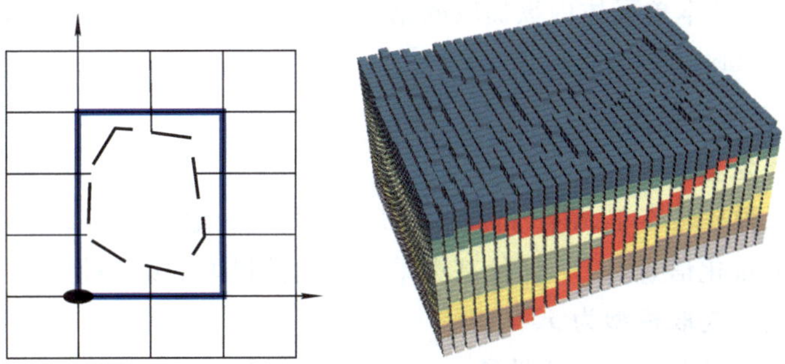

图 5.2　评价区域的坐标体系建立示意

(2)对评价区域所在三维空间以一定的格网分割尺寸沿 X、Y、Z 轴进行格网划分。结合体素原理，以一组规则尺寸(a、b、c) 来剖分所要评价的区域。其中体素的尺寸将影响评价精度。为此，要结合地下空间资源的关键影响因子即关键评价指标的属性(如地面建筑物密度、现有已开发利用的地下空间区域、地层厚度、地层层数、岩土体特性等) 在 X、Y、Z 轴方向上的空间分异特征，综合选择一组合适的(a、b、c)；也可通过逐步缩小单元体尺寸，以便提高评价精度。

(3)基于体素将评价的三维区域剖分成若干基本六面体，依据城市地下空间资源评价影响因子的数目建立基本六面体的属性。

综上，基于体素三维剖分及属性建立的基本六面体即为城市地下空间资源评价基本单元体。

5.3　体素属性与信息提取

基本单元体属性是指参与基本单元体空间划分并影响城市地下空间资源评价的若干影响因子。因各种工程地质条件、水文地质条件、岩土体条件、地面及地下空间条件等属性信息包括定性信息和定量信息两种类型，并且某些定性属性信息和定量属性信息在基本单元体内将存在均一性和非均一性两种情况，故应分别基于不同方法提取不同类型的属性信息。信息提取具体方法如下所述。

1. 定性属性信息提取

1)均一性定性属性信息提取

设 i 为某种在基本单元体内曾各向均一性的定性属性，c_i 为其在基本单元体内的属性信息，x_i 为评价基本单元体内欲提取的第 i 种定性属性信息，则此类属性的信息提取模型为 $x_i = c_i$。

2)非均一性定性属性信息提取

设 i 为某种在基本单元体内曾各向非均一性的定性属性，c_{ij} 为其在基本单元体内的多个定性属性信息，v_{ij} 为某种定性属性的多个属性信息在基本单元体内分布的体积，x_i 为基本单元体内欲提取的第 i 种定性属性信息，则此类属性的信息提取模型为 $b = \max_j[v_{ij}]$、$x_i = c_{ij_b}$。

2. 定量属性信息提取

1)均一性定量属性信息提取

设 i 为某种在基本单元体内曾各向均一性的可定量描述的属性，c_i 为其在基本单元体内的量化信息，x_i 为评价基本单元体内欲提取的第 i 种定量属性信息，则此类属性的信息提取模型为 $x_i = c_i$。

2)非均一性定量属性信息提取

设 i 为某种在基本单元体内曾各向非均一性的可定量描述的属性，c_{ij} 为基本单元体内非均一性定量属性的多个量化信息，j 为量化信息个数，p_{ij} 为 i 因子第 j 个量化信息的概率分布，E_i 为 i 因子的数学期望，x_i 为基本单元体内欲提取的第 i 种因子信息，则此类因子的信息提取模型为 $x_i = E_i = \sum c_{ij} p_{ij}$。

5.4　基于扁平体素的评价示范

随着城市的发展，城市规模不断扩大，城市人口急剧膨胀，许多城市都不同程度地出现了城市用地紧张、生存空间拥挤、交通阻塞、基础设施落后等城市问题。因而城市发展空间由地面向地下延伸，是解决典型城市问题的有效途径。经研究分析，选取北京 CBD 作为扁平体素与评价模型应用的示范区。

5.4.1　评价区概况

北京 CBD 位于北京市朝阳区内，是北京市商务活动比较核心的中心区域(图 5.3)。北京 CBD 所处的区域位置表明了 CBD 具有进行城市地下空间资源开发利用评价示范研究的典型性及重要性。选取的北京 CBD 地下空间资源开发利用评价的研究区平面面积为 3.78 km^2，深度方向为地面—地下 50 m 深度以浅。

1. 区域地质条件

1)第四系地质条件

北京市区西、北及东北方向环山，东、南及东南侧为平原，地貌单元从西部山前向东部平原区，由冲洪积扇过渡为冲击平原区。

第四纪沉积物主要为永定河冲洪积物。永定河自三家店流入北京平原，形成永定河冲洪积扇。永定河冲洪积扇顶部至前缘为缓倾斜状，地势平坦开阔，略有起伏，沉积物在垂直方向上由黏性土、粉土、砂类土、碎石类土交互沉积而成，沉积韵律较为明显，在水平方向上从上部地带至前缘地带由粗到细纵向分布。基岩为第三纪覆盖层，覆盖层厚度为几十米至几百米不等。北京 CBD 位于永定河冲洪积扇中下部，研究区浅层为第四纪沉积的黏性土、粉土，局部为砂类土薄层；其下为碎石类土、砂类土与黏性土、粉土互层；第三纪基岩埋深约 160 m。

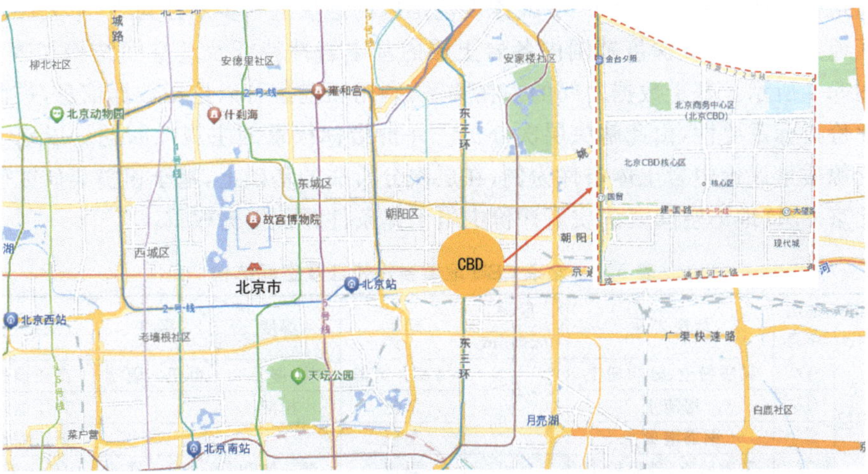

图 5.3　北京 CBD 评价示范区

2)地震及不良地质作用

研究区的抗震设防烈度为 8 度，设计基本地震加速度值为 0.2 g，地面以下 20 m 深度范围内土层等效剪切波波速值为 250.27～251.96 m/s。研究区范围内无影响场地整体稳定性的不良地质作用。

3)水文地质条件

研究区自地表向下 50 m 深度范围内分布有三层地下水：第一层为潜水，第二层为承压水，第三层为承压水；按赋存条件分为上层滞水、潜水和承压水。上层滞水分布不均匀，仅分布在局部区域。水位高低变化较大，主要接受大气降水、绿化灌溉及地下管线渗漏等补给，以蒸发、越流补给潜水及人工抽降地下水等方式排泄。潜水的天然动态类型属于渗入-径流型，主要接受越流、地下水侧向径流等补给，并以地下径流、越流为主要排泄方式，水位标高 21.39～28.86 m，年变化幅度一般为 1～2 m。承压水是北京市地下水开采的主要含水层之一，天然动态类型属于渗入-径流型，主要接受地下径流和越流补给，并以地下径流、人工开采为主要排泄方式。第一层承压水水位标高 16.43～26.88 m，第二层承压水水位标高 11.32～13.53 m，年变化幅度一般为 3～4 m。

50 m 以浅地下水（潜水和承压水）对混凝土结构及长期浸水情况下对钢筋混凝土结构中的钢筋均无腐蚀性，但在干湿交替情况下，地下水对钢筋混凝土结构中的钢筋有弱腐蚀性。50 m 以浅的土层对混凝土结构及钢筋混凝土结构中的钢筋均无腐蚀性。

2. 地层土质、岩性特征及其空间分布

依据地层沉积年代及成因类型，研究区地面以下 50 m 深度范围内的地层划分为人工堆积层及第四纪沉积层。从空间分布规律上，按地层岩性及土的物理力学性质指标将研究区地面以下 50 m 深度范围内的地层进一步划分为 10 个大层。研究区地面以下 50 m 深度范围内各岩土层的基本岩性特征及其空间结构如表 5.1 及图 5.4 所示。基于数据之间的内在关系，利用粗糙集可以挖掘数据信息，进而确定评价指标重要性，由此解决层次分析法评价指标权重的主观性问题。以地下空间资源质量评价中岩土体条件为例，在层次分析法的基础上，基于粗糙集研究确定了北京 CBD 地下空间资源质量评价中岩土体条件评价指标权重。

表 5.1　北京 CBD 地层岩性特征及空间结构

成因年代	地层序号	地层岩性	层顶标高/m	颜色	湿度	稠度	压缩性
人工堆积层	①	黏质粉土、砂质粉土	38.59～40.04	褐黄—黄褐	湿	可塑—硬塑	高压缩性
	①$_1$	房渣土		杂色	稍湿		高压缩性
	①$_2$	钢筋混凝土		杂色			低压缩性
第四纪沉积层	②	黏质粉土、砂质粉土	35.37～38.45	褐黄	湿—饱和	可塑—硬塑	中低压缩性
	②$_1$	粉细砂		褐黄	湿		低压缩性
	②$_2$	粉质黏土、重粉质黏土		褐黄—黄褐	湿—饱和	可塑—硬塑	中高压缩性
	③	粉质黏土、重粉质黏土	32.04～35.04	褐黄—灰黄	饱和	可塑	中压缩性
	③$_1$	黏质粉土、砂质黏土		褐黄—灰黄	饱和	可塑—硬塑	低压缩性
	④	卵石	27.51～30.13	杂色	湿—饱和		低压缩性
	④$_1$	细中砂		褐黄	湿—饱和		低压缩性
	④$_2$	粉砂		褐黄	湿—饱和		低压缩性
	⑤	粉质黏土、黏质粉土	18.65～21.38	褐黄	饱和	可塑	低压缩性
	⑤$_1$	黏土、重粉质黏土		黄褐	饱和	可塑—硬塑	中压缩性
	⑤$_2$	黏质粉土、砂质黏土		褐黄	饱和	可塑—硬塑	低压缩性
	⑥	卵石、圆砾	14.12～16.62	杂色	饱和		低压缩性
	⑥$_1$	细中砂		褐黄	饱和		低压缩性
	⑥$_2$	粉砂		褐黄	饱和		低压缩性

续表

成因年代	地层序号	地层岩性	层顶标高/m	颜色	湿度	稠度	压缩性
第四纪沉积层	⑦	黏土、重粉质黏土	2.24～5.61	杂色	饱和	可塑	中低压缩性
	$⑦_1$	粉质黏土、黏质粉土		褐黄	饱和	可塑—硬塑	低压缩性
	⑧	卵石、圆砾	1.34～4.62	杂色	饱和		低压缩性
	$⑧_1$	细中砂		褐黄	饱和		低压缩性
	⑨	黏土、重粉质黏土	−9.35～−5.17	黄褐—灰黄	饱和	可塑	中低压缩性
	⑩	卵石、圆砾	−9.85～−5.77	杂色	饱和		低压缩性
	$⑩_1$	细中砂		褐黄	饱和		低压缩性

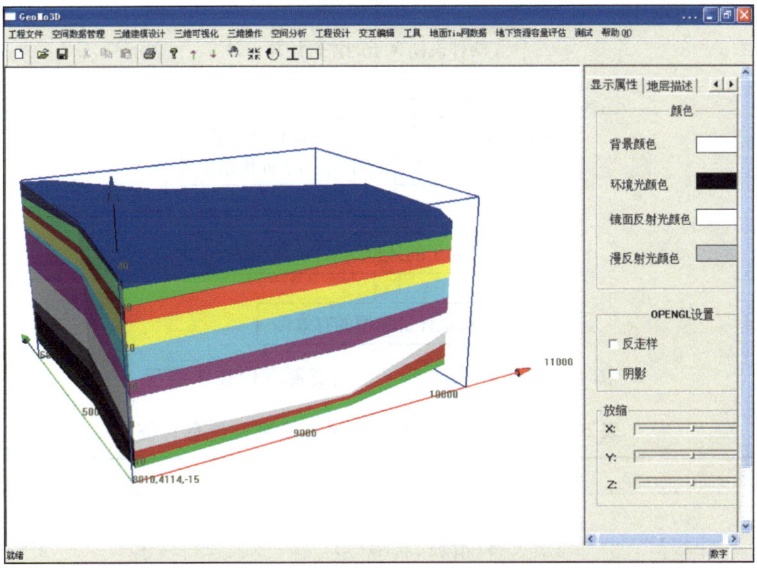

图 5.4　北京 CBD 地层三维建模与结构可视化

综上，首先基于所建三维地学模型，按选定尺寸划分得到评价区的基本单元体集合；其次，按评价指标体系及其数值，采用空间插值法对每个基本单元体赋值；最后采用资源质量评价模糊综合评判数学模型，按两类模糊算子分别对北京 CBD 地下空间资源质量及可供开发利用容量进行评价，技术流程如图 5.5 所示。

5.4.2　评价关键技术

1. 评价指标体系

层次分析法不但可以有效地建立评价指标体系的层次结构，而且其指标重要性等级两两比较的方法是研究确定评价指标权重方便且有效的方法。北京 CBD 地下空间资源评价指标体系基于层次分析法研究确定，因北京 CBD 50 m 以浅为第四纪土层，故基于土层来选取评价指标体系。评价基本单元体的属性及属性信息特征如表 5.2 所示。

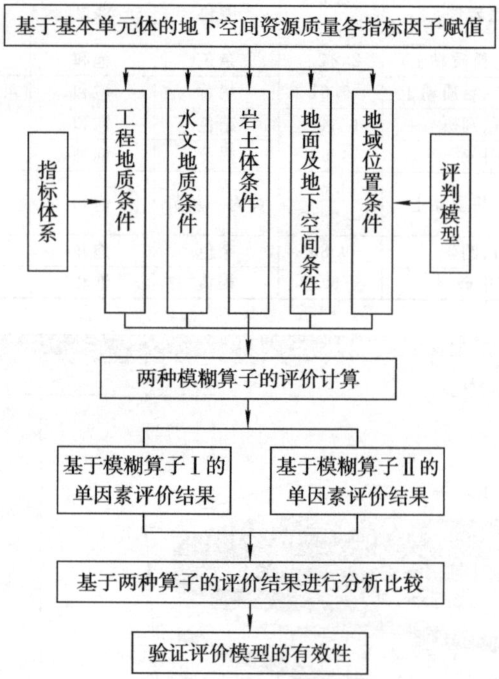

图 5.5　北京 CBD 地下空间资源评价技术流程

表 5.2　评价基本单元体的属性及属性信息特征

属性		属性信息特征
工程地质条件	活断层与地裂缝的影响	定性
	地质灾害(滑坡、岩溶等)	定性
	地震烈度	定量
	节理与裂隙密度	定量
	节理与裂隙组数	定量
水文地质条件	地下水赋存类型	定性
	地下水水位及补给	定性
	单位涌水量	定量
	渗透系数	定量
	地下水腐蚀性	定性
岩土体条件	岩土体黏聚力	定量
	岩土体内摩擦角	定量
	承载力标准值	定量
	岩土体压缩模量	定量
地面及地下空间条件	地面空间类型	定性
	受已开发地下空间的影响程度	定性

续表

属性		属性信息特征
地域位置条件	城市在区域地理位置中的重要性	定性
	与城市中心区的位置关系	定性

2. 评价数学模型

模糊综合评判法中的隶属函数及最大隶属原则可有效解决评价等级的机械划分,因而基于模糊综合评判法的结果将更为合理。采用模糊综合评判法,并选取两种模糊算子进行评价计算,以期比较分析并确定合理的算子。

3. 基本单元体划分

基本单元体的尺寸选择是关键,将影响评价精度。由于地层分布、厚度、属性及环境参数变化复杂,理论上基本单元体粒度越小,其反映地下空间资源条件的能力越强。但是,基本单元体越小,单元总数越多,并将呈几何级数上升,对计算资源的要求也越高。在实际应用中,考虑地下空间资源条件的各项异性,评价基本单元体的水平面尺寸大小(a,b)一般远大于单元厚度(c)。城市地下空间资源评价的可靠性,应是确定基本单元体尺寸的合理依据。城市地下空间开发利用容量一般分为很高、高、一般、低、很低五个级别,通过对比分析不同单元尺寸时各质量等级的体积占比变化,可研判基本单元体尺寸对评价结果可靠性的影响特征,进而做出尺寸选择。我们以不同体积比与其均值之差来衡量单元尺寸选择的依据,即差值越小,评价结果越接近各等级的均值(视为真值),表明评价结果越可靠。以北京CBD为例,评价得到单元厚度 c 及单元大小(指水平面面积或 x、y 轴向尺寸 a、b)变化时,不同空间分辨率下各质量级别的体积比实验数据,如表 5.3 和表 5.4 所示。

由表 5.3 可知:单元厚度不变时,评价结果的可靠性与基本单元体水平尺寸的相关性不强,最小的“与同质量等级体积占比的均值之差”所对应的单元体水平方向尺寸为 20 m。由表 5.4 可知:单元体水平尺寸不变时,评价结果的可靠性与基本单元体厚度的相关性稍强,最小的“与同质量等级体积占比的均值之差”所对应的单元体厚度为 1 m。

表 5.3　单元厚度不变、单元大小变化时各质量等级的体积比

单元体尺寸 $a=b$ /m	质量等级	体积占比/%	与同质量等级体积占比的均值之差	
100	Ⅰ	8.76	0.63	0.55
	Ⅲ	67.44	0.82	
	Ⅴ	23.81	0.20	
80	Ⅰ	7.52	0.61	0.57
	Ⅲ	68.02	0.24	
	Ⅴ	24.46	0.85	

续表

单元体尺寸 $a=b$ /m	质量等级	体积占比/%	与同质量等级体积占比的均值之差	
70	Ⅰ	7.57	0.56	0.85
	Ⅲ	69.54	1.28	
	Ⅴ	22.89	0.72	
60	Ⅰ	8.19	0.06	0.15
	Ⅲ	68.04	0.22	
	Ⅴ	23.77	0.16	
50	Ⅰ	8.01	0.12	0.65
	Ⅲ	69.23	0.97	
	Ⅴ	22.76	0.85	
40	Ⅰ	8.03	0.10	0.29
	Ⅲ	67.79	0.47	
	Ⅴ	23.91	0.30	
30	Ⅰ	8.36	0.23	0.19
	Ⅲ	67.97	0.29	
	Ⅴ	23.67	0.06	
20	Ⅰ	8.32	0.19	0.13
	Ⅲ	68.07	0.19	
	Ⅴ	23.61	0	
均值	Ⅰ	8.13	/	/
	Ⅲ	68.26	/	
	Ⅴ	23.61	/	

注：①Ⅱ、Ⅳ容量级别体积为零；②基本单元体厚度 c 均为 3 m。

表 5.4 单元尺寸不变、单元厚度变化时各质量等级的体积比

单元体厚度 c/m	质量级别	体积占比/%	与同质量等级体积占比的均值之差	
7	Ⅰ	7.56	0.76	1.00
	Ⅲ	70.24	1.52	
	Ⅴ	22.20	0.73	
6	Ⅰ	7.19	1.13	1.38
	Ⅲ	67.80	0.95	
	Ⅴ	25.00	2.07	
5	Ⅰ	8.43	0.11	0.26
	Ⅲ	68.37	0.38	
	Ⅴ	23.21	0.28	
4	Ⅰ	9.45	1.13	0.76
	Ⅲ	68.15	0.60	
	Ⅴ	22.39	0.54	

续表

单元体厚度 c/m	质量级别	体积占比/%	与同质量等级体积占比的均值之差	
3	Ⅰ	8.69	0.37	0.31
	Ⅲ	68.84	0.09	
	Ⅴ	22.47	0.46	
2	Ⅰ	8.48	0.16	0.40
	Ⅲ	69.19	0.44	
	Ⅴ	22.32	0.61	
1	Ⅰ	8.41	0.09	0.06
	Ⅲ	68.73	0.02	
	Ⅴ	22.86	0.07	
均值	Ⅰ	8.32	/	/
	Ⅲ	68.75	/	
	Ⅴ	22.93	/	

注：① Ⅱ、Ⅳ质量等级体积为零；②基本单元体水平尺寸 a、b 均为 20 m。

若以(20 m,20 m,1 m)作为基本单元体在 (x,y,z) 方向的尺寸划分依据，可得到扁平体素 443 649 个。为凸显可视化表达效果，图 5.6 是 x、y、z 轴方向单位尺寸分别为 60 m×60 m×3 m 时的划分结果线框图。基于研究区钻孔和地面高程，用 GeoMo3D 系统进行地下三维空间建模，形成评价区三维模型；然后，基于扁平体素对三维模型进行空间划分，得到评价单元体集合；进而，采用三维空间属性插值方法，赋予各评价单元属性与指标值；以此作为评价模型的输入，开展评价计算，得到各单元的条件质量与综合质量。进而，按综合质量分布区间划分质量等级，按质量等级统计得到相应的容量。此外，还可按深度域或地层对象，对所涉空间单元的质量等级进行总体分析，评价其开发适宜性。

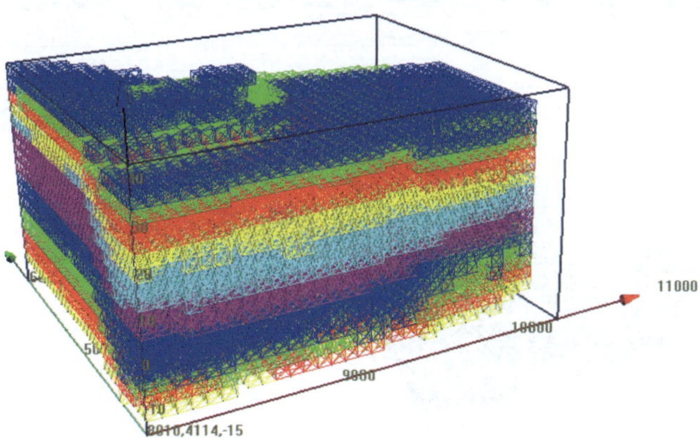

图 5.6　北京 CBD 地下空间开发利用容量评价基本单元体

5.4.3　评价结果与分析

1. 资源质量评价

1)基于第一种算子 M(·,+)的评价结果

(1)工程地质条件。基于算子 M(·,+)的工程地质条件质量评价结果如图 5.7 所示。

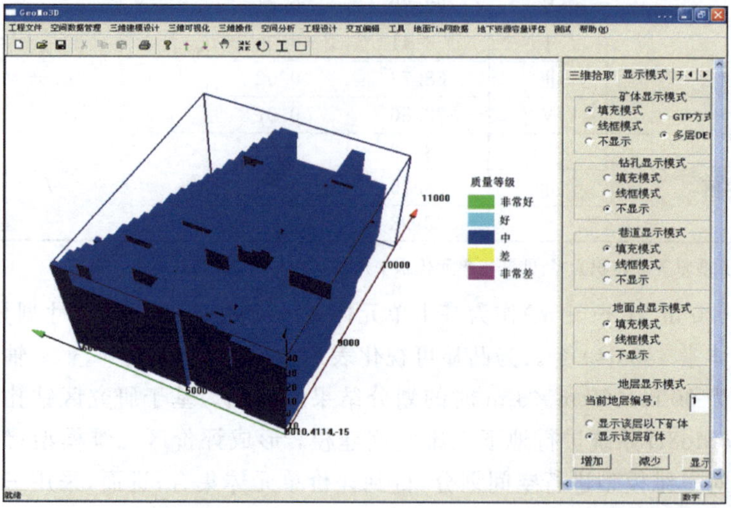

图 5.7　基于算子 M(·,+)的工程地质条件质量评价结果

(2)水文地质条件。基于算子 M(·,+)的水文地质条件质量评价结果如图 5.8 所示。

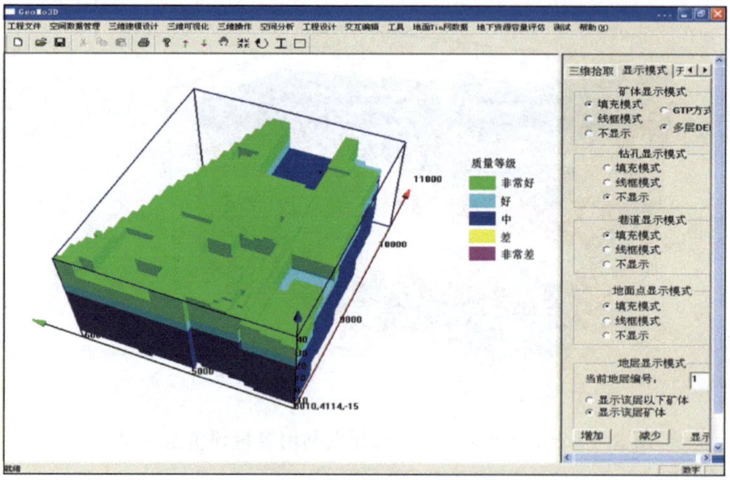

图 5.8　基于算子 M(·,+)的水文地质条件质量评价结果

(3)岩土体条件。基于算子 M(·,+)的岩土体条件质量评价结果如图 5.9 所示。

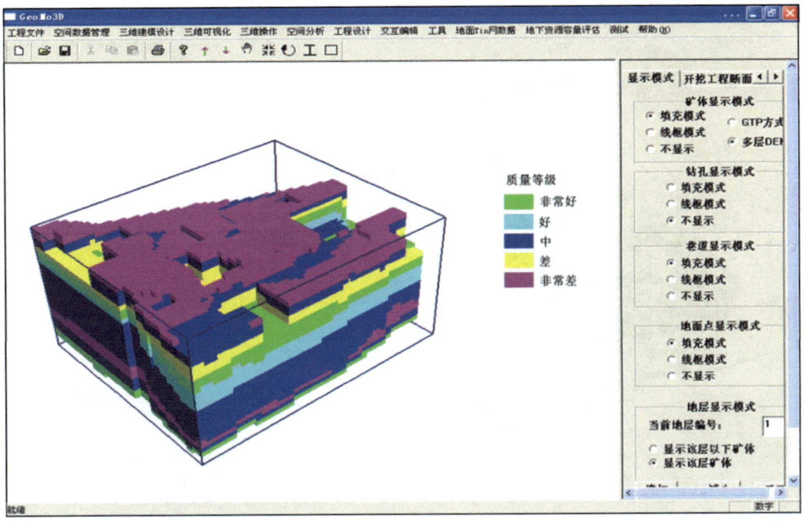

图 5.9　基于算子 M(·,+)的岩土体条件质量评价结果

(4)地面及地下空间条件。基于算子 M(·,+)的地面及地下空间条件质量评价结果如图 5.10 所示。

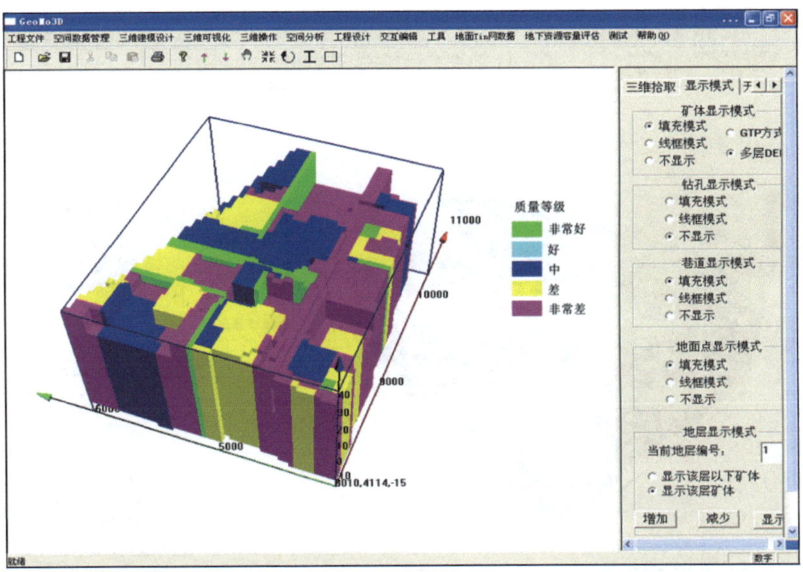

图 5.10　基于算子 M(·,+)的地面及地下空间条件质量评价结果

(5)地域位置条件。基于算子 M(·,+)的地域位置条件质量评价结果如

图 5.11 所示。

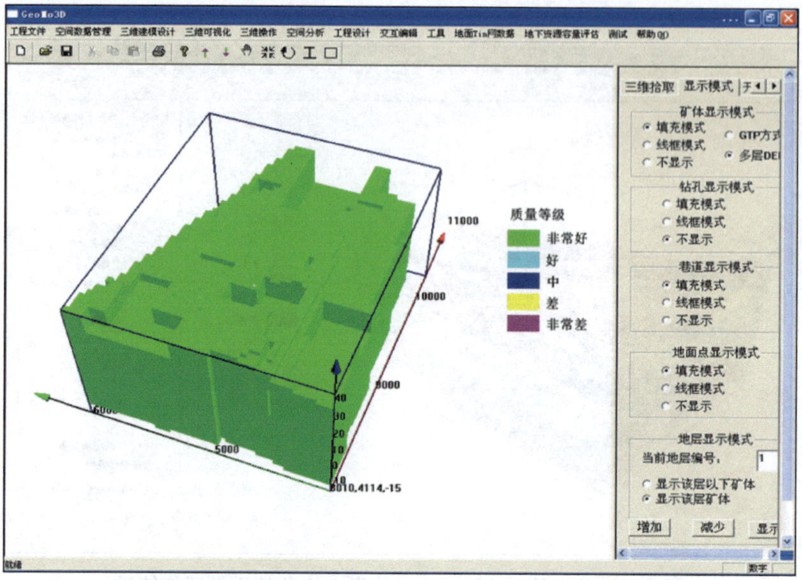

图 5.11 基于算子 M(·,+)的地域位置条件质量评价结果

(6)综合评价结果。基于算子 M(·,+)的地下空间资源质量综合评价结果的整体空间分布、南北向斜剖面、水平横剖面如图 5.12 所示。

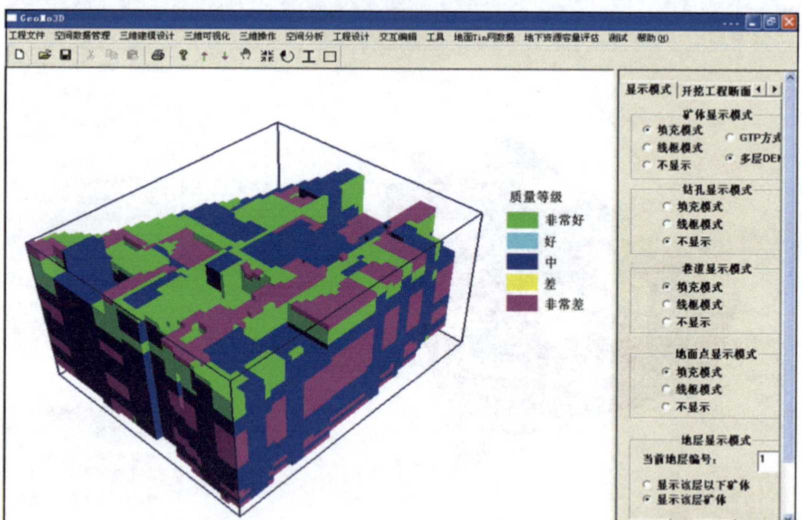

(a) 整体空间分布

图 5.12 基于算子 M(·,+)的地下空间资源质量综合评价结果

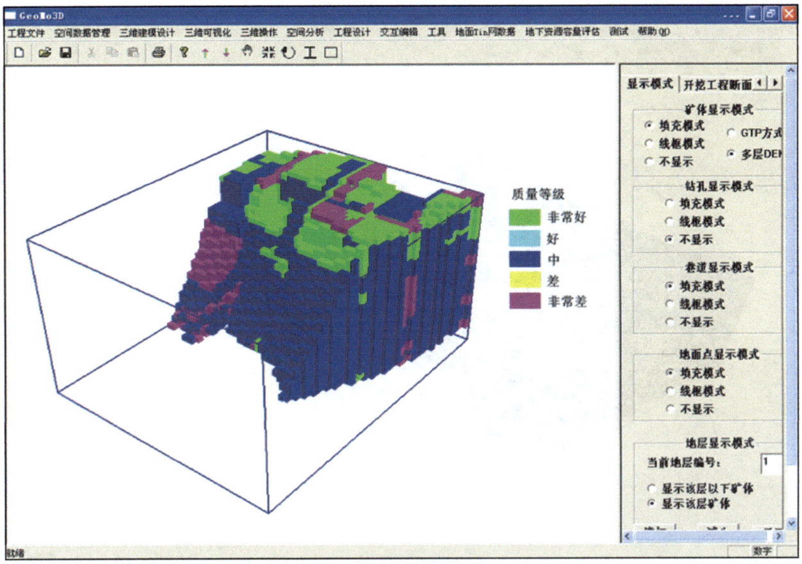

（b）南北向斜剖面

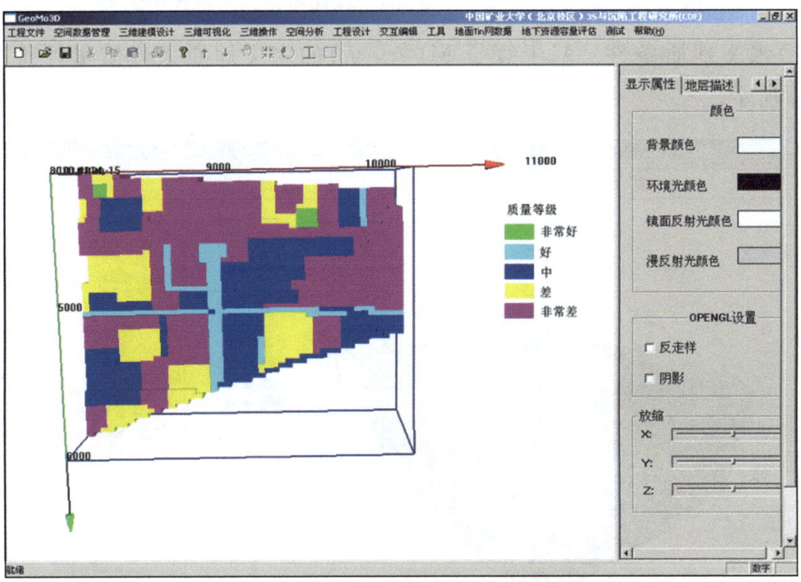

（c）水平横剖面

图 5.12(续)　基于算子 M(·,+)的地下空间资源质量综合评价结果

2)基于第二种算子 M(∧,∨)的评价结果

(1)工程地质条件。基于算子 M(∧,∨)的工程地质条件质量评价结果如图 5.13 所示。

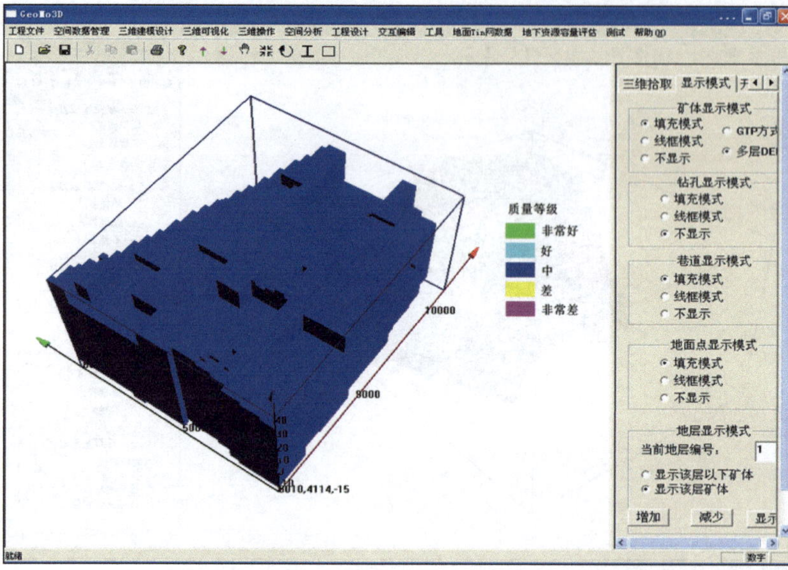

图 5.13 基于算子 M(∧,∨)的工程地质条件质量评价结果

(2)水文地质条件。基于算子 M(∧,∨)的水文地质条件质量评价结果如图 5.14 所示。

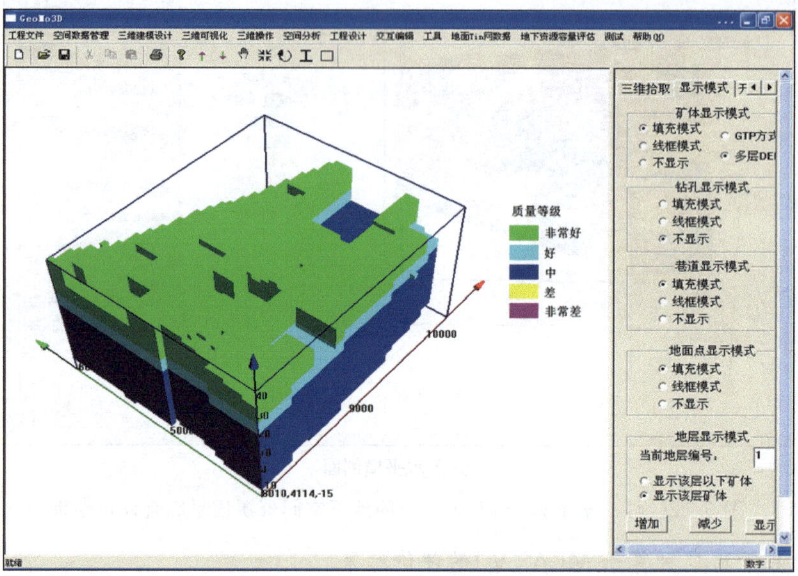

图 5.14 基于算子 M(∧,∨)的水文地质条件质量评价结果

(3)岩土体条件。基于算子 M(∧,∨)的岩土体条件质量评价结果如图 5.15 所示。

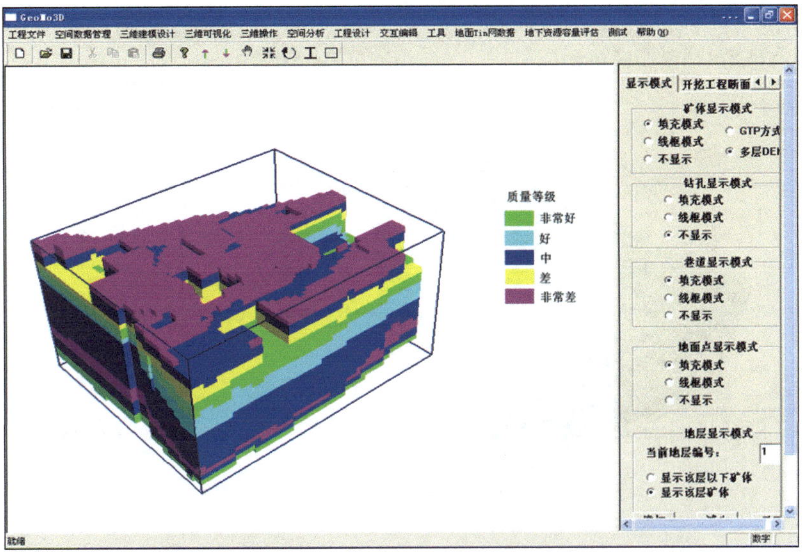

图 5.15　基于算子 M(∧,∨)的岩土体条件质量评价结果

(4)地面及地下空间条件。基于算子 M(∧,∨)的地面及地下空间条件质量评价结果如图 5.16 所示。

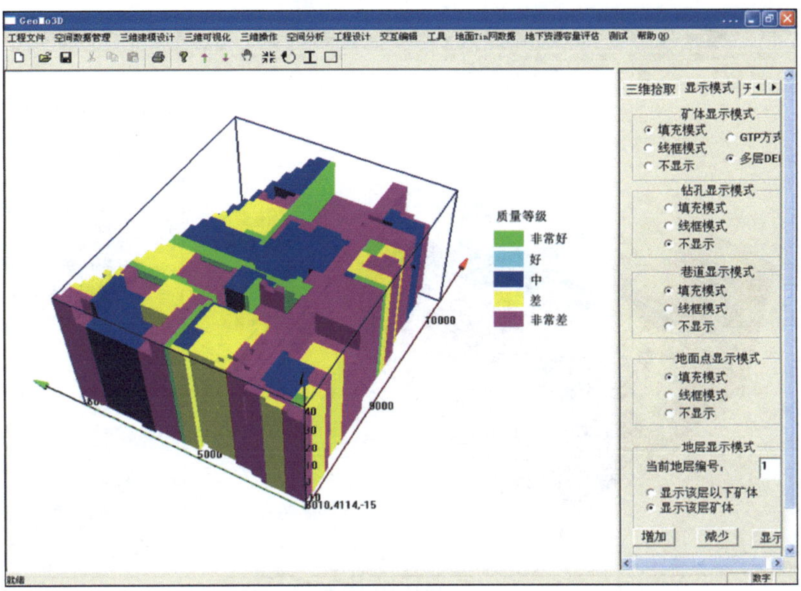

图 5.16　基于算子 M(∧,∨)的地面及地下空间条件质量评价结果

(5)地域位置条件。基于算子 M(∧,∨)的地域位置条件质量评价结果如图 5.17 所示。

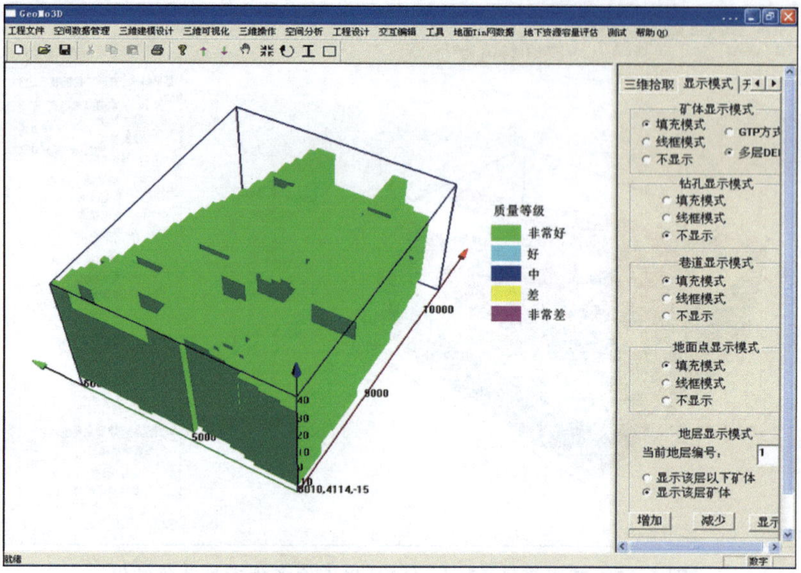

图 5.17 基于算子 M(∧,∨)的地域位置条件质量评价结果

(6)综合评价结果。基于算子 M(∧ ,∨)的地下空间资源质量综合评价结果的整体空间分布、南北向斜剖面、水平横剖面如图 5.18 所示。

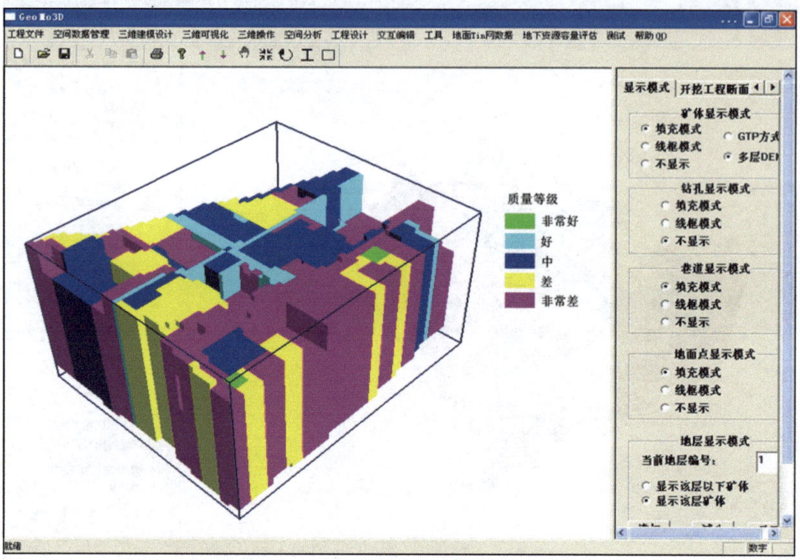

(a) 整体空间分布

图 5.18 基于算子 M(∧,∨)的地下空间资源质量综合评价结果

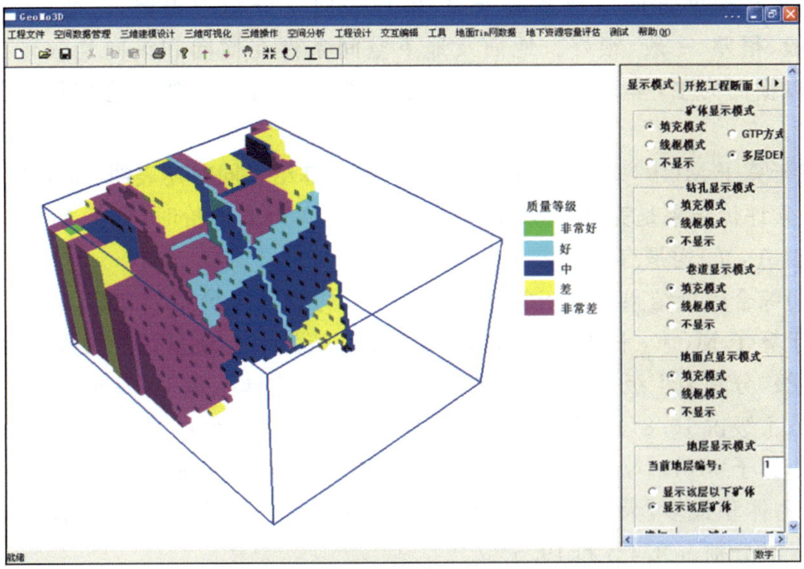

(b)南北向斜剖面

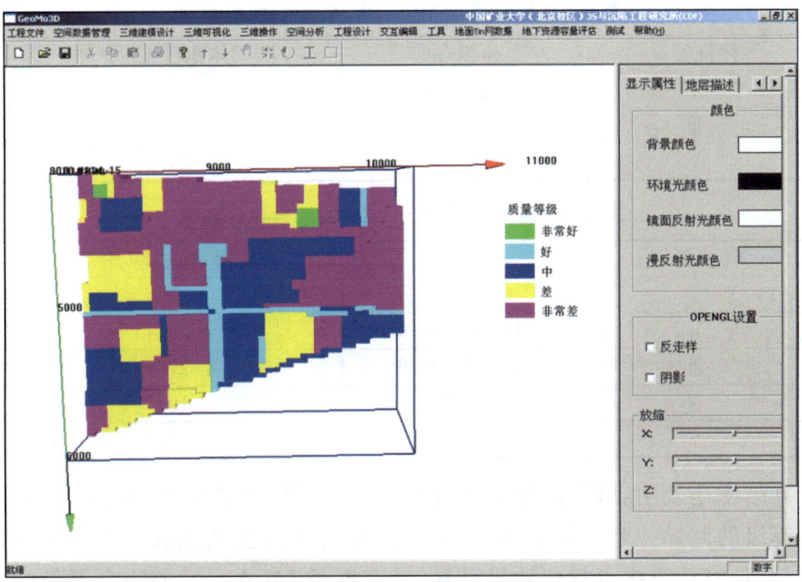

(c)水平横剖面

图 5.18(续)　基于算子 M(∧,∨)的地下空间资源质量综合评价结果

3)资源质量评价结果分析

(1)单因素评价结果。基于算子 M(·,+)和算子 M(∧,∨)的计算结果表明:北京 CBD 地下空间资源质量的工程地质条件的质量均为中等。水文地质条件在深度方向呈现三层分异,由地表向下分别为很好、好和中等。岩土体条件

主要表现在深度方向呈现九层分异，由地表向下分别为很差、一般、差、很好、好、一般、很差、一般、很好。地面及地下空间条件在横向和纵向均表现出分异性，并以横向为主，呈现很好、好、一般、差、很差共五个等级。地域位置条件均为很好。

基于算子 M(·，+)和算子 M(∧，∨)的计算结果同时还表明：基于两种算子的单因素评价结果是完全一致的，这表明在进行单因素评价时，算子 M(·，+)和算子 M(∧，∨)均是有效的。

(2)综合评价结果。基于算子 M(·，+)的综合评价结果如表 5.5 所示，可知：基于算子 M(·，+)的北京 CBD 地下空间资源综合质量评价结果中，出现了三个等级，分别为Ⅰ级、Ⅲ级和Ⅴ级。其中，Ⅲ级所占体积最多，为 67.9%；Ⅴ级占 21.3%；Ⅰ级占 10.8%。基于算子 M(∧，∨)的综合评价结果如表 5.6 所示，可知：基于算子 M(∧，∨)的评价结果中出现了五个等级，分别为Ⅰ～Ⅴ级。其中，Ⅴ级所占体积最多，为 43.9%；其次是Ⅲ级，占 27.4%；最少为Ⅰ级，仅占 0.8%；Ⅱ级、Ⅳ级分别占 8.4%和 19.5%。

表 5.5　基于算子 M(·，+)的综合评价结果

评价等级	体积/m^3	体积占比/%
Ⅰ	19 165 637.6	10.8
Ⅲ	120 459 581.5	67.9
Ⅴ	37 834 388.3	21.3

表 5.6　基于算子 M(∧，∨)的综合评价结果

评价等级	体积/m^3	体积占比/%
Ⅰ	1 502 018.1	0.8
Ⅱ	14 942 098.9	8.4
Ⅲ	48 535 202.6	27.4
Ⅳ	34 604 623.4	19.5
Ⅴ	77 869 275.7	43.9

计算结果还表明：基于两种算子的综合质量评价结果存在一些差异，主要表现为质量等级的差异。基于算子 M(∧，∨)的综合评价虽然能够拉开评价结果质量等级的差距，但从三维可视化效果可见，基于算子 M(∧，∨)的综合评价结果总体上与地面及地下空间条件的质量评价结果一致，表明算子 M(∧，∨)在综合评价计算过程中，只考虑主要因素(如地面及地下空间条件等)的作用，而其他因素所起的作用较小，这与算法理论是吻合的。基于算子 M(·，+)的综合评价结果虽然只存在三个质量等级，但算子 M(·，+)兼顾了所有条件因素，故其评价结果相对比较精细。以上分析表明：在进行地下空间资源质量综合评价时，基于算子 M(·，+)所得结果比算子 M(∧，∨)更精细、合理。

2. 开发利用容量评价

1)基于两种算子的评价结果比较分析

基于算子 M(·,+)和算子 M(∧,∨)的地下空间资源开发利用容量的评价结果分别如表 5.7 及表 5.8 所示。分析可见:北京 CBD 地下空间的天然蕴藏量为 1.89×10^{8} m^3,抛去已开发量和限制开发区,可供合理开发资源容量为 1.77×10^{8} m^3。基于算子 M(·,+)的评价,北京 CBD 地下空间可供有效利用资源容量为 8.22×10^{7} m^3;基于算子 M(∧,∨)的评价,地下空间可供有效利用资源容量为 8.21×10^{7} m^3,比前者略低。但总体上,两种算子的计算结果基本一致。开发利用系数平均值为 0.456～0.471,基于两种算子的计算结果也基本一致。

以上分析表明:基于两种算子计算得到的结果具有较好的一致性,表明算子 M(·,+)和算子 M(∧,∨)都是进行城市地下空间资源开发利用容量评价的有效算子。

表 5.7　基于算子 M(·,+)的地下空间资源开发利用容量的评价结果

评价等级	各等级可供有效利用资源容量/m^3	开发利用系数平均值	可供有效利用资源容量/m^3	可供合理开发资源容量/m^3	天然蕴藏量/m^3
Ⅰ	8 981 976.1	0.469	82 260 753.3	177 459 607.4	189 478 612.9
Ⅲ	56 005 746.3	0.465			
Ⅴ	17 273 030.9	0.456			

表 5.8　基于算子 M(∧,∨)的地下空间资源开发利用容量的评价结果

评价等级	各等级可供有效利用资源容量/m^3	开发利用系数平均值	可供有效利用资源容量/m^3	可供合理开发资源容量/m^3	天然蕴藏量/m^3
Ⅰ	706 456.1	0.471	82 146 052.3	177 459 607.4	189 478 612.9
Ⅱ	6 908 483.0	0.469			
Ⅲ	22 729 812.7	0.467			
Ⅳ	16 018 480.2	0.462			
Ⅴ	35 782 820.4	0.459			

2)与传统评价方法比较分析

对北京 CBD 地下空间资源开发利用容量评价,其评价结果及其与基于算子 M(·,+)和算子 M(∧,∨)评价结果比较如表 5.9 所示。由表 5.9 可知:北京 CBD 区域地下 50 m 以浅,基于算子 M(·,+)和算子 M(∧,∨)评价的地下空间资源开发利用容量均比基于传统评价方法所得到容量大,分别多出 15.9%和 15.7%。从方法学上表明:基于算子 M(·,+)和算子 M(∧,∨)的模糊综合评价均是基于每个基本单元体实际情况,实事求是地对其开发利用质量与容量进行评价,而不是简单粗暴地基于某一固定的经验系数值进行简化式乘运算。因而,基于算子 M(·,+)和算子 M(∧,∨)的地下空间资源质量与容量模糊综合评价结果

是合理的，基于算子 M(·，+)和算子 M(∧，∨)的模糊综合评判数学模型是正确、有效的。

表 5.9 基于算子 M(·，+)和算子 M(∧，∨)及其与传统评价方法的容量评价结果比较

<table>
<tr><th>评价方法</th><th>可供合理开发资源容量/m^3</th><th>开发利用系数</th><th colspan="2">可供有效利用资源容量/m^3</th></tr>
<tr><td>传统评价方法</td><td>177 459 607.4</td><td>0.4</td><td colspan="2">70 983 843.0</td></tr>
<tr><td rowspan="2">模糊综合评判法</td><td rowspan="2">177 459 607.4</td><td rowspan="2">基于每个基本单元体计算得到的开发利用系数范围为 0.4～0.5</td><td>算子 M(·，+)</td><td>82 260 753.3</td></tr>
<tr><td>算子 M(∧，∨)</td><td>82 146 052.3</td></tr>
</table>

5.4.4 评价结果应用分析

1. 地下空间资源质量评价结果应用分析

地下空间资源质量揭示了地下空间资源可开发利用的潜力，地下空间资源质量评价结果包括质量等级及其三维空间分布。其中，综合质量等级表示地下空间可开发利用的适宜度，综合质量等级的三维空间分布是不同地下空间质量等级在三维空间的范围。其应用主要表现在两个方面。

一方面，地下空间资源综合质量评价结果是地下空间资源开发利用规划的依据和基础，地下空间资源综合质量在纵、横向上的等级分布及变化是地下空间开发利用规划布局和选址的重要依据。可据此合理安排、科学布置城市地下交通(地下步行系统、地下停车系统)、地下商业设施、地下管线共同沟、地下仓储及地下物流系统等相应的地下空间类型及范围，如：可将对用地要求较高的地下空间类型(如地下商业设施、地下交通等)部署在地下空间资源质量较好的位置，而将对用地要求较低的地下空间类型(地下仓储等)部署在质量相对较差的位置。同时，可按规划侧重点的不同，依据单因素评价结果进行相应的布局调整。

另一方面，地下空间资源质量评价结果也是地面空间规划的依据。地面空间和地下空间的资源开发利用是城市立体空间规划不可分割、密切联系的两部分。地下空间资源质量评价是城市用地适宜性评价的一部分，可以依据评价结果引导地面空间规划和建设发展。城市总体规划(即地面空间总体规划)和城市各项用地类型(如居住用地、工业用地、道路交通用地、绿地、仓储用地)安排、布局及选址时，不仅要考虑一般的城市用地评定结果，还应将地下空间资源质量评价结果作为规划依据，以期协调地面空间与地下空间资源的开发利用。

2. 地下空间资源开发利用容量评价结果应用分析

地下空间资源开发利用容量评价结果包括地下空间资源天然蕴藏量、可供合理开发资源容量及可供有效利用资源容量。依据地下空间资源开发利用容量值，合理把握地下空间资源的天然蕴藏量中已开发利用的资源容量、可供合理开发资源容量及可供有效利用资源容量，以及合理安排、确定城市地下空间资源开发利用近期规划和远期规划的地下空间内容、类型、数量及开发利用规模，以期有序、可持续地开发利用地下空间资源。

5.5　本章小结

本章创新性地提出了城市地下空间资源评价三维基本单元体方法，并以北京 CBD 地下空间资源评价为例，详细阐述了三维基本单元体构建原理及技术流程。目前，三维单元体即使按扁平规则形态划分为扁平体素，仍不能完全体现不同类型地质要素的尺度差异与复杂变化，难以反映出断层、弱层、岩溶等地质缺陷的不确定性影响。未来还需研发城市地下空间资源评价单元柔性划分方法，引入 3D GIS 的层次细节模型(LOD)、模糊边界匹配技术等新手段，以更新改进不同单元形状、边界约束及多粒度组合的规则、方法，改进体素刚性空间单元划分技术。

第6章　三维可视化评价典型案例

城市地下空间资源评价在城市地下空间的科学规划与建设利用中发挥着至关重要的作用，其平面和空间可视化成果能直观地展现城市地下空间资源的二维和三维空间分布状况、质量特性与开发适宜性，有助于城市地下空间资源的科学规划与开发利用。GIS的空间数据组织管理和多要素叠加分析功能，可有效表达城市发展环境的变化历程与现状。此外，城市地质环境的三维地学建模及基于扁平体素的评价单元划分，可表达城市地下空间资源不同尺度的复杂空间形态及不同粒度的属性分布，有利于开展城市地下空间资源可视化评价与表达。本章分别以江苏南京江北新区、浙江宁波东部新城、浙江杭州“三江汇”未来城市实践区为例，介绍不同类型城市的地下空间资源可视化评价及效果。

6.1　南京江北新区地下空间资源评价

南京江北新区作为南京市的国家级新区，是长江经济带和东部沿海经济带的重要交汇节点，是承接南京市主城区功能延伸和拓展的新区域。该区位于南京市长江以北，定位为产城融合、生态宜居、相对独立、辐射周边的现代化发展新区，其核心区已规划的地下空间总建筑面积达450万～480万 m^2，地下空间开发需求巨大。然而，南京市地下空间开发的地质环境条件复杂，面临着软土变形、饱和砂土液化、富水砂砾石突水、地下水位高等问题，严重制约了以江北新区为代表的地下空间高密度开发区域的建设，亟须对其可供开发的潜在地下空间资源储量、安全开发量、地下工程建设成本等进行研究与评价。

过去，专家们只能依靠经验来估算，这必然会给未来地下空间利用向深度和广度发展带来障碍，也可能造成资源利用的极大浪费。为支撑南京江北新区核心区地下空间资源科学开发，从城市发展环境与城市地质环境的角度出发，遵循三维地学建模和扁平体素的可视化原理，耦合地表评价指标和地下评价指标，在城区尺度下开展地下空间资源质量连续性评价与可视化表达，技术路线如图6.1所示。

6.1.1　评价区概况

南京江北新区位于南京市长江以北，包括浦口区、六合区部分区域和栖霞区八卦洲街道，规划面积788 km^2。其中，直管区面积386 km^2，涉及7个街道，常住人口约108万(第七次人口普查)，本次评价区域覆盖其核心区(图6.2)。

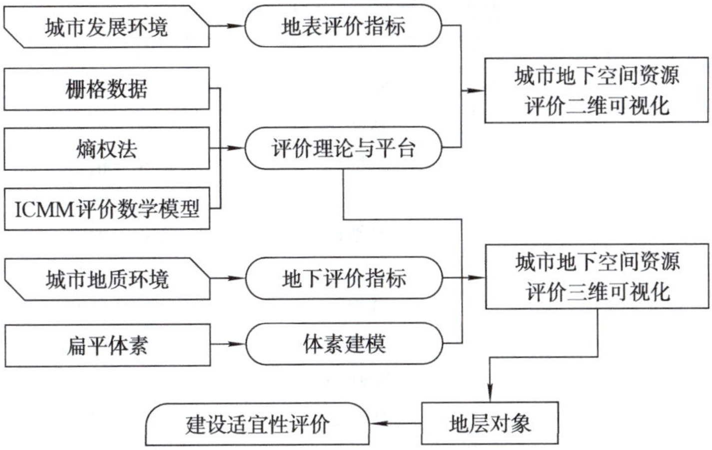

图 6.1　三维可视化评价技术路线

图 6.2　南京江北新区的地理位置

1. 地形地貌

南京地貌整体表现为山地与平原并存，地貌类型齐全。按地貌成因和形态特征，可划分为平原、山麓沟谷和低山丘陵三大类型。结合地域、成因特点及微地貌特征，将平原区划分为长江冲积平原、滁河冲积平原和秦淮河冲积平原三个亚区，山麓沟谷区划分为岗地和岗间洼地两个亚区。江北新区核心区处于长江冲积平原和岗地地貌单元内，地形整体呈北高（紧邻老山）南低（紧邻长江）。区内人类工程活动密集，路网密布。

2. 工程地质层序

根据评价区域城市地质、环境地质和工勘资料，参考评价区域地质环境条件，将 100 m 深度内的岩土体划分为以下 14 个工程地质层，如表 6.1 所示。

表 6.1　评价区工程地质层序

工程地质层序	岩性	特征
1	回填土	—
2	黏性土	软塑—可塑
3	粉细砂	松散—稍密
4	黏性土	流塑—软塑
5	粉细砂	稍密—中密
6	黏性土	软塑—可塑
7	粉细砂	中密—密实
8	黏性土	软塑—可塑
9	砂砾石	中密—密实
10	黏性土	可塑—硬塑
11	砂砾石	中密—密实
12	黏性土	硬塑—坚硬
13	砂砾石	中密—密实
14	基岩	—

3. 地质负面清单

通过详细分析评价区的地质环境条件，厘清现阶段制约其地下空间开发的地质负面清单，主要包括液化砂土和软土厚度。

(1)液化砂土:液化砂土在震动后会使地基失效，导致其出现不同程度的沉陷，使地面及地下建筑物倾斜、开裂、下沉和道路的路基滑移。砂土液化发育区建议采用振冲、夯实、爆炸、挤密桩等措施提高砂土密度，排水降低砂土孔隙水压力，换土或采用板桩围封，或采用整体性较好的筏基、深桩基等方法进行处理，以降低地下空间工程的开发和建设难度。

(2)软土厚度:软土地基承载力低、变形大，不宜做持力层。对于 1～3 层低矮建筑，建议利用软土上部的硬壳层，采用其天然基础;对荷载大的多层框架结构建筑及小高层建筑，应采用单桩承载力较大的预制桩或钻孔灌注(以下部中密粉细砂为桩基持力层)。地下工程施工技术相对复杂，基坑开挖一般采用排桩加支撑、复合土钉墙及重力式挡墙等围护措施，但需采用搅拌桩止水，施工成本相对较高。

4. 地铁线路存在的地质问题

本评价区域内的主要地铁线路为地铁 11 号线[1]，总体呈西南—东北走向，评价区域内南起森林大道站，北至商务东街站，沿浦滨路敷设地铁轨道，共含车站 6 座(图 6.3)。根据上述资料，查明地铁沿线存在软土、膨胀性黏土、富水砂砾石和流砂等地质问题(图 6.4)。

为科学直观地评价该区域城市地下空间资源的赋存状况，考虑从两个方面开

---

[1] 资料来源于《南京城市轨道交通第二期建设规划调整方案(2016—2021 年)》。

展城市地下空间资源质量评价和可视化应用：①通过分析城市发展环境对城市地下空间资源质量的影响，依托 ArcGIS 软件平台，开展基于地表影响因素的城市地下空间资源质量二维评价；②通过分析城市地质环境对城市地下空间资源质量的影响，依托 3DMine 和 ArcGIS 软件平台，开展基于地下影响因素的城市地下空间资源质量三维可视化评价。

图 6.3　南京江北新区的地铁 11 号线站点分布图

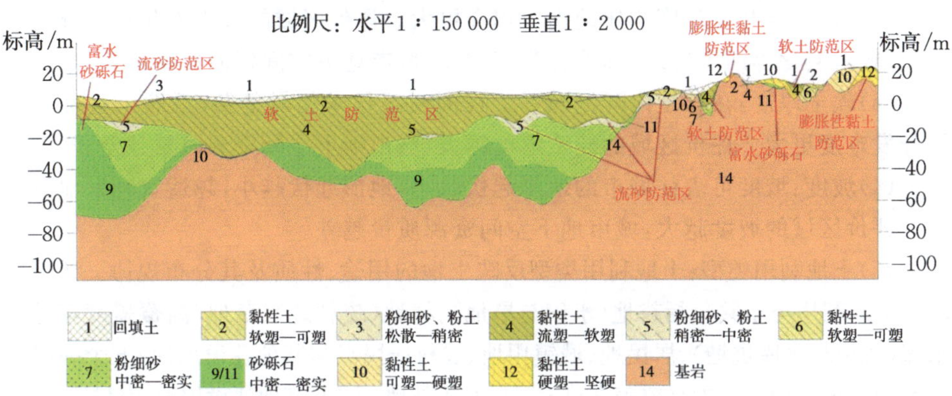

图 6.4　评价区域内地铁 11 号线工程地质结构典型剖面图

6.1.2　资源质量二维评价

1. 数据来源

(1)数字高程模型来源于美国国家航空航天局(NASA)和日本地球观测与数据利用局(METI) 发布的 GDEM V3 全球数字高程数据(http://www.gscloud.

cn)，其空间覆盖范围为 83°S～83°N，水平分辨率为 30 m。

(2)GDP 分布、人口空间分布、土地类型分布、降水量分布情况分别来源于中国科学院资源环境科学数据中心提供的 1 km 分辨率中国 GDP 空间分布公里网格数据集、中国人口空间分布公里网格数据集、中国土地利用遥感监测数据、中国 1980 年以来逐年年降水量空间插值数据集(https://www.resdc.cn/)。

(3)地层分布情况来源于江苏省地质调查研究院绘制的 1∶25 万中华人民共和国建造构造图(公开版)，编号 I50C004004(南京市幅)。

(4)砂土液化分布、软土厚度分布情况来源于评价区内城市地质、环境地质和工勘资料，包括南京市地铁 11 号线详勘资料、综合管廊二期七里大街、浦滨路段详勘资料和浦口新城医疗中心(一期)详勘资料。

2. 城市地下空间资源地表影响因素

南京江北新区核心规划区的城市地下空间资源质量评价主要考虑地层、砂土液化程度、软土厚度、坡度、地下水、土地利用类型、GDP、人口密度等地表因素的影响，其影响因素的具体定义与详情如下所述。

(1)地层：地层可大致反映出区域内岩体或岩石的物理强度等参数的分布状况。评价区域有三种地层，分别为新生界第四系更新统(为亚黏土-亚砂土-砂砾石建造)、新生界第四系全新统(为亚黏土-亚砂土-砂砾石建造)、中生界白垩系上统(浦口组，为砂砾岩-粉砂岩夹玄武安山岩建造)，考虑其对城市地下空间资源质量的正向影响依次升高，其量化数值越大，城市地下空间资源质量越好。

(2)砂土液化程度：砂土液化程度会影响地下工程建设与施工难度，地下工程的后续维护和再开发难度相比地面工程会更大。评价区域的砂土液化程度分为非液化、轻微液化等两个等级，其液化程度越高，城市地下空间资源质量越差。

(3)软土厚度：在软土内开挖地下工程的施工技术相对复杂，后续工程维护和再开发难度更大。评价区域的软土厚度越大，城市地下空间资源质量越差。

(4)坡度：坡度可表征城市的地形起伏状态，地形起伏越小，越适宜开发地下空间。评价区域的坡度越大，城市地下空间资源质量越差。

(5)土地利用类型：土地利用类型反映土地的用途、性质及其分布规律。评价区域的土地利用类型共包括耕地(水田与旱地)、林地(疏林地)、草地(高覆盖度草地)、水域(河渠与水库坑塘)、居民地(城镇用地、农村居民点与其他建设用地)五个一级类型九个二级类型。考虑高覆盖度草地、旱地、疏林地、水田、其他建设用地、农村居民点、城镇用地、河渠、水库坑塘等对城市地下空间资源质量的负向影响依次降低，将评价区域的土地利用类型分为九个等级，其量化数值越大，城市地下空间资源质量越好。

(6)GDP：GDP 是衡量一个国家或地区经济状况和发展水平的重要指标。较高的地均 GDP 是城市开发地下空间资源所需具备的外部条件。评价区域的地均 GDP 值越大，城市地下空间资源质量越好。

(7)人口密度:人口密集程度反映城市的人员分布状态和城市的发展水平。较高的人口密度是城市开发地下空间资源所需具备的外部条件,也是内在驱动力。评价区域的人口密度越大,城市地下空间资源质量越好。

(8)地下水:地下水的赋存和分布状态会影响地下工程的开挖和建设,而地表径流和降雨均会引起地下水水位的动态变化。评价区域距地表径流越近且降雨量越高,地下水的量化值越大,城市地下空间资源质量越差。地下水的影响主要是由地表径流(本次主要考虑距长江的距离)和降雨量的叠加作用引起的,距水系的距离和降雨量的空间分布如图 6.5 所示。

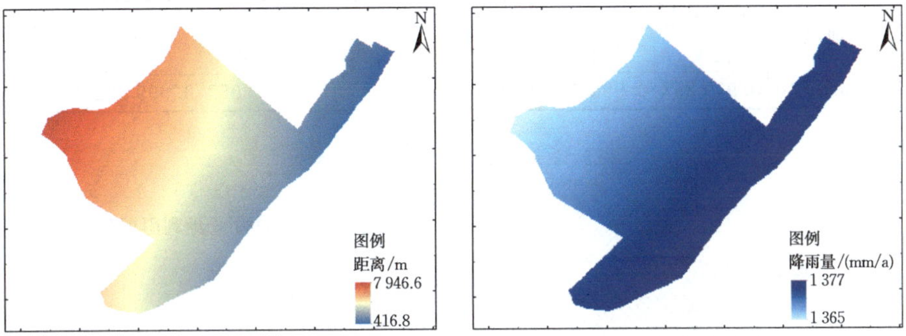

(a)距水系的距离　　(b)降雨量

图 6.5　空间分布

总体而言,地层、土地利用类型、GDP 和人口密度等评价指标对评价区域的城市地下空间资源质量产生积极影响,其基本属性值越大,城市地下空间资源质量越好。与之相反,砂土液化程度、软土厚度、坡度与地下水等评价指标对评价区域的城市地下空间资源的质量产生消极影响,其基本属性值越大,城市地下空间资源质量越差,如表 6.2 所示。

表 6.2　城市地下空间资源质量地表评价指标的相关性特征

地表评价指标	相关性特征
地层	正向相关
砂土液化程度	负向相关
软土厚度	负向相关
坡度	负向相关
地下水	负向相关
土地利用类型	正向相关
GDP	正向相关
人口密度	正向相关

参照客观赋权法中传统熵权法的计算规则,结合城市地下空间资源质量地表评价指标的初始属性数据,计算出上述八个评价指标的最终权重值,其具体计算

过程如下所述。

(1)以评价指标的初始属性数据为基础，对八个评价指标进行标准化处理，得到评价指标的初始标准值。

(2)以评价指标的初始标准值为基础，计算上述八个评价指标的熵值，计算结果如表 6.3 所示。

(3)以评价指标的熵值为基础，计算上述八个评价指标的最终权重值，其结果如图 6.6 所示。

表 6.3　评价指标的熵值

指标	地层	砂土液化程度	软土厚度	坡度	地下水	土地利用类型	GDP	人口密度
熵值	0.999 840	0.999 853	0.998 208	0.999 884	0.998 431	0.999 082	0.999 832	0.999 798

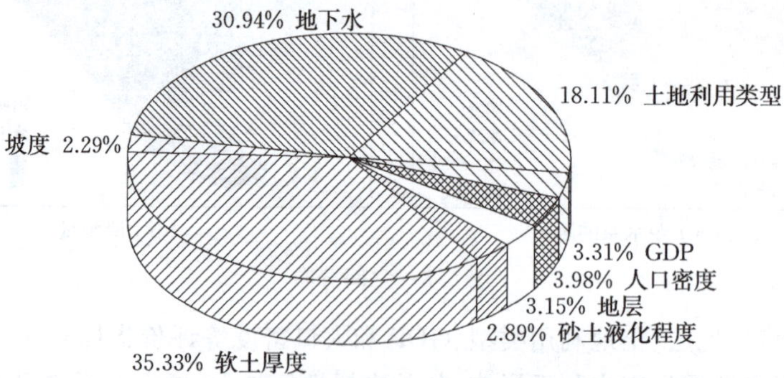

图 6.6　城市地下空间资源质量地表评价指标的最终权重值

从数据全面性、可获取性的角度出发，以 0.02 为权重阈值对评价指标进行量化判定与删减；选取上述所有影响因素，作为此次评价指标。评价区域所有影响因素的空间分布如图 6.7 所示。

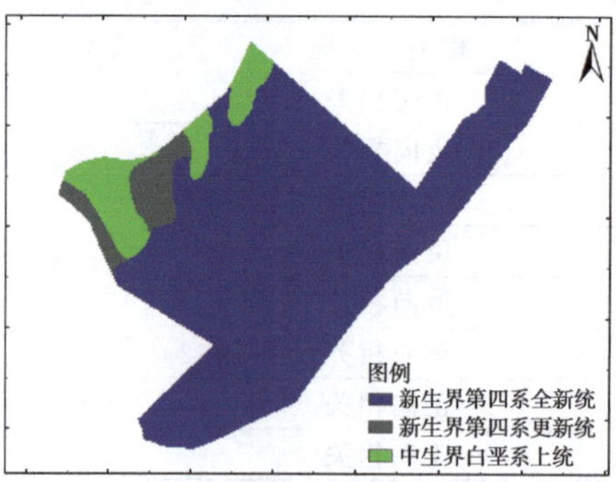

(a) 地层

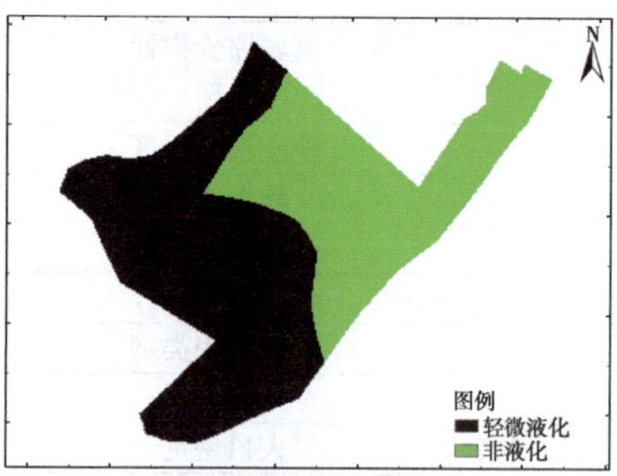

(b) 砂土液化程度

图 6.7　南京江北新区地下空间资源影响因素的空间分布

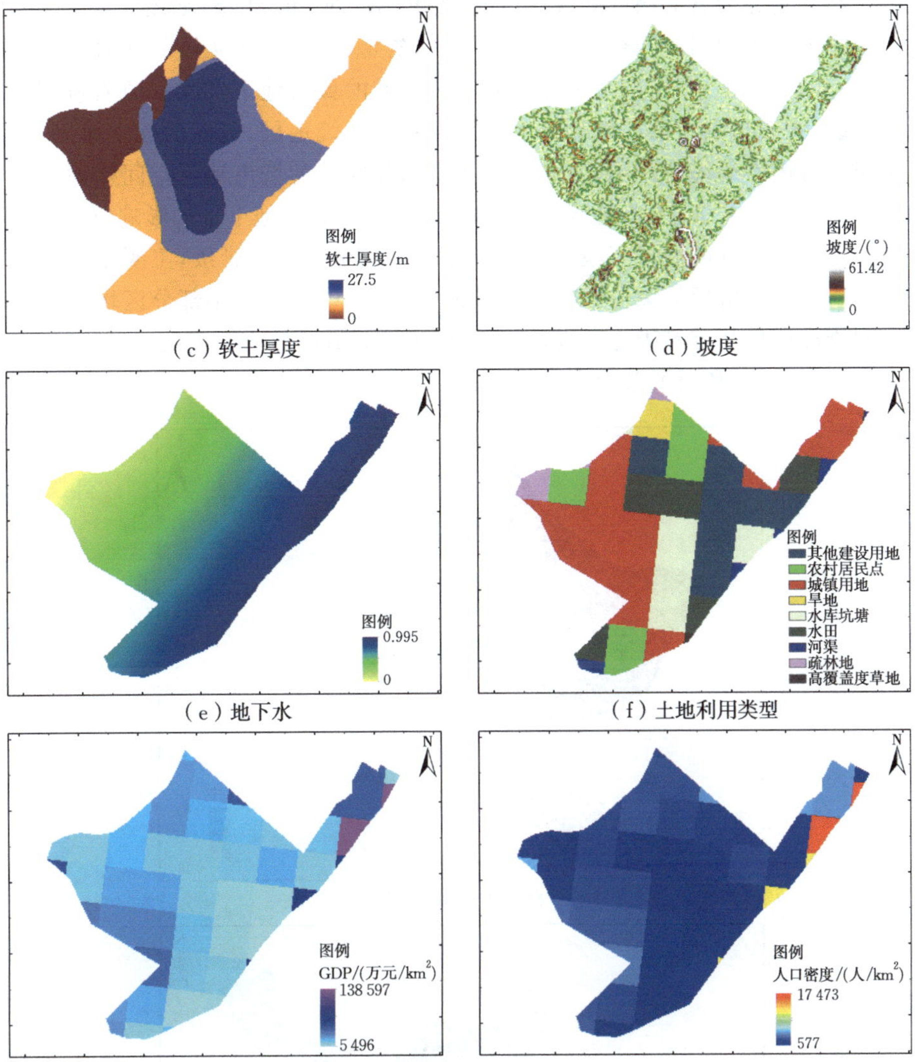

(c) 软土厚度　(d) 坡度

(e) 地下水　(f) 土地利用类型

(g) GDP　(h) 人口密度

图 6.7(续)　南京江北新区地下空间资源影响因素的空间分布

3. 资源质量二维评价结果

结合上述影响城市地下空间资源质量的所有地表评价指标的初始属性数据，基于传统熵权法计算得到各评价指标的权重值，其权重向量 $W=(0.031\,5,\ 0.028\,9,\ 0.353\,3,\ 0.022\,9,\ 0.309\,4,\ 0.181\,1,\ 0.033\,1,\ 0.039\,8)$，再采用 ICMM 评价数学模型对城市地下空间资源质量地表评价指标进行综合处理，计算得到评价区域城市地下空间资源质量的连续化评价结果，如图 6.8(a)所示；进而以[0, 0.2]、(0.2, 0.4]、(0.4, 0.6]、(0.6, 0.8]、(0.8, 1]为数值区间，将原城市地下空间资源连续化评价结果划分为五等级区间表达，依次为Ⅴ、Ⅳ、Ⅲ、Ⅱ、Ⅰ级，如图 6.8(b)所示。

由图 6.8 可知：评价区域城市地下空间资源质量的数值分布范围为[0.16，0.85]。其东北、正东、正南及中部等大部分区域的城市地下空间资源质量判定等级为Ⅳ级，主要是因为该区域受新生界第四系全新统地层、较深的软土厚度、高地下水影响等因素的综合作用；西北及正北小部分区域的城市地下空间资源质量判定等级为Ⅰ级和Ⅱ级，主要是该区域无软土覆盖，并且受地下水的影响较小；正西、中部偏北等小部分区域城市地下空间资源质量判定等级为Ⅲ级，主要是因为该区域内的所有评价指标的综合影响均比较适中所致；中部偏南小部分区域的城市地下空间资源质量判定等级为Ⅴ级，主要是因为该区域的软土厚度大，受地下水影响较大，并且其土地利用类型为水库坑塘。

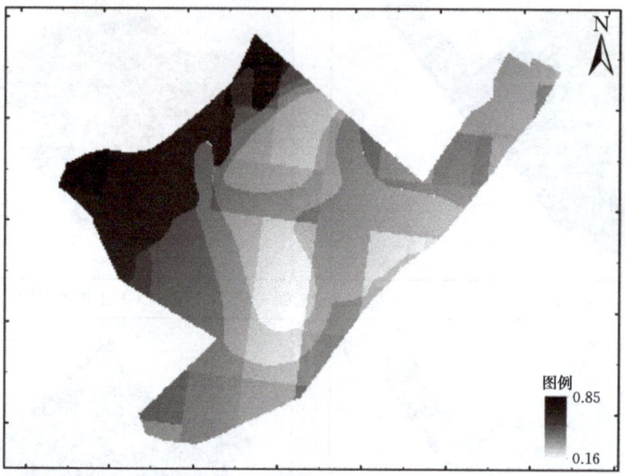

(a) 连续评价结果

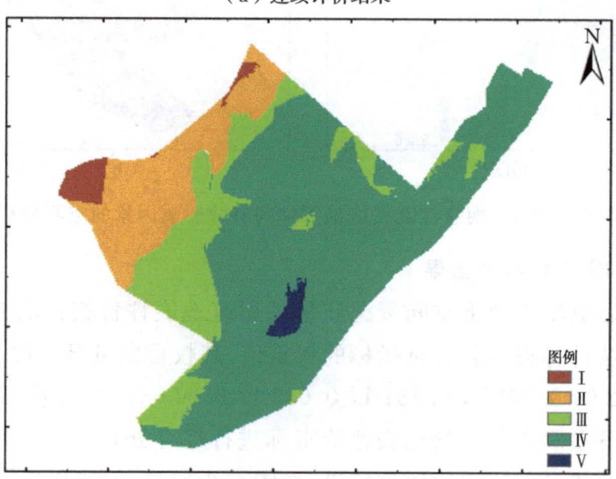

(b) 分等级评价结果

图 6.8　南京江北新区地下空间资源质量二维评价结果

综上，结合 ICMM 评价数学模型和熵权法的城市地下空间资源质量评价结果与实际情况吻合度较高，可应用于城市的后期规划和科学开发。

6.1.3　资源质量三维评价

城市地下空间资源往往赋存于其所处的城市地质环境中。具体来说，城市地下空间资源受到地质介质(如地形、地表坡度、地下地层)、岩土条件(如岩体或土体的承载力、黏聚力、内摩擦角)、工程建设条件(如地下设施类型)等地下因素的影响。为真实直观地表征城市地质环境及其对城市地下空间资源质量的影响，需要对其进行三维建模与可视化。基于体素的空间建模可以表达出不同尺度和粒度的地理空间对象的复杂空间形状及其属性分布，对城市地质环境的三维空间细节有着良好的重现效果。收集整理南京江北新区地理、地质环境的空间和属性数据，利用 3DMine、ArcGIS 与 MATLAB 软件平台构建出不同分辨率的空白扁平体素，并对地层不同属性的初始数据进行空间插值。然后，结合适宜的权重分配模型和评价数学模型，计算得到每个体素的质量评价结果，并按体素方式实现城市地下空间资源评价结果的三维可视化表达。技术流程如图 6.9 所示。

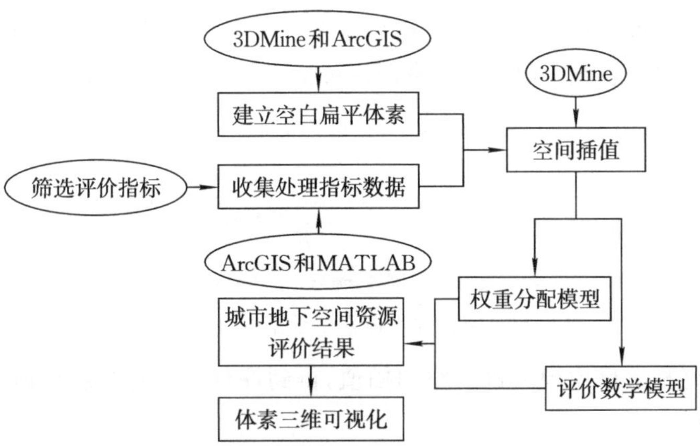

图 6.9　基于体素的南京江北新区地下空间资源质量三维评价技术流程

1. 基于扁平体素的建模流程

一般而言，基于扁平体素的城市地下空间资源空间建模与可视化的主要工作包括：①空白扁平体素模型的构建；②属性数据的前期处理与空间插值；③评价结果的体素可视化。具体内容如下所述。

1)空白扁平体素模型的构建

基于评价区域的数字高程模型(DEM)数据，通过 ArcGIS 中 Raster-to-Point 模块提取 DEM 中每个栅格的直角坐标 (X，Y) 和顶部高程值(Z)，再通过 Table-Option 模块转化为文本文件。考虑地质层属性在水平方向上具有缓慢而平滑的变化，而在垂直方向上具有快速或跳跃性的变化的异向不均匀性特征，采用水平方向上分辨率低、垂直方向上分辨率高的扁平体素用于南京江北新区地下空间资源的三维建模。为了更简洁地描述评价区域的地质环境，评价区底界统一向下延伸至评价所需要的地层深度，保证三维模型底部的平整性。再结合体素的地理位置信息和分辨率信息，通过 3DMine 的不规则质心处理，构建评价所需要的扁平体素模型，以支撑后续属性数据处理和空间插值。其构建示意图如图 6.10 所示。

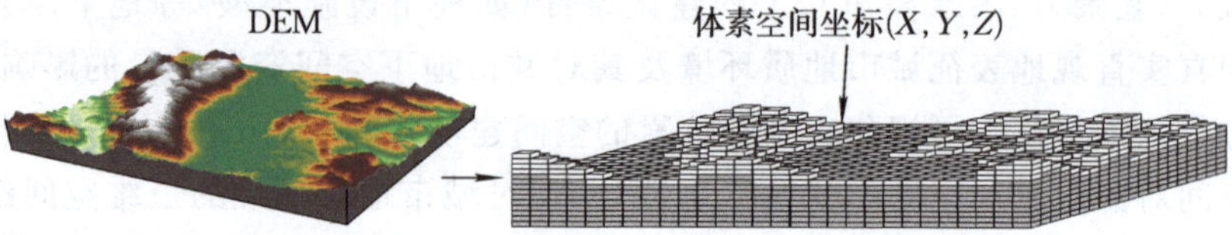

图 6.10　空白扁平体素模型构建示意

2)属性数据的前期处理与空间插值

为保证评价指标初始属性数据的地理坐标与空白扁平体素模型的初始坐标相匹配，首先在 MATLAB 中检查并消除可能影响属性值内插的初始属性数据，如误差或过度聚集数据。其次，利用 3DMine 的距离幂次反比模型对每个评价指标的初始属性数据进行空间插值。如此，每个扁平体素（X，Y，Z，A_i）被赋予评价指标的基本属性值 A_i，以呈现城市地下空间资源评价指标的空间三维分布，如图 6.11 所示。

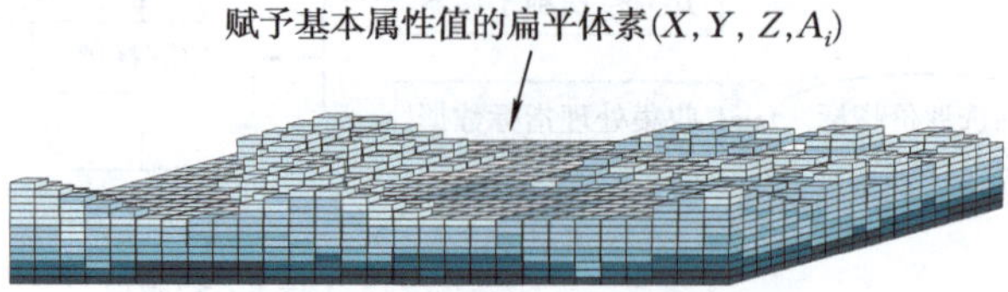

图 6.11　空白扁平体素赋予基本属性值示意

采用距离幂次反比模型进行空间插值，得到评价指标每个扁平体素的属性值，规则如下所述。

(1)以空白扁平体素的几何中心为中心，生成影响半径为 r 的球体，以确定落入影响半径的初始属性数据样本。

(2)计算落在影响半径 r 之内的每个初始属性数据样本与待插值的空白扁平体素之间的距离。

(3)插值计算对应空白扁平体素的基本属性值 A，即

$$A=\frac{\sum_{j=1}^{n}\frac{A_j}{d_j}}{\sum_{j=1}^{n}\frac{1}{d_j}} \tag{6.1}$$

式中，A_j 是第 j 个样本落在影响半径 r 内的初始属性值，d_j 是第 j 个样本到待插值

的空白扁平体素之间的距离。考虑地质环境的异向不均匀变化特征，影响半径 r 可设定为 100 m、200 m 或 500 m。

3)评价结果的体素可视化

完成上述扁平体素的空间插值和属性赋值后，基于所有城市地下空间资源评价指标的基本属性值，结合适宜的权重分配模型和评价数学模型，计算得到每个扁平体素的最终质量评价结果 (X, Y, Z, R)，再将其分配给 3DMine 中构建的对应扁平体素，以呈现城市地下空间资源评价结果的空间三维分布，其评价结果与可视化过程如图 6.12 所示。

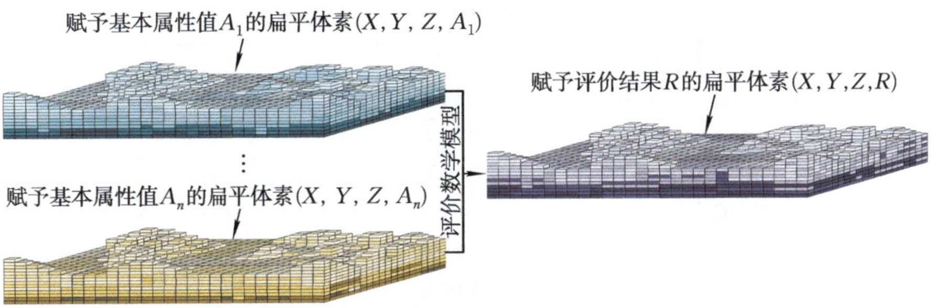

图 6.12　评价结果与可视化过程

2. 城市地下空间资源地下影响因素

依据南京江北新区核心规划区的工程地质和水文地质资料，评价区域主要考虑地基承载力特征值、黏聚力、内摩擦角、压缩模量、含水量、孔隙比、垂直渗透系数、水平渗透系数等地下因素对其城市地下空间资源质量的影响。参照敏感性驱动的指标筛选时使用的灰色关联分析法，计算所有城市地下空间资源质量影响因素的灰色关联度，得到地下影响因素的敏感性矢量 $\boldsymbol{r}$ =(0.599 7, 0.551 9, 0.601 0, 0.601 7, 0.684 1, 0.677 6, 0.467 2, 0.458 4)。鉴于所有城市地下空间资源影响因素的敏感度之间的差异较小，从数据全面性、可获取性的角度出发，以 0.40 为敏感性阈值对评价指标进行量化判定与删减，则选取上述所有影响因素为此评价区域城市地下空间资源质量地下评价指标，用于城市地下空间资源质量评价三维可视化分析，如图 6.13 所示。

总体而言，地基承载力特征值、黏聚力、内摩擦角和压缩模量等评价指标对评价区域的城市地下空间资源质量产生积极影响，其基本属性数值越大，城市地下空间资源质量越好。与之相反，含水量、孔隙比、垂直渗透系数和水平渗透系数等评价指标对评价区域的城市地下空间资源的质量产生消极影响，其基本属性数值越大，城市地下空间资源质量越差。依据客观赋权法中传统熵权法的计算规则，结合城市地下空间资源质量地下评价指标的初始属性数据，计算出上述八个城市地下空间资源质量地下评价指标的权重值，如表 6.4 所示。

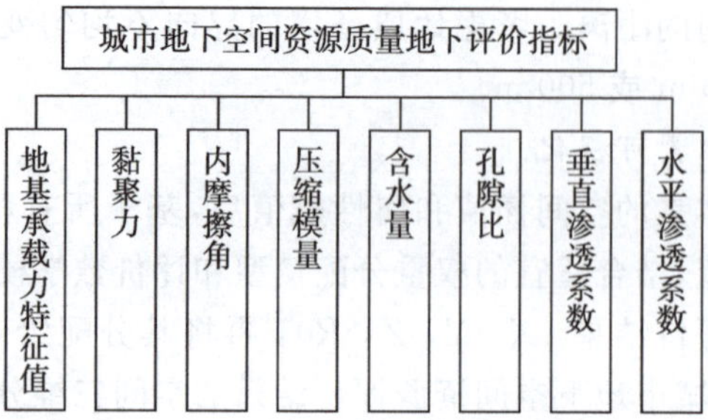

图 6.13　评价区域城市地下空间资源质量地下评价指标

表 6.4　城市地下空间资源质量地下评价指标的权重值

地下评价指标	相关性特征	权重
地基承载力特征值	正向相关	0.347 5
黏聚力	正向相关	0.156 6
内摩擦角	正向相关	0.132 8
压缩模量	正向相关	0.104 4
含水量	负向相关	0.058 8
孔隙比	负向相关	0.066 6
垂直渗透系数	负向相关	0.074 1
水平渗透系数	负向相关	0.059 2

以评价区域 30 m 分辨率的 DEM 数据为基础，设定体素模型的底部高程值为 −100 m，生成 30 m×30 m×1 m 的空白扁平体素模型；结合经前期处理与空间插值生成的城市地下空间资源评价指标的基本属性值，构建城市地下空间资源质量地下评价指标的基于扁平体素的三维模型。其中，地基承载力特征值、黏聚力、内摩擦角、压缩模量、含水量、孔隙比、垂直渗透系数、水平渗透系数等参数的三维空间分布依次如图 6.14 至图 6.21 所示(纵向放大 5 倍)。

图 6.14　基于扁平体素的地基承载力特征值三维空间分布

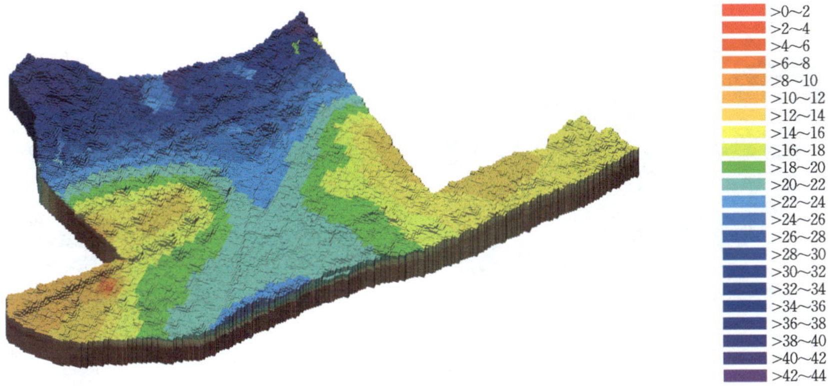

图 6.15　基于扁平体素的黏聚力三维空间分布

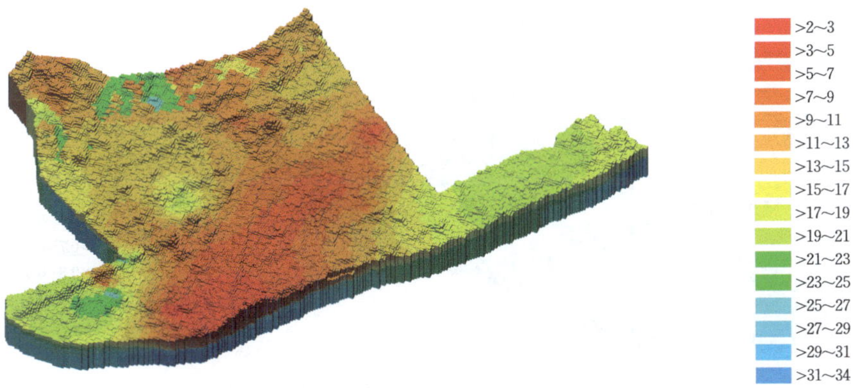

图 6.16　基于扁平体素的内摩擦角三维空间分布

图 6.17　基于扁平体素的压缩模量三维空间分布

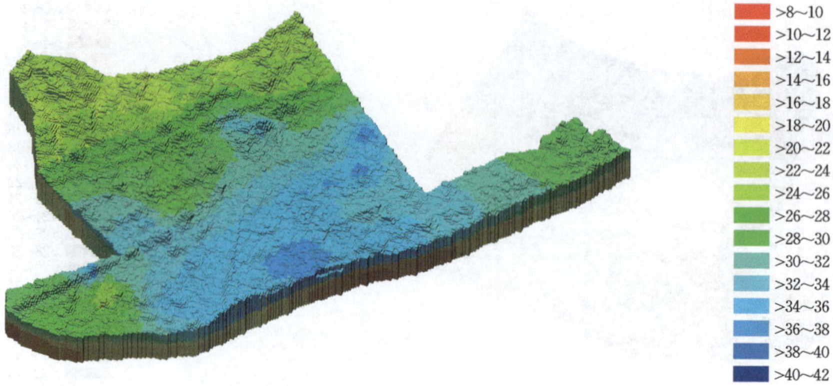

图 6.18 基于扁平体素的含水量三维空间分布

图 6.19 基于扁平体素的孔隙比三维空间分布

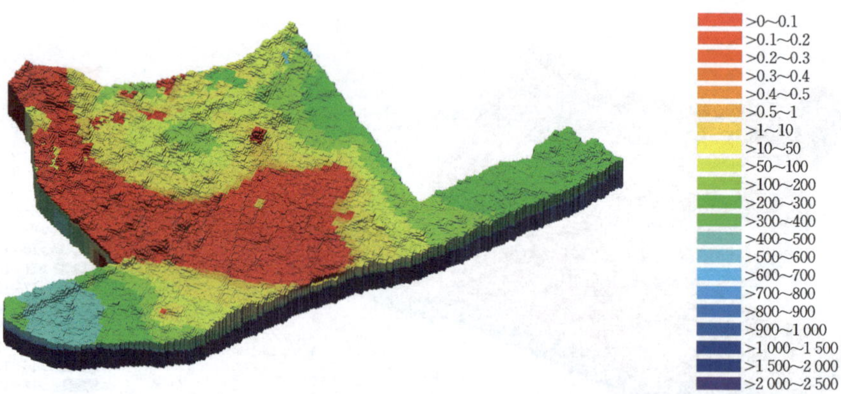

图 6.20 基于扁平体素的垂直渗透系数三维空间分布

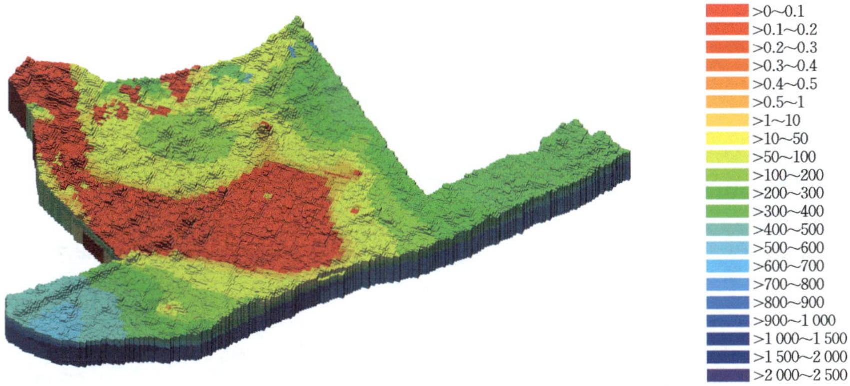

图 6.21　基于扁平体素的水平渗透系数三维空间分布

3. 资源质量三维评价结果

一般来说，扁平体素的分辨率会在空间插值处理时影响城市地下空间资源质量评价指标的基本属性值。考虑地质层属性在水平方向上具有缓慢而平滑的变化，而在垂直方向上具有快速或跳跃性的变化的异向不均匀性特征，在竖直方向上分别选取 0.5 m、1 m、2 m、5 m、10 m 等不同体素的厚度，保持水平分辨率 30 m 不变，构建一系列具有不同厚度的扁平体素模型。结合影响城市地下空间资源质量的所有地下评价指标的初始属性数据，基于熵权法计算出的各评价指标权重向量 $\mathbf{W}=(0.3475, 0.1566, 0.1328, 0.1044, 0.0588, 0.0666, 0.0741, 0.0592)$，采用 ICMM 评价数学模型对城市地下空间资源质量地下评价指标进行综合处理，计算得到基于五种不同体素厚度的评价区地下空间资源质量的评价结果，其评价结果的数值统计依次如图 6.22 至图 6.26 所示。

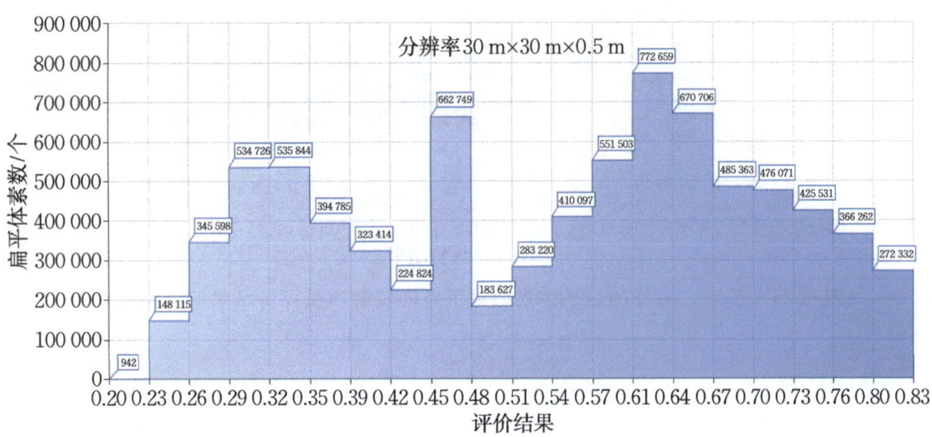

图 6.22　基于 0.5 m 厚的扁平体素的地下空间资源质量评价结果的数值统计

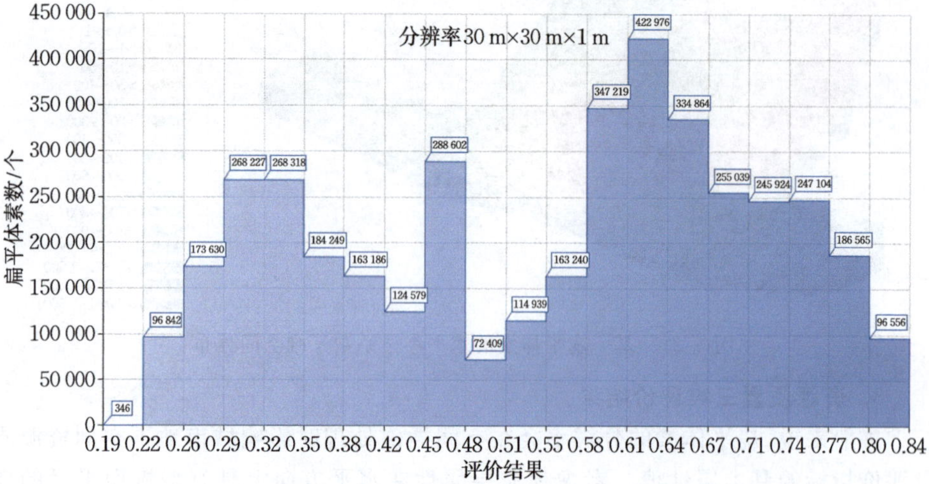

图 6.23 基于 1 m 厚的扁平体素的地下空间资源质量评价结果的数值统计

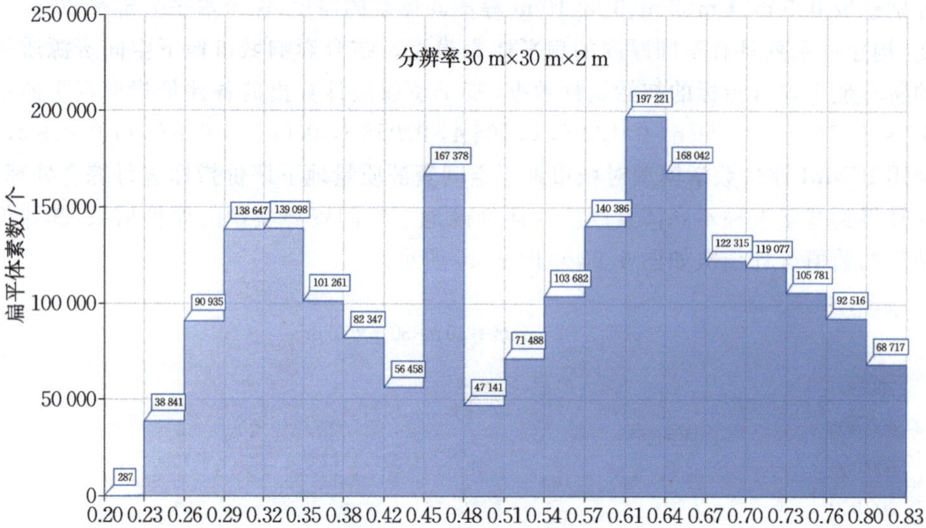

图 6.24 基于 2 m 厚的扁平体素的地下空间资源质量评价结果的数值统计

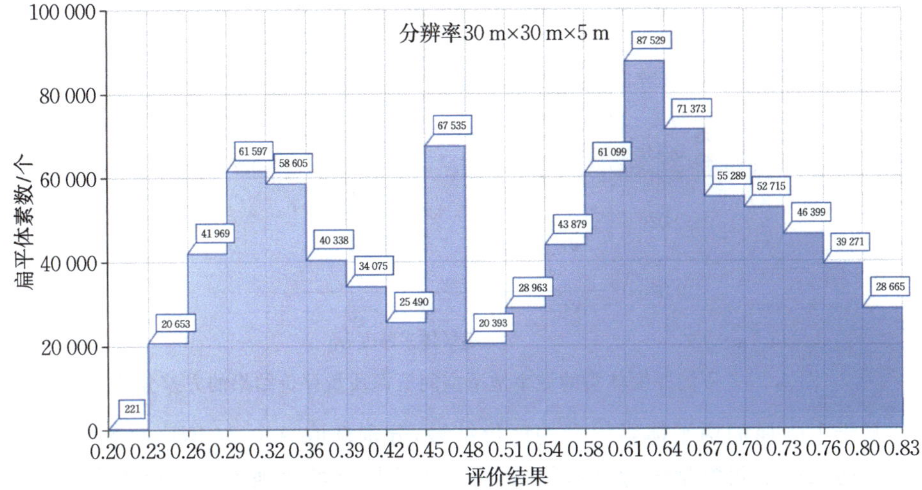

图 6.25　基于 5 m 厚的扁平体素的地下空间资源质量评价结果的数值统计

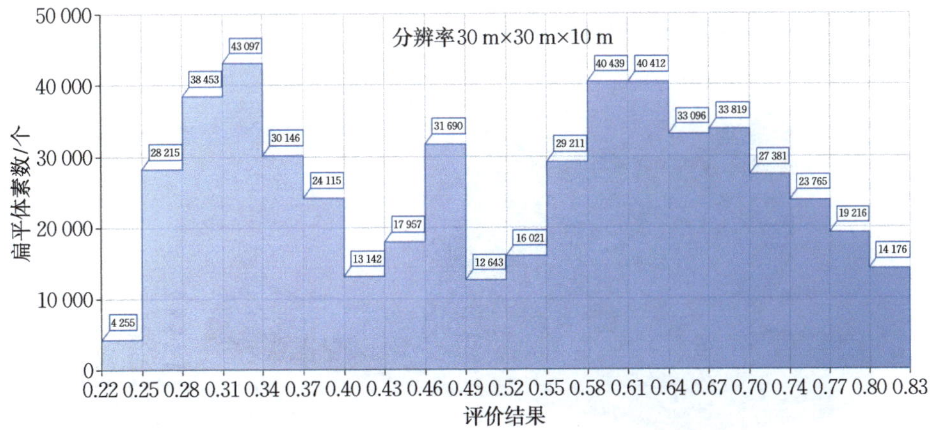

图 6.26　基于 10 m 厚的扁平体素的地下空间资源质量评价结果的数值统计

基于上述五种不同厚度体素的城市地下空间资源质量评价结果，可计算得到其统计方差为 $\mathbf{V}=(0.026\,3,\ 0.027\,5,\ 0.026\,4,\ 0.026\,7,\ 0.027\,0)$，如图 6.27 所示。可知：城市地下空间资源质量评价结果在体素厚度为 1 m 时，方差值最大，表明此时评价结果之间的数值差异最大；同时，城市地下空间资源质量评结果的数值分布范围依次为[0.20, 0.83]、[0.19, 0.84]、[0.20, 0.83]、[0.20, 0.83]、[0.22, 0.83]，可知评价结果在体素厚度为 1 m 时，质量数值分布范围最大。综合考虑扁平体素的单元数量、评价结果的数值分布趋势及分布范围，扁平体素厚度为 1 m 更加适合于本评价区域的城市地下空间资源质量评价。

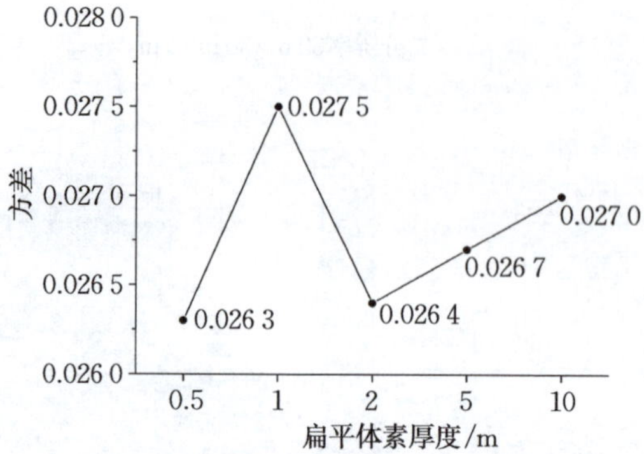

图 6.27 不同厚度体素的城市地下空间资源质量评价结果的方差分布

基于1 m厚的扁平体素模型的评价结果，分别选取 AA' 与 BB' 两个剖面对评价结果的三维空间模型进行纵横剖切，得到评价区域城市地下空间资源质量二维、三维分布状况可视化联合表达图(图 6.28)。

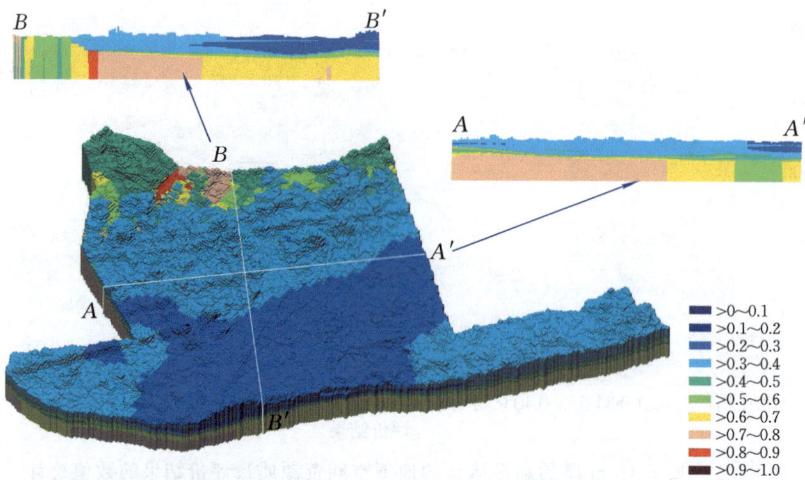

图 6.28 基于扁平体素的南京江北新区地下空间资源质量可视化表达

由图 6.28 可分析出：AA' 剖面上的质量分布显示，在－50 m 深度以上地下空间资源质量基本集中在低值区[0.30，0.40]，并且在水平方向和垂直方向上差异较小，具有良好的横向一致性和竖向一致性；而在[－100 m，－50 m]深度区间的西侧，地下空间资源质量集中在高值区[0.70，0.80]，在水平方向与垂直方向上无差异，具有很好的横向一致性和竖向一致性，而在此深度区间的东侧，地下空间资源质量集中在[0.50，0.70]，具有良好的横向一致性和很好的竖向一致性。BB' 剖面上的质量分布显示，在－50 m 深度以上区间的中部地下空间资源质量集中在低值区[0.30，0.40]，南侧地下空间资源质量基本集中在低值区[0.20，0.40]，并且在各自范围内水平方向和垂直方向上差异较小，具有良好的横向一致性和竖向一致性；而在[－100 m，－50 m]深度区间的南侧，地下空间资源质量集中在高值区[0.60，0.70]，在水平方向与垂直方向上基本无差异，具有很好的横向一致性和竖向一致性；而在此深度区间的北侧，地下空间资源质量分布的范围较大，尤其是水平方向上的差异比较明显，具有较差的横向一致性。

与此同时，以距地表－10 m、－30 m、－50 m 等不同深度值为典型水平面，提取出城市地下空间资源质量在不同深度上的平面空间分布状况，并对其作数值统计分析，如图 6.29 至图 6.31。整个评价区域的地下空间资源质量评价结果变化主要分布在两个区间范围内，即低值区间[0.22，0.48]、高值区间[0.55，0.80]。

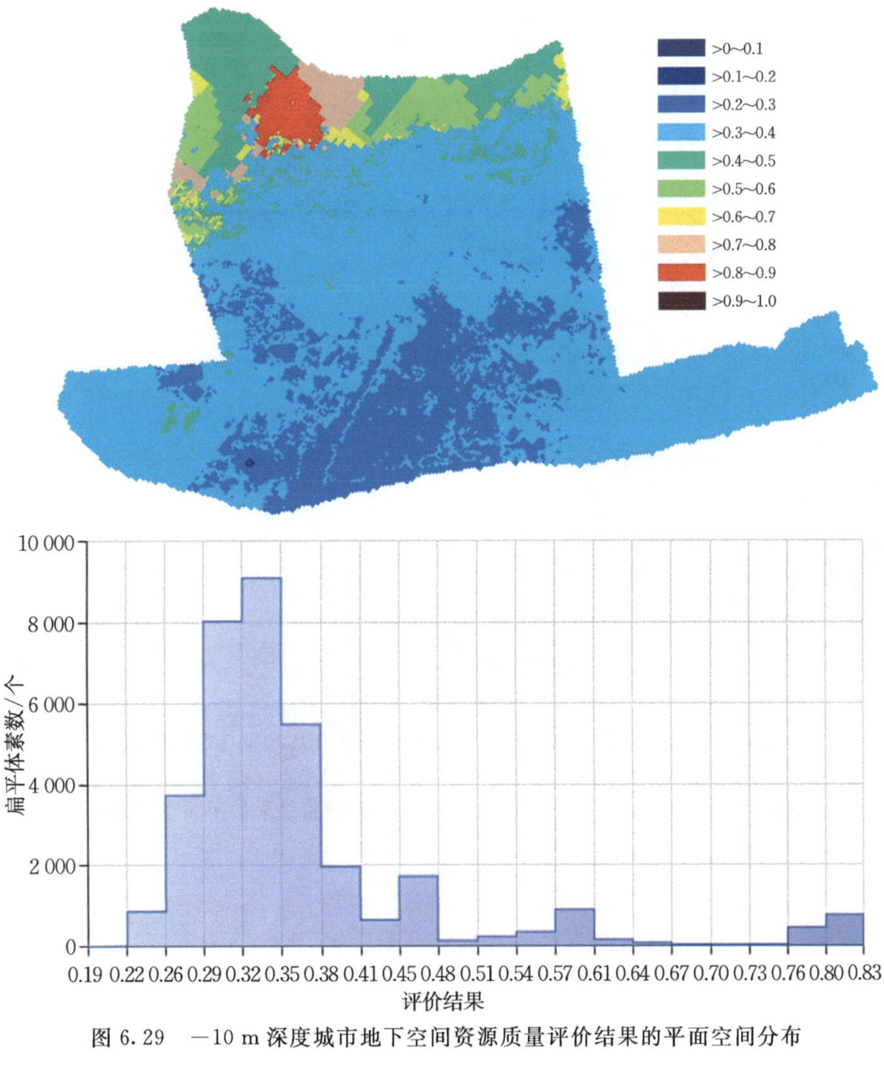

图 6.29　－10 m 深度城市地下空间资源质量评价结果的平面空间分布

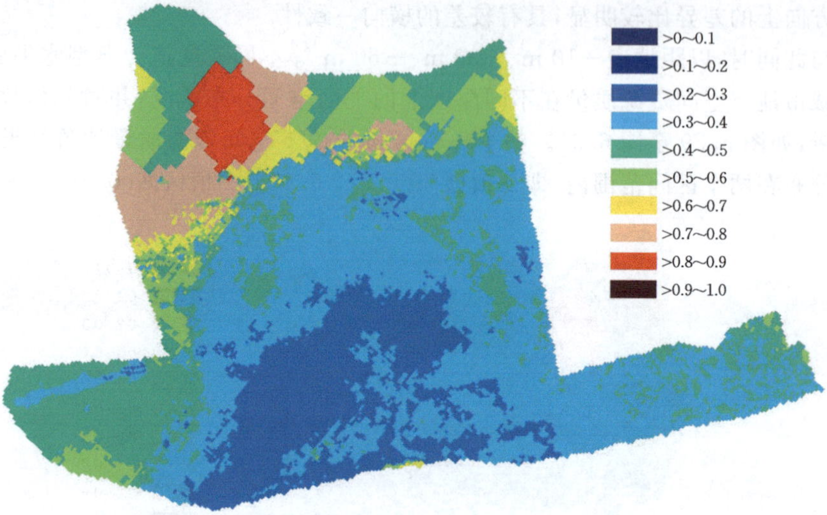

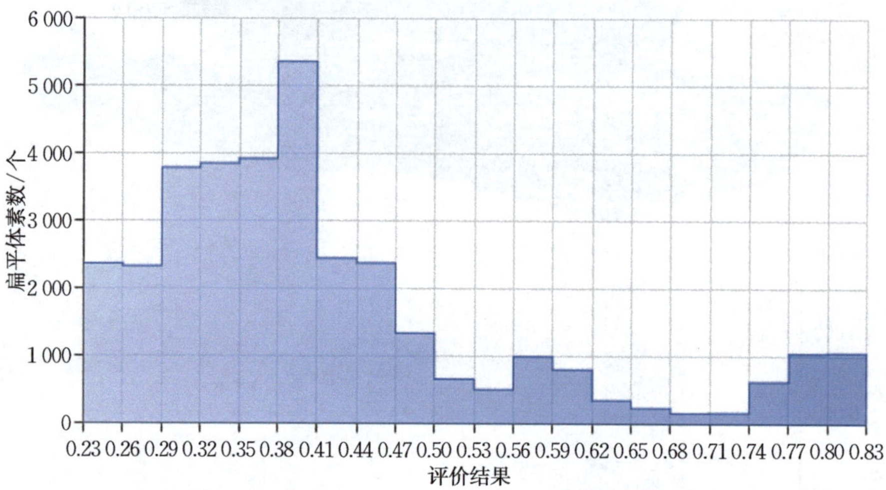

图 6.30 －30 m 深度城市地下空间资源质量评价结果的平面空间分布

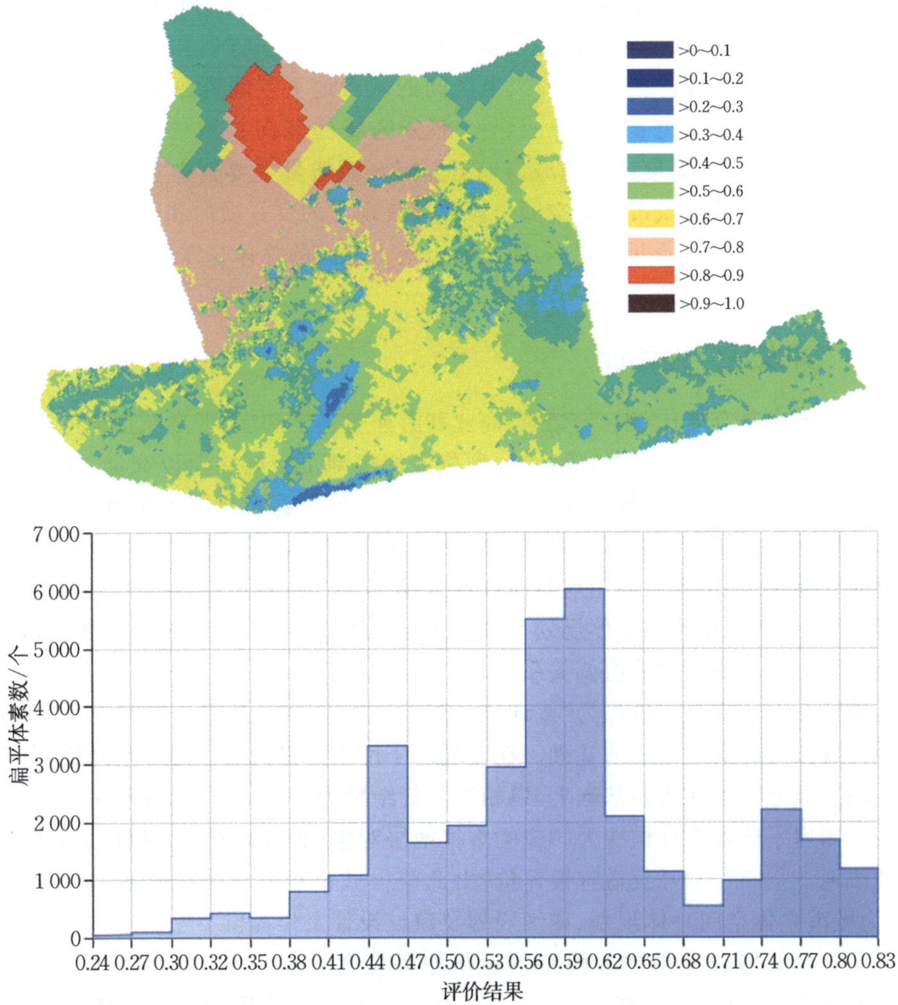

图 6.31　−50 m 深度城市地下空间资源质量评价结果的平面空间分布

由图 6.29 可知，−10 m 深度的城市地下空间资源质量主要集中在低值区[0.26，0.38]，位于评价区域的正北以外的绝大部分地区，在水平方向上的差异较小，具有良好的横向一致性。由图 6.30 可知，−30 m 深度的城市地下空间资源质量主要属于中低值区[0.23，0.47]，位于评价区域的中部、西南部和南部地区；与−10 m 深度的评价结果相比较，其在正北与西南部地区的城市地下空间资源质量有少许提高，整体上在水平方向上的差异有所增加，横向一致性较普通。由图 6.31 可知，−50 m 深度的城市地下空间资源质量主要集中在中高值区[0.44，0.65]，位于评价区域的中部和南部地区；此外，评价区域的正西部的城市地下空间资源质量基本位于高值区[0.70，0.80]；与−10 m 与−30 m 深度的评价结果相比较，其质量有明显提高，整体上在水平方向上的差异大为增加，但横向一致性较差。

总体来看，南京江北新区的地下空间资源质量在水平方向和垂直方向均具有明显的空间分布特征。在−50 m以上区间的城市地下空间资源质量基本集中在低值区，并且具有良好的横向一致性，部分区域的竖向一致性也较为良好；在[−100 m，−50 m]深度区间的城市地下空间资源质量主要集中在高值区且具有良好的竖向一致性。城市地下空间资源质量表现出的良好横向和竖向一致性可降低城市地下空间的后期开发成本，便于城市地下空间的整体与详细规划，有利于地下空间资源的进一步开发和综合利用。

6.1.4 开发适宜性评价

现代城市具有居住、生产、交通、商业和游憩等基本功能，考虑城市地下空间的封闭性、防护性与环境易控性等特性，现阶段城市地下空间主要以交通、商业和游憩功能为主，承载了城市地下交通、地下仓储、地下商业综合体等城市基础设施。城市总体立体空间规划中应该合理安排城市用地类型，充分考虑城市地下空间开发时对仓储用地、市政设施用地与商业用地的需求。在五年左右的开发规划周期中，需要充分考虑总体与立体规划下城市用地类型、地下空间的城市功能、城市基础设施的合理布局之间的协调关系。

城镇开发适宜性评价作为“双评价指南”的重要内容，是国土空间规划中城镇土地开发与集约高效用地的基础。在实现基于扁平体素的城市地下空间资源质量的空间三维分布可视化的基础上，以相近评价结果为基准，可将承载有不同区间评价结果的扁平体素聚合构造为相应的虚拟地层对象；然后基于该虚拟地层对象，开展城市地下空间资源开发适宜性评价；由此获得城市地下空间资源适宜性分区结果，为城市立体空间总体规划、详细规划及建设设计工作提供参考。

基于1 m厚的扁平体素模型的地下空间资源质量评价结果，以[0，0.20]、(0.20，0.40]、(0.40，0.60]、(0.60，0.80]、(0.80，1]为区间对扁平体素进行聚合，依次构造城市地下空间资源质量由差至好的五类虚拟地层对象，分别对应五种不同等级的城市地下空间资源开发适宜性分区，三者间的对应关系如表6.5所示。

表6.5 城市地下空间资源质量、虚拟地层对象与开发适宜性等级

类别	等级				
城市地下空间资源质量	[0，0.20]	(0.20，0.40]	(0.40，0.60]	(0.60，0.80]	(0.80，1]
虚拟地层对象	Ⅴ	Ⅳ	Ⅲ	Ⅱ	Ⅰ
建设适宜性	不适宜	较不适宜	一般适宜	较适宜	适宜

1. 城市地下空间资源开发不适宜区

城市地下空间资源质量评价结果位于区间[0，0.20]内的扁平体素集合，可构造为Ⅴ类虚拟地层对象，其主要空间分布状况与数值统计结果如图6.32所示。

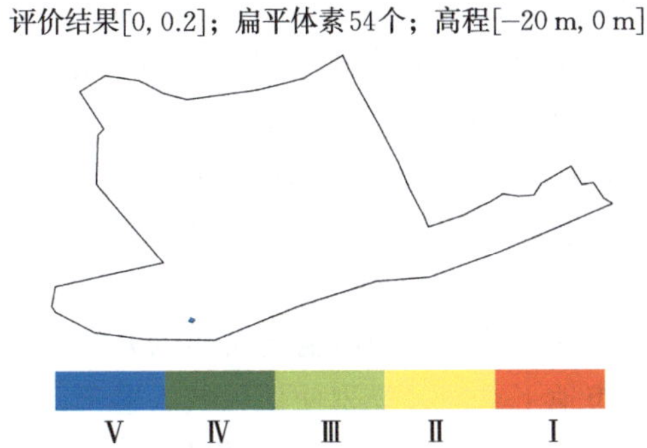

图 6.32　基于V类对象的地下空间资源开发不适宜区的空间分布状况与数值统计结果

由图 6.32 可知：在−20 m 至 0 m 高程范围内存在由 54 个扁平体素组成的小块体，容量为 4.86 万 m^3，分布于评价区域的西南地区。上述V类虚拟地层对象所处区域划定为城市地下空间资源开发不适宜区，即该区域在未来发展城市地下空间时需要付出的开发成本、开发难度与建设难度高，不建议纳入城市地下空间可规划使用区域。鉴于此，该区域不考虑承载交通、游憩等地下空间功能，也不考虑建设地下交通设施、地下仓储设施、地下商业综合体等城市基础设施。

2. 城市地下空间资源开发较不适宜区

城市地下空间资源质量评价结果位于区间(0.20，0.40]内的扁平体素集合，可构造为IV类虚拟地层对象，其主要空间分布状况与数值统计结果如图 6.33 所示。

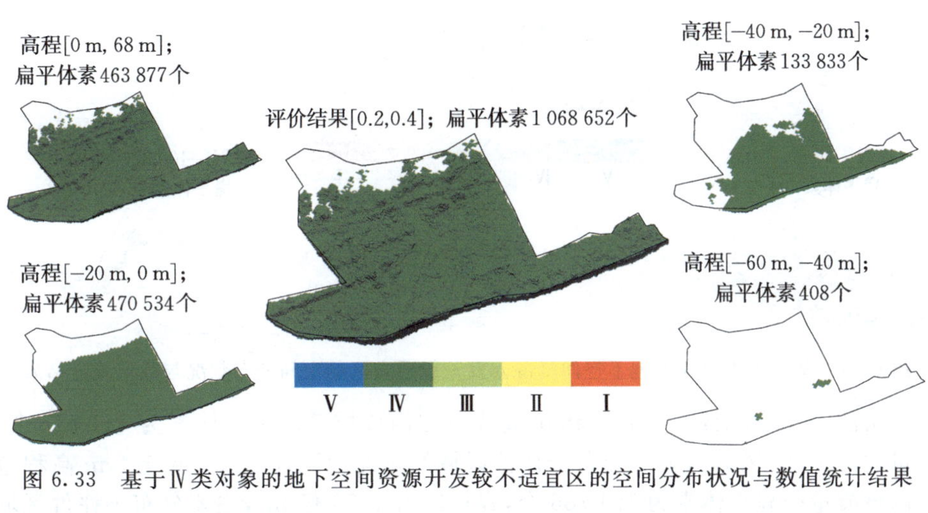

图 6.33　基于IV类对象的地下空间资源开发较不适宜区的空间分布状况与数值统计结果

由图 6.33 可知：①0 m 至 68 m 高程范围内该质量的扁平体素为 463 877 个，容量约为 4.17 亿 m^3，主要分布于评价区域除正北及西北少部分地区以外的地区；

②−20 m 至 0 m 高程范围内该质量的扁平体素为 470 534 个，容量约为 4.23 亿 m^3，主要分布于评价区域除正北及西北部分地区以外的地区；③−40 m 至−20 m 高程范围内该质量的扁平体素为 133 833 个，容量约为 1.20 亿 m^3，主要分布于评价区域除正北及西北部分地区以外的地区；④−60 m 至−40 m 高程范围内该质量的扁平体素为 408 个，容量约为 36.72 万 m^3，零星分布于评价区域正南与东南地区。上述Ⅳ类虚拟地层对象所处区域划定为城市地下空间资源开发较不适宜区，即该区域在未来发展城市地下空间时需要付出的开发成本、开发难度与建设难度较高，不建议纳入城市地下空间可规划使用区域。鉴于此，该区域不主动考虑承载交通、游憩等地下空间功能，也不主动考虑建设地下交通设施、地下仓储设施、地下商业综合体等城市基础设施。

3. 城市地下空间资源开发一般适宜区

城市地下空间资源质量评价结果位于区间(0.40, 0.60]内的扁平体素集，可构造为Ⅲ类虚拟地层对象，其主要空间分布状况与数值统计结果如图 6.34 所示。

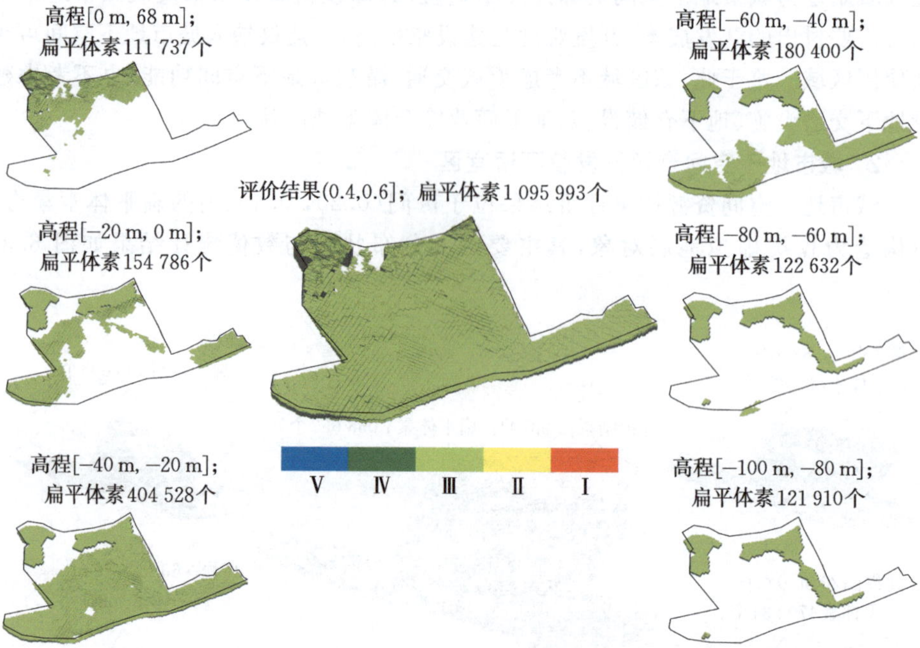

图 6.34 基于Ⅲ类对象的地下空间资源开发一般适宜区的空间分布状况与数值统计结果

由图 6.34 可知：①0 m 至 68 m 高程范围内该质量的扁平体素为 111 737 个，容量约为 1.00 亿 m^3，主要分布于评价区域的正北地区；②−20 m 至 0 m 高程范围内该质量的扁平体素为 154 786 个，容量约为 1.39 亿 m^3，主要分布于评价区域的正北、正西及西南、东南部分地区；③−40 m 至−20 m 高程范围内该质量的扁平体素为 404 528 个，容量约为 3.64 亿 m^3，主要分布于评价区域除西北少部分地区以外的地区；④−60 m 至−40 m 高程范围内该质量的扁平体素为 180 400 个，容量约为 1.62 亿 m^3，主要分布于评价区域的西南、西北、东北、正东及东南部分地区；⑤−80 m 至−60 m 高程范围内该质量的扁平体素为 122 632 个，容量约为 1.10 亿 m^3，主要分布于评价区域的西北、东北与正北部分地区；⑥−100 m 至−80 m 高程范围内该质量的扁平体素为 121 910 个，容量约为 1.10 亿 m^3，主要分布于评价区域的西北、东北与正北部分地区。上述Ⅲ类虚拟地层对象所处区域划定为城市地下空间资源开发一般适宜区，即该区域在未来发展城市地下空间时需要付出的开发成本、开发难度与建设难度适中，建议纳入城市地下空间可规划使用区域。

鉴于此，考虑−20 m 至 68 m 虚拟地层对象中的相应区域具有容量大但连续度不高的特点，建议此区域纳入地下空间的游憩功能，可建设地下商业综合体，同时建议城市总体规划中可将其划分为商业用地。考虑−40 m 至−20 m 虚拟地层对象中的相应区域具有容量大且连续度高的特点，建议此区域纳入地下空间的交通或游憩功能，可建设地下交通设施或地下仓储设施，同时建议城市总体规划中可将其划分为市政设施用地或仓储用地。考虑−60 m 至−40 m 虚拟地层对象中的相应区域具有容量大但连续度较高的特点，建议此区域纳入地下空间的游憩功能，可建设地下仓储设施，同时建议城市总体规划中可将其划分为仓储用地。

4. 城市地下空间资源开发较适宜区

城市地下空间资源质量评价结果位于区间(0.60, 0.80]内的扁平体素集合，可构造为Ⅱ类虚拟地层对象，其主要空间分布状况与数值统计结果如图 6.35 所示。

由图 6.35 可知：①0 m 至 68 m 高程范围内该质量的扁平体素为 21 247 个，容量约为 0.19 亿 m^3，主要分布于评价区域的西北地区；②−20 m 至 0 m 高程范围内该质量的扁平体素为 45 402 个，容量约为 0.41 亿 m^3，主要分布于评价区域的正西及西北地区；③−40 m 至−20 m 高程范围内该质量的扁平体素为 130 471 个，容量约为 1.17 亿 m^3，主要分布于评价区域中部、正西与正南部分地区；④−60 m 至−40 m 高程范围内该质量的扁平体素为 487 605 个，容量约为 4.39 亿 m^3，主要分布于评价区域除正北、正东及东北少部分地区以外的地区；⑤−80 m 至−60 m 高程范围内该质量的扁平体素为 545 732 个，容量约为 4.91 亿 m^3，主要分布于评价区域除正北、正东及东北少部分地区以外的地区；⑥−100 m 至−80 m 高程范围内该质量的扁平体素为 546 437 个，容量约为 4.92 亿 m^3，主要分布于评价区域除正北、正东及东北少部分地区以外的地区。上述Ⅱ类虚拟地层对象所处区域划定为城市地下空间资源开发较适宜区，即该区域在未来发展城市地下空间时需要付出的开发成本、开发难度与建设难度较小，建议纳入城市地下空间可规划使用区域。

鉴于此，考虑－20 m 至 68 m 虚拟地层对象中的相应区域具有容量小且连续度不高的特点，建议此区域纳入地下空间的游憩功能，可建设地下商业综合体，同时建议城市总体规划中可将其划分为商业用地；考虑－60 m 至－20 m 虚拟地层对象中的相应区域具有容量大且连续度高的特点，建议此区域纳入地下空间的交通或游憩功能，可建设地下交通设施或地下仓储设施，并建议城市总体规划中可将其划分为市政设施用地或仓储用地。考虑－100 m 至－60 m 虚拟地层对象中的相应区域具有容量大且连续度高但地层比较深的特点，建议此区域纳入地下空间的游憩功能，可建设地下仓储设施，同时建议城市总体规划中可将其划分为仓储用地。

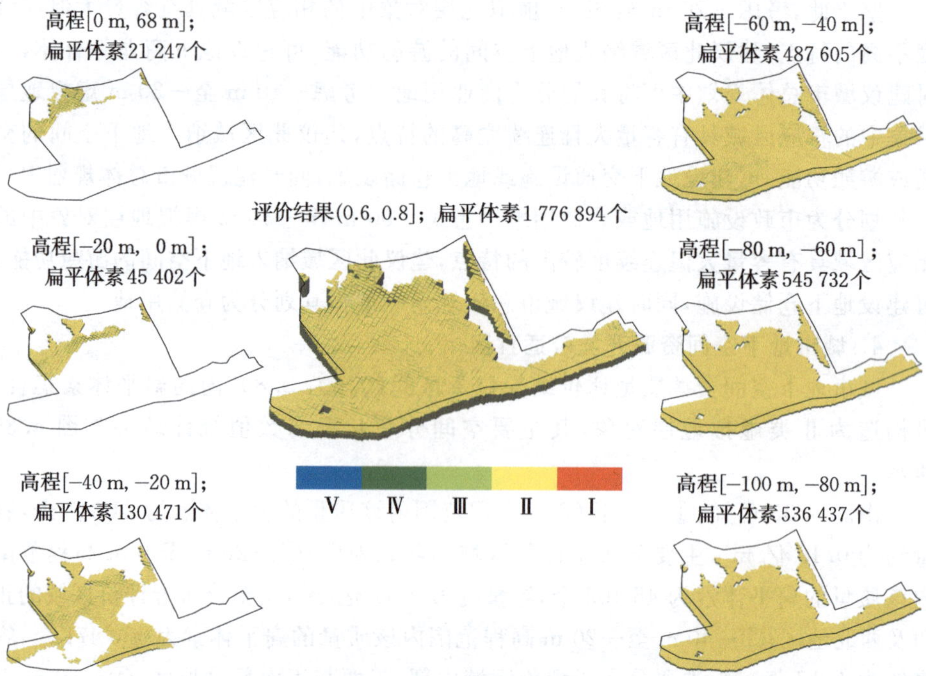

图 6.35 基于Ⅱ类对象的地下空间资源开发较适宜区的空间分布状况与数值统计结果

5. 城市地下空间资源开发适宜区

城市地下空间资源质量评价结果位于区间(0.80，1]内的扁平体素集合，可构造为Ⅰ类虚拟地层对象，其主要空间分布状况与数值统计结果如图 6.36 所示。

由图 6.36 可知：①0 m 至 68 m 高程范围内该质量的扁平体素为 10 954 个，容量约为 0.10 亿 m^3，主要分布于评价区域的西北部分地区；②－20 m 至 0 m 高程范围内该质量的扁平体素为 18 624 个，容量约为 0.16 亿 m^3，主要分布于评价区域的西北部分地区；③－40 m 至－20 m 高程范围内该质量的扁平体素为 20 568 个，容量约为 0.19 亿 m^3，主要分布于评价区域的西北部分地区；④－60 m 至－40 m 高程范围内该质量的扁平体素为 20 987 个，容量约为 0.19 亿 m^3，主要分布于评价区域的西北部分地区；⑤－80 m 至－60 m 高程范围内该质量的扁平体素为 21 036 个，容量约为 0.19 亿 m^3，主要分布于评价区域的西北部分地区；⑥－100 m 至－80 m 高程范围内该质量的扁平体素为 21 052 个，容量约为 0.19 亿 m^3，主要分布于评价区域的西北部分地区。上述Ⅰ类虚拟地层对象所处区域划定为城市地下空间资源开发适宜区，即该区域在未来发展城市地下空间时需要付出的开发成本、开发难度与建设难度非常小，强烈建议纳入城市地下空间可规划使用区域。

鉴于此，考虑地层对象在不同深度区间内的相应区域均具有容量较小但连续度高的特点，强烈建议此区域纳入地下空间的游憩功能，可建设地下商业综合体，同时强烈建议城市总体规划中可将其划分为商业用地。

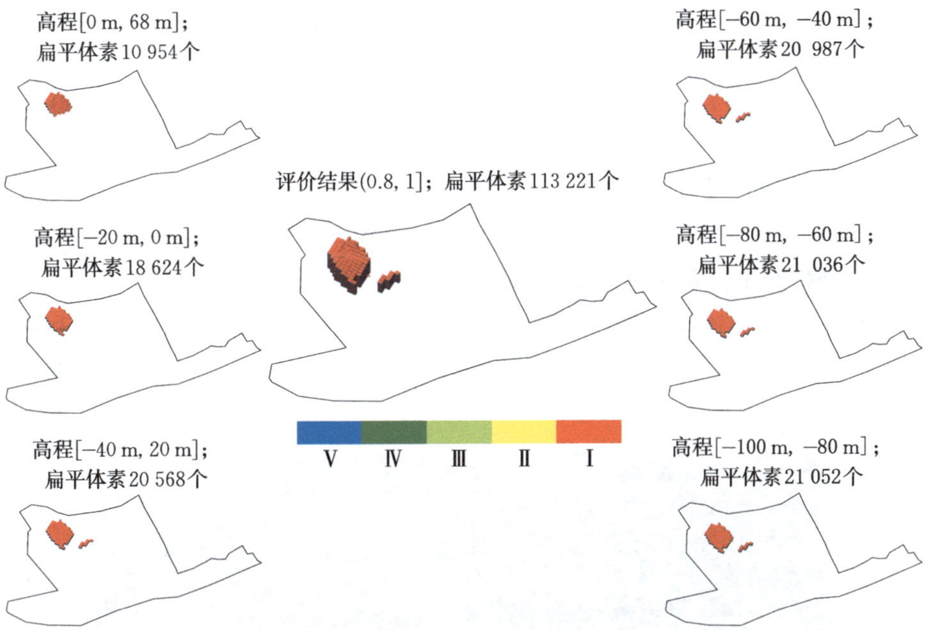

图 6.36　基于Ⅰ类对象的地下空间资源开发适宜区的空间分布状况与数值统计结果

6.2　宁波东部新城地下空间资源评价

宁波东部新城是宁波新的城市核心，也是宁波政治、经济、文化和商业新中心，与三江口老城中心构成了“一城二心”的总体空间格局。区内水系面积占 16.2%，绿化面积占 19.6%。区内地下空间开发利用规模较大，地下综合管廊全长约 10 km，服务区域面积约 8 km^2。然而，宁波地下空间开发的地质环境条件复杂，面临软土变形、饱和砂土、富水卵砾石和地下水等问题；此外，密集的既有地下空间占用也对地下空间资源开发利用有较大影响。为此,以宁波东部新城为评价区,聚焦城市已开发地下空间和待开拓地下资源,分别采用数学建模、GIS 空间分析、三维地质建模、三维评价等创新方法,完成城市中观尺度地下空间开发利用现状评价和地下空间资源三维质量与开发风险评价,具体技术路线如图 6.37 所示。

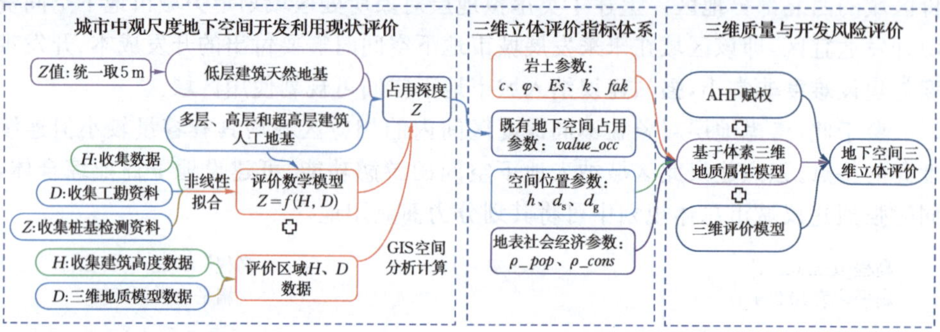

图 6.37 宁波东部新城地下空间综合分析评价技术路线

6.2.1 评价区概况

宁波东部新城位于宁波市鄞州区,评价区北至杭甬高速,南至鄞州大道,东至沧海(南)路,西至广德湖北(南)路,连片范围约 20.72 km^2(图 6.38),深度从地表至地下 100 m。该区域经济发展活跃,建设项目较多,城镇地下空间开发利用强度较大,城乡建设发展类型丰富,地下空间类别较为全面多样,具有较强的城市地下空间资源开发利用代表性和典型性。

图 6.38 宁波东部新城评价区范围

1. 地形地貌

宁波东部新城位于滨海平原,河流纵横,地貌类型总体上较简单,地形平坦开阔,地势自西向东微倾,地面标高 1.0～4.0 m。评价区主要为冲湖积平原,向沿海一带过渡为海积平原。宁波平原随原始地形的变化,沉积物厚度由西南向东北海域逐渐增大,最大厚度可达 120 m。

2. 工程地质条件

区内土体按照基岩面之上松散地层沉积顺序、成因类型、岩性特征及工程物理力学性质进行总体划分。为便于三维地质结构建模,根据评价区内地质环境条件,将 100 m 深度内岩土体共划分为 15 个工程地质层,如表 6.6 所示。

表 6.6　评价区工程地质层

工程地质层	岩性	特征
1	填土	—
2	粉质黏土	软塑—可塑,灰黄色
3	淤泥质粉质黏土	流塑
4	淤泥质粉质黏土	流塑—软塑
5	粉质黏土	软塑—可塑
6	粉质黏土	可塑
7	粉细砂	中密—密实
8	粉质黏土	可塑
9	含砾中粗砂、卵砾石	中密—密实
10	粉质黏土	可塑—硬塑
11	含砾中粗砂、卵砾石	中密—密实
12	粉质黏土	可塑—硬塑
13	含砾中粗砂、卵砾石	中密—密实
14	含砾粉质黏土	坚硬
15	基岩	—

6.2.2　地下空间开发利用现状分析

为深化城市地下空间开发利用现状评价,我们延伸了地下空间资源内涵:将除已开发的地下工程设施之外的建筑地基占用深度,划分为已开发占用空间。此外,不同于城市微观尺度地下空间开发利用现状调查评价,实测高精度的建筑要素和地下空间开发占用深度对城市中观尺度而言需要耗费大量人力财力。城市地下空间规划阶段需要快速获取大的范围内地下空间开发利用现状,对数据的精度要求远低于微观尺度。利用数学建模、三维地质建模、GIS 空间分析等技术,通过收集地表建筑高度数据和基岩埋深数据,构建建筑地下空间占用深度分析模型,然后基于三维地质模型的基岩埋深数据和收集到的建筑高度数据,反演分析建筑地下空间占用深度。

1. **地下空间占用深度分析模型**

建筑地下空间占用深度主要是指承受建筑上部结构荷载影响的建筑地基的影响深度,这部分空间直接影响建筑物的稳定与安全,在地下空间利用时应予以避让。本小节聚焦建筑地基占用深度(Z),其受建筑物高度 H 和基岩埋深 D 的影响较大,如图 6.39 所示。故通过收集样本数据来构建 $Z=f(H,D)$ 的评价数学模型。

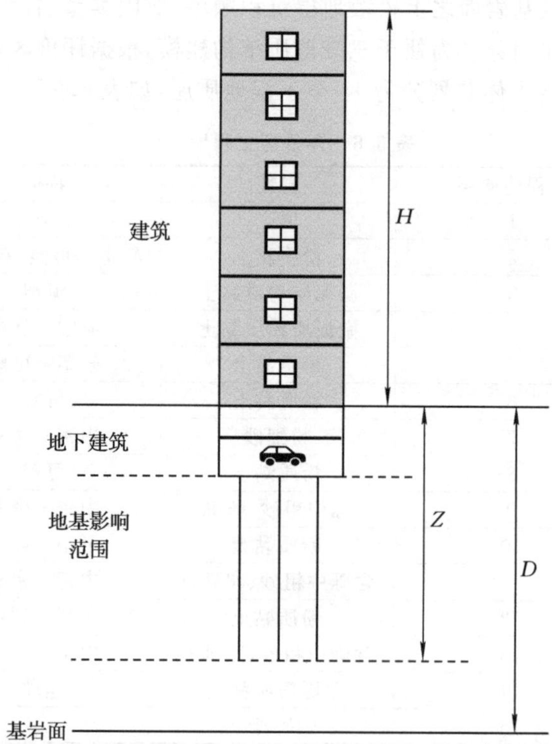

图 6.39　建筑地下空间占用深度示意

建筑地基主要分为天然地基与人工地基两大类,其受力层深度需要通过不同的方法确定。对于天然地基基础影响深度,依据《建筑地基基础设计规范》(GB 50007—2011),条形基础底面以下 $3b$(b 为基础底面宽度)深度范围为地基主要受力层,独立基础为其下 $1.5b$ 深度范围,并且厚度均不小于 5 m(两层以下一般的民用建筑除外)。箱型基础和筏形基础没有量化指标,为便于计算,并参考实际施工经验,我们将天然地基占用深度 Z 统一设定为 5 m,以满足规范要求。

对于复合地基占用深度,主要持力层为人工处理过的深度范围,其地基占用深度 Z 为人工地基处理深度,根据资料收集情况,评价区内多层、高层和超高层建筑复合地基一般采用桩基础,故其地基占用深度 Z 为桩长,而桩长一般受建筑物高度

H 和基岩埋深 D 的影响较大。通过收集评价区内岩土工程勘察报告和部分建筑高度数据，获取了 H_0、D_0、Z_0 的统计样本，如表 6.7 所示。

表 6.7　地基占用深度(Z)、建筑高度(H)、基岩埋深(D)的统计样本

H_0/ m	D_0/ m	Z_0/ m	H_0/ m	D_0/ m	Z_0/ m
53.71	77	48	53.12	77	53
134.00	86	88	109.92	70	79
15.00	78	30	77.12	73	62
56.84	69	60	109.00	70	72
99.40	65	61	26.00	70	42
94.43	65	61	99.03	76	61
148.23	62	70	79.76	74	62
91.00	67	60	94.05	83	75
87.00	80	63	25.61	67	46
178.78	78	82	15.34	78	47
76.83	78	66	27.89	82	65
29.97	76	50	—	—	—

对于低层即 $H \leqslant 9$ m 的建筑，一般采用浅基础，规定 $Z = 5$ m。当 $H > 9$ m 时，根据收集的资料统计，主要采用桩基础；对 H_0、D_0、Z_0 的调查数据进行 MATLAB 二元非线性拟合，如图 6.40 所示，得到评价模型如式 6.2 所示，模型决定系数 $R^2 = 0.76$。

$$Z = 0.4793 \times H + 0.3398 \times D - 0.001 \times H \times D + 5 \tag{6.2}$$

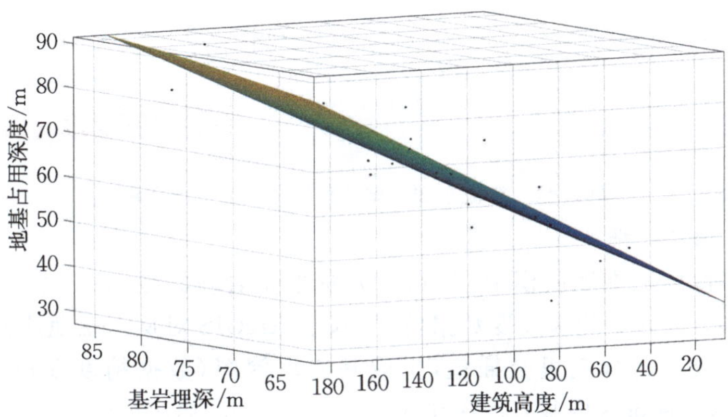

图 6.40　地基占用深度 (Z)、建筑高度(H)、基岩埋深(D) 的拟合曲面

2. 评价区建筑地下空间占用深度分析

基于上述分析模型，以鄞州中心区为重点评价区，结合收集到的地表建筑数据(平面分布和高度信息)和基于三维地质模型的基岩埋深数据，通过式(6.2)，利用 ArcGIS 的空间分析计算获取评价区内建筑地下空间占用深度平面分布。

1)建筑高度数据

评价区建筑高度数据通过收集城市国土空间监测和地理国情细化调查的数据成果(数据精度 5 m×5 m)而形成,如图 6.41 所示。其中超高层建筑($H>100$ m)占比 0.31%,主要位于南部商务区;高层建筑占比 15.96%;多层建筑占比 25.60%。

图 6.41　宁波东部新城评价区建筑高度分布图

2)基岩埋深数据

基于评价区三维地质模型(图 6.42),提取基岩埋深数据(数据精度 50 m×50 m×1 m)。为匹配建筑高度数据精度,基于 ArcGIS 对从三维地质模型中提取的基岩埋深数据进行克里金插值,生成基岩埋深图(数据精度 5 m×5 m),如图 6.43 所示。评价区内基岩埋深在 61.19～83.20 m,属第四纪厚覆盖地区,整体呈现北部深、东南部浅的特点。

3)评价分析结果

综合基岩埋深分布图和建筑高度图,利用地下空间占用深度评价模型[式(6.2)],通过 ArcGIS 空间分析计算得到建筑地下空间占用深度分布,如图 6.44 所示。评价结果显示建筑地下空间占用最大深度达 92.66 m,位于南部商务区超高层建筑区，其中 57.4%为 5 m 以浅占用，近 24.4%为 40 m 以浅占用。各建筑地下空间占用深度统计如图 6.45 所示。

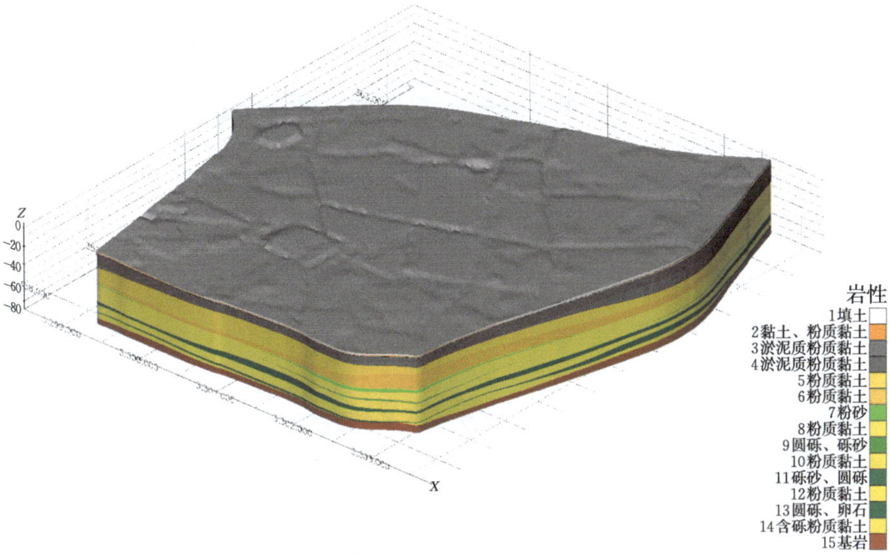

图 6.42　宁波东部新城评价区三维地质模型(数据精度 50 m×50 m×1 m)

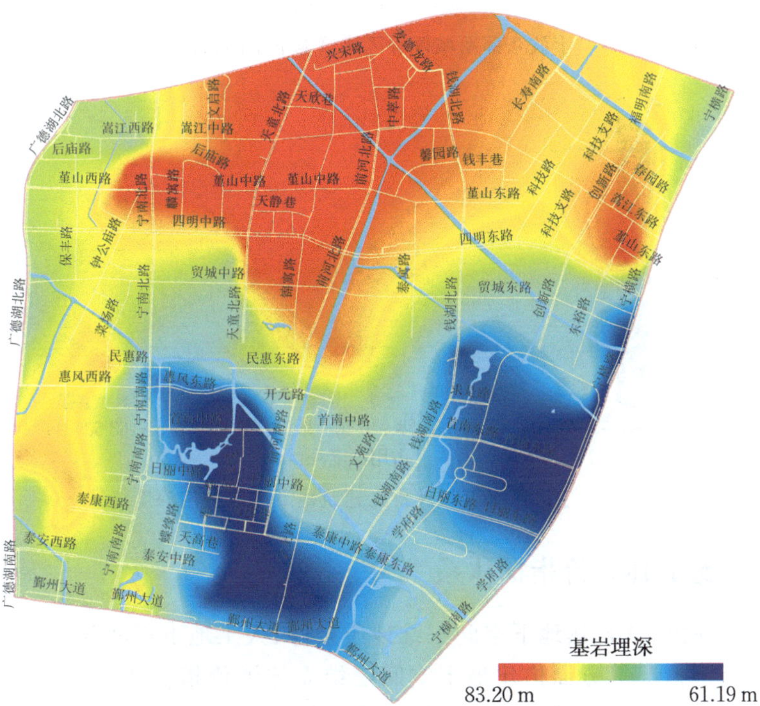

图 6.43　宁波东部新城评价区基岩埋深图(数据精度 5 m×5 m)

图 6.44 宁波东部新城评价区建筑地下空间占用深度分布

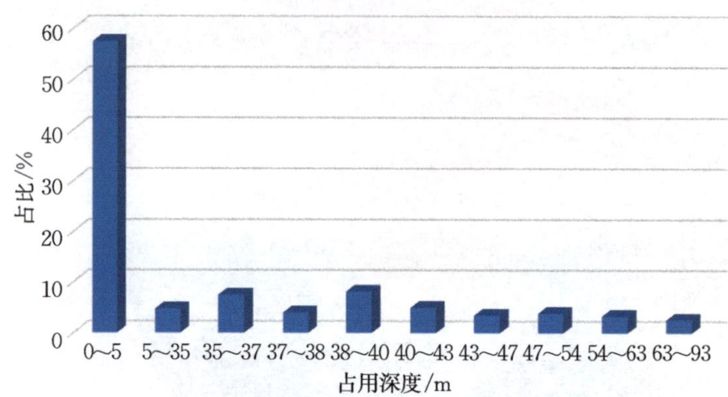

图 6.45 宁波东部新城评价区建筑地下空间占用深度统计

6.2.3 三维立体评价指标体系

以三维视角，从自然地下空间三维地质条件、人工地下空间开发利用现状和地表社会经济情况等方面构建地下空间三维立体评价指标体系，具体包括地质环境参数（岩土参数）、空间位置参数、既有地下空间占用参数和地表社会经济参数，如图6.46所示，为地下空间资源三维质量评价和开发风险评价提供评价指标。

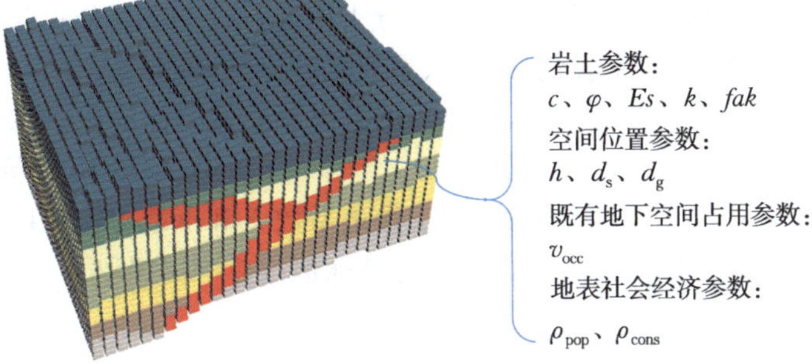

图6.46　地下空间资源三维立体评价指标体系

1. 地质环境参数(岩土参数)

1)地质环境指标选择

第2章所提评价指标均针对城市较大尺度地下空间资源评价，在平面空间上具有一定的差异性。本节聚焦沿海冲积平原地区较小尺度地下空间资源开发利用，其平面空间地质环境要素差异性也较小，如活断层、地震烈度等工程地质条件无平面空间差异，地下水的赋存类型、地下水层数、地下水埋深及地下水腐蚀性等水文地质条件基本一致，但岩土体条件具有明显的空间差异。

影响城市地下空间开发利用的岩土体条件主要有岩土体的强度、变形特性、渗透参数。在其他影响因素一定的条件下，岩土强度越大，相应位置处地下空间的开发利用较适宜，反映岩土强度高低的主要岩土参数是黏聚力 c、内摩擦角 φ 和承载力特征值 fak；压缩模量 Es 是反映岩土体变形的重要参数，压缩模量越大，岩土体抗变形能力越好；岩土体的渗透系数 k 是表征岩土层隔水性能的重要参数，岩土层的渗透系数越大，表明其隔水性能越差，严重的地下水渗透将破坏围岩的稳定性。

因此，选取岩土体黏聚力 c、内摩擦角 φ、压缩模量 Es、渗透系数 k 和承载力特征值 fak 作为岩土参数评价指标。

2)地质环境指标提取方法

对于上述确定的岩土参数评价指标，基于地下空间资源量化评价需求，通过收集资料开展地质环境要素信息集成，资料来源包括环境地质调查数据、城市地质调查数据及工程勘察数据。基于统一的工程地质层组划分标准，对地质环境指标体系建立评价指标参数提取方法。

不同沉积时代、沉积环境的土体，工程性质存在明显差异。因此，在工程层序厘定过程中，首先主要考虑土体沉积时代、成因类型与沉积环境，即以第四纪地质层序为一级分层，构建工程地质组。在此基础上，根据土体性质（黏性土、粉土、砂土、卵砾石）和状态（黏性土的软硬、粉土和砂土的密实度）划分工程地质层，此外需要考虑工程地质层组在工作区同一地貌单元内分布的连续性、普遍性，参考岩性地层中各组别内段的划分，对所分亚组的部分土体进行进一步划分和合并。此外，对于特殊土体应独立划分，主要包括软土、易液化砂土、砂砾石等。

根据工程地质层组划分结果，对收集的各类钻孔进行标准化；再对标准化后的钻孔进行属性数据提取。其中黏聚力 c、内摩擦角 φ、压缩模量 Es 主要是按照标准化钻孔不同深度提取土工试验参数，对于渗透系数 k 和承载力特征值 fak，根据钻孔所在场地岩土工程勘察报告中的承载力特征值按标准层提取。

2. 空间位置参数

1）三维空间位置指标选择

地下空间开发深度及其与特殊岩土体的距离对开发具有重要影响，评价区内的主要不良土体包括富水砾石层和软土。本节选取地下空间开发深度，与砾石层距离和软土层距离作为三维空间位置参数。

（1）地下空间开发深度。在地下空间开发设计和施工中，开发深度是一个至关重要的参数。一般来说，地下空间开发深度越深，施工难度就越大，所需时间和费用也就越多。以地铁工程为例，隧道深度的增加意味着需要更多的地下开挖和支护，这不仅增加了工程施工的难度和复杂度，还可能对周围地区的土地和建筑物产生影响。此外，深度也将决定施工期间的安全系数和安全防范措施。

（2）与砾石层距离。富水砾石层基本特征是结构松散、胶结程度不高，砾石和卵石之间点对点传力，地层反应灵敏，成拱性差，对卵石缺乏约束力，地下空间开发时施工难度和成本较高。因此开发地层与砾石层距离越大，开发利用难度越小。

（3）与软土层距离。软土的强度较低，施工过程中施加在地基上的荷载会导致土层沉降和变形，从而引起隧道的下沉或倾斜，如果沉降和变形过大，会导致隧道的结构不稳定，甚至发生地面塌陷。因此开发地层与软土层距离越远，开发利用难度越小。

2）三维空间位置属性数据提取

三维空间位置主要依托三维地质结构模型，通过空间距离计算获取。对于空间距离的描述，通常有三种测度方法，分别为欧氏距离、街区距离和棋盘距离。其中，欧氏距离通常用于表征地质体自身及其影响距离，其计算方法为

$$d=\sqrt{(x_1-x_0)^2+(y_1-y_0)^2+(z_1-z_0)^2} \tag{6.3}$$

式中，(x_0, y_0, z_0) 为计算基准块体重心坐标，(x_1, y_1, z_1) 为需要计算距离的目标块体重心坐标；d 为两点间的欧氏距离。因主要考虑各单元体的竖向距离，式（6.3）简化为

$$d=z_1-z_0 \tag{6.4}$$

由此可求得三维空间内任一单元体的空间位置参数，其中，h 为地下空间开发深度，即为空间某单元体的埋深，d_g 和 d_s 分别为该单元体与砾石层和软土层面的竖向距离。若该单元体下方空间存在多层特殊土体，取其最近的土体距离。对于软土层和砾石层内部单元体，默认距离为 0。

3. 既有地下空间占用参数

已开发的地下空间实际上占用了部分地下空间资源。原则上，已占用的地下空间不宜再开发，规划上宜划为禁建区。因此，既有地下空间开发利用现状的评价指标主要为既有地下空间占用深度。

对于局部场地，可通过收集建筑桩基长度资料确定占用深度，对于中观尺度，可通过上述中观尺度地下空间占用深度评价方法获取评价区内地下空间占用深度。在此基础上，通过三维地质建模软件，根据地表平面属性赋值给相应深度范围内的单元体。单元体内占用参数为 v_{occ}，其值为 1，代表已被占用，未被占用的赋值为 0。

4. 地表社会经济参数

地表社会经济指标一方面决定了地下空间开发利用的实际需求，另一方面也反映了若发生地下空间开发灾害时的受灾影响程度即开发利用风险，主要包括评价区内人口、土地利用等指标。本节基于宁波地质风险评价指标，选取人口密度 ρ_{pop}、建设用地比重 ρ_{cons} 两项指标进行地下空间开发风险评价。

人口密度 ρ_{pop} 数据根据第七次人口普查数据落图社区网格同比增长拟合的人口数据，建设用地比重 ρ_{cons} 根据第三次全国国土调查土地利用数据中建设用地按照社区网格化的数据，并通过 ArcGIS 分析计算得到用于评价的平面指标分布，最后通过三维地质建模软件，根据地表平面属性向下赋值给竖向深度范围内的单元体。

6.2.4 质量与开发风险三维可视化评价

基于城市地下空间全资源三维立体评价指标体系，利用二维、三维一体化的城市地下空间资源调查监测数据，开展城市地下空间资源质量与开发风险评价。地下空间资源质量是指综合考虑地下地质环境要素、空间位置要素、地下空间资源开发利用的难易程度。开发越容易，质量越高。地下空间资源开发风险是指综合考虑地下空间资源质量和地表承灾体特征、地下空间开发造成地表灾害损失的可能程度。利用三维插值、三维空间统计等方法对评价指标进行分析，基于层次分析和模糊综合评价，构建地下空间资源三维评价模型，实现对地下空间资源质量的三维表达。同时结合地表经济社会等易损性指标，实现对地下空间资源开发利用风险的定量评价。

1. 基于 GeoModeller 的三维地质建模

1)三维建模与体素划分

通过对覆盖工作区的 DEM 数据进行坐标变换、数据裁剪、数据镶嵌、转换格式等操作，配合倍增纵向比例等操作，最终导入建模软件构建工作区三维地形模型，并导入钻孔标准化编码数据进行插值，生成三维地质结构模型，如图 6.47 所示。

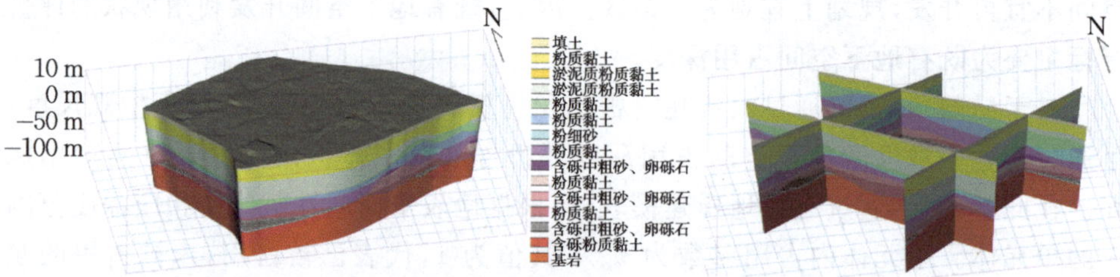

图 6.47　宁波东部新城三维地质结构模型

对三维地质结构模型进行空白体素单元构建，体素大小为 50 m×50 m×1 m。三维体素划分效果如图 6.48 所示(纵向进行了拉伸放大)。

图 6.48　宁波东部新城三维体素划分效果

2)三维地质属性建模

在 GeoModeller 软件三维地质结构模型基础上，利用岩土体测试数据进行空间插值，进而对基于体素单元的三维结构模型体素单元体进行赋值，形成三维属性的空间表达。此外，对于空间位置参数，通过三维空间距离计算赋值。

——三维属性空间插值方法。

在地下空间资源三维质量评价数据集的构建过程中，可以针对黏聚力 c、内摩擦角 φ、压缩模量 Es 指标进行插值，获取全域的三维数据信息。三维空间插值方法种类繁多，其中以距离幂次反比方法和克里金插值方法最为常见。

距离幂次反比方法基于空间中分布一系列离散点，已知其位置坐标 (x_i, y_i, z_i) 和属性值 $t_i(i=1,2,\cdots,n)$，对于三维空间中的任一位置 $P(x,y,z)$，根据其邻域内离散点的属性值，通过距离加权插值对 P 点的属性值进行求取。

邻域内各离散点与 P 点因分布位置的差异对 P 点影响不同，这种影响可由权系数 $w_i(x,y,z)$ 进行表达，幂指数控制着权系数因距离的增加而变化的幅度。对于一个较大的幂指数，较近的数据点被给定一个较高的权重份额；对于一个较小的幂指数，权重比较均匀地分配给各数据点。距离幂次反比方法的公式为

$$P(x,y,z)=\frac{\sum_{i=1}^{n}w_i t_i}{\sum_{i=1}^{n}w_i} \tag{6.5}$$

式中，权重 $w_i=1/[d_i(x,y,z)]^u$（u 一般取 2），$d_i(x,y,z)$ 为离散点(x_i,y_i,z_i)至 $P(x,y,z)$ 的距离。

本小节根据属性数据分布情况，选择更适合的距离幂次反比方法进行岩土参数属性插值，黏聚力 c、内摩擦角 φ、压缩模量 Es 的三维属性模型如图 6.49 所示。

——三维空间距离计算方法。

本小节选取地下空间开发深度 h，与软土层距离 d_s 和砾石层距离 d_g 作为三维空间位置参数。通过欧氏距离计算方法获取各单元体距离特定层面的距离，具体计算方法见前面叙述。各空间位置参数的三维属性模型如图 6.50 所示。

——体素定向赋值方法。

部分参数既无空间插值关系；也无空间距离关系，则采用定向赋值方法。如对岩土参数的渗透系数 k 和承载力特征值 fak，按照地层统一赋值属性，如图 6.51 所示。

对于地表相关数据（地下空间占用参数 v_{occ}、人口密度 ρ_{pop}、建设用地比重 ρ_{cons}），为便于三维立体评价，直接按照地表向地下单元体延伸赋值，如图 6.52 所示。

2. 评价区评价指标权重计算

不同评价目标所选的评价指标不同，计算权重的过程也有差异。三维质量评价主要关注的是地下岩土参数、三维空间位置参数和既有地下空间占用参数；而开发风险评价则是在资源质量评价的基础上，叠加承灾体参数。

1）资源质量三维评价指标权重

按照层次分析法计算黏聚力 c、内摩擦角 φ、压缩模量 Es、渗透系数 k、承载力特征值 fak 和地下空间开发深度 h，与砾石层距离 d_g 和软土层距离 d_s 的权重，构造评价指标的判断矩阵，如图 6.53 所示。

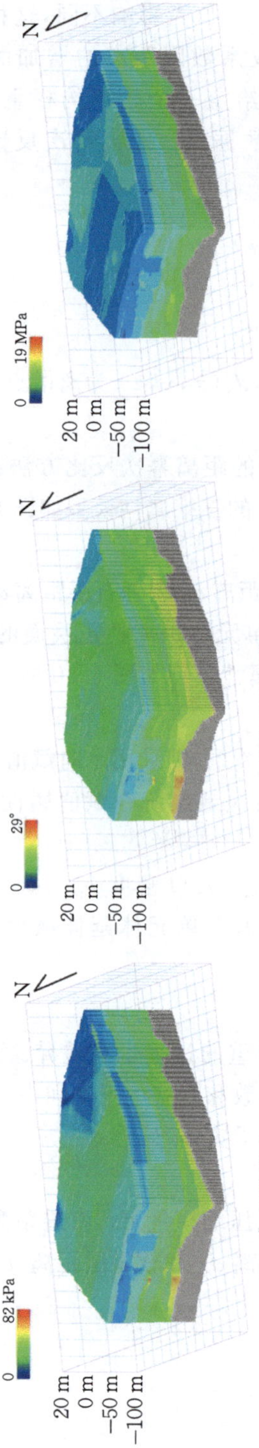

图6.49　宁波东部新城地下岩土参数的三维属性模型

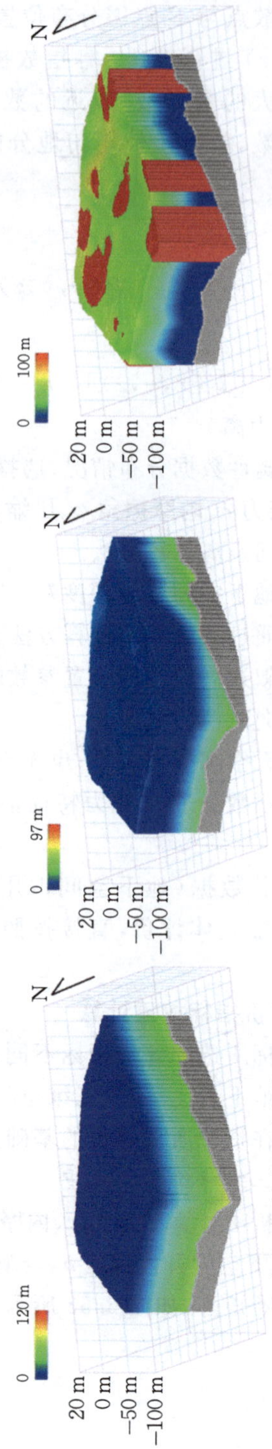

图6.50　宁波东部新城地下空间位置参数的三维属性模型

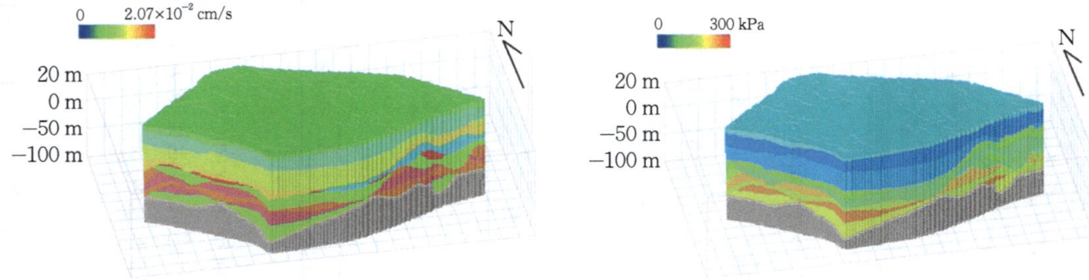

（a）渗透系数　（b）承载力特征值

图6.51　宁波东部新城地下岩土参数的三维属性模型

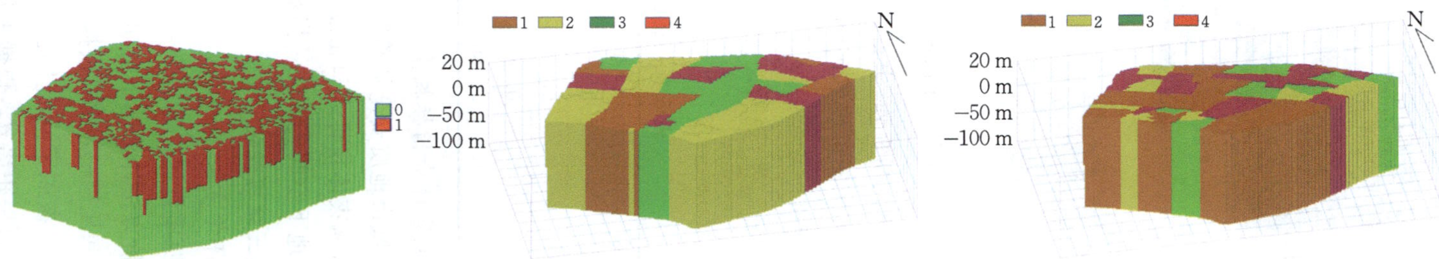

（a）地下空间占用参数　（b）人口密度　（c）建设用地比重

图6.52　宁波东部新城地表相关数据的三维属性模型

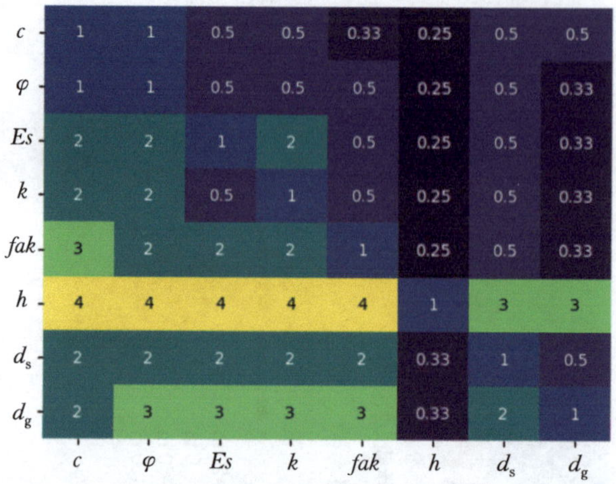

图 6.53 宁波东部新城评价指标的判断矩阵

根据评价指标的判断矩阵，求得其最大特征值 $\lambda_{max}=8.406$，其对应的特征向量为 $\boldsymbol{W}=(0.054,0.053,0.082,0.069,0.105,0.323,0.126,0.188)$；一致性指标 $CI=0.058$；平均随机一致性指标 $RI=1.41$；一致性比率 $CR=0.041<0.1$，判断矩阵具有较好的一致性，说明评价指标权重值的判断是可靠的。各评价指标权重如表 6.8 所示。

表 6.8 三维质量评价指标权重

指标	权重	指标	权重
c	0.054	fak	0.105
φ	0.053	h	0.323
Es	0.082	d_s	0.126
k	0.069	d_g	0.188

2)三维开发风险评价指标权重

根据《浙江省城市地质安全风险“一张图”编制技术指南(试行)》规定，在编制地质风险评价时，承灾体指标人口密度 ρ_{pop} 权重和建设用地比重 ρ_{cons} 的权重分别为 0.1，则相应的地下空间资源质量指数 Q 权重即为 0.8。

3. 资源质量三维可视化

1)三维质量评价方法

地下空间资源质量评价是一个受多种因素复杂影响的系统工程问题，本节采用简化的综合评价方法计算地下空间资源三维质量评价等级。对于岩土参数黏聚力 c、内摩擦角 φ 和压缩模量 Es，根据三维属性模型统计，划分为四个等级；对于地下空间开发深度 h，参照宁波地下空间深度划分标准，划分为四个等级；对于与软土层距离 d_s 和砾石层距离 d_g，根据工程开发难度，划分为四个等级。各评价指标

分级标准和 V_i 取值如表 6.9 所示。

表 6.9　各评价指标分级标准和 V_i 取值

评价指标	优	良	中	差
	4	3	2	1
c/kPa	≥16.38	14.50～16.38	10.98～14.50	<10.98
φ/(°)	≥35.90	28.64～35.90	21.07～28.64	<21.07
Es/MPa	≥7.42	5.88～7.42	3.81～5.88	<3.81
h/m	<15	15～30	30～60	≥60
d_s/m	≥6	4～6	2～4	<2
d_g/m	≥6	4～6	2～4	<2

根据评价指标分级值 V_i 和上面所得各指标的权重 w_i，通过加权求和得到三维空间内各单元体资源质量指数 Q，即

$$Q = \sum_{i=1}^{8} V_i \times w_i \tag{6.6}$$

对评价结果 Q 值，利用自然间断点法按照质量优、良、中、差进行四级分类。分级标准如表 6.10 所示。

表 6.10　质量指数 Q 分级标准

级别	优(4)	良(3)	中(2)	差(1)
Q	≥2.85	2.48～2.85	2.1～2.48	<2.10

2)资源质量评价结果

通过简化的综合评价方法对体素进行加权求和，即可得到空间各单元体的质量指数 Q，如图 6.54 所示。其中建筑地下空间已占用部分不参与综合质量评价。

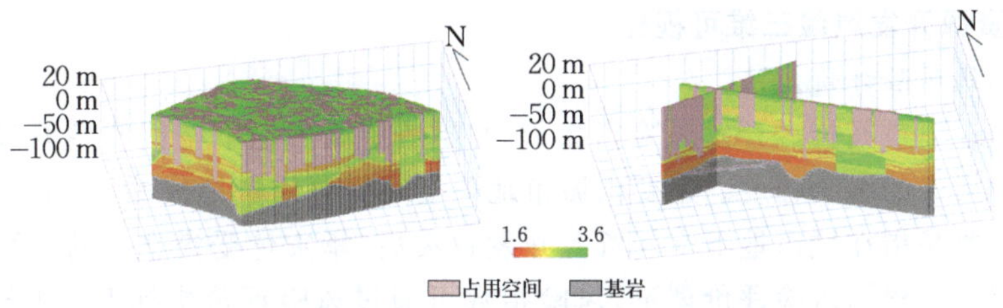

图 6.54　宁波东部新城地下空间资源三维质量指数分布

在体素综合质量指数的基础上，利用自然间断点法对其按照优、良、中、差进行四级分类，结果如图 6.55 所示。通过体素模型的空间分析统计优势，分析地下空间资源质量三维分布和主要影响因素，如表 6.11 所示。

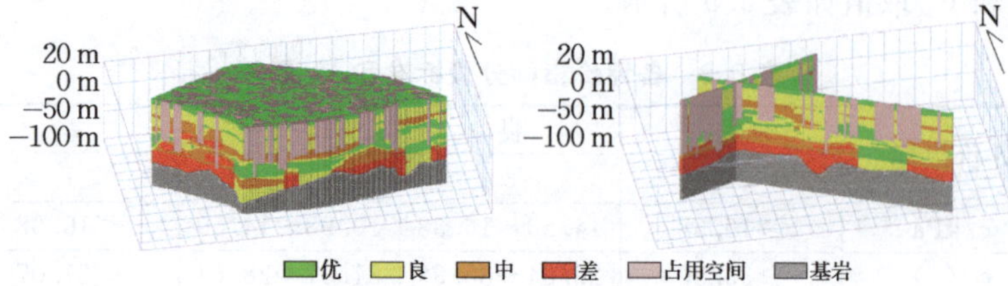

图 6.55　宁波东部新城地下空间资源三维质量分级

表 6.11　宁波东部新城地下空间资源三维质量分级统计

级别	体积占比	主要影响因素	空间分布
优	17.18%	压缩模量 Es、与软土层距离 d_s	分布于评价区西北部和中部浅层
良	40.44%	内摩擦角 φ、压缩模量 Es、与软土层距离 d_s	主要分布于评价区浅层、中层和部分深层砾石层缺失区
中	27.73%	黏聚力 c、开发深度 h、与软土层距离 d_s、与砾石层距离 d_g	分布于评价区南部次深层
差	14.65%	渗透系数 k、开发深度 h、与砾石层距离 d_g	主要分布在评价区次深层和深层

地下空间资源质量优级占总体积的 17.17%，主要分布于评价区西北部和中部浅层，压缩模量 Es、与软土层距离 d_s 是影响其地下空间资源质量的主要因素。地下空间资源质量良级占总体积的 40.44%，主要分布于评价区浅层、中层和部分深层砾石层缺失区，内摩擦角 φ、压缩模量 Es、与软土层距离 d_s 对其影响较大。地下空间资源质量中级占总体积的 27.73%，主要分布于评价区南部次深层，其主要影响因素为黏聚力 c、开发深度 h、与软土层距离 d_s、与砾石层距离 d_g。地下空间资源质量差级占总体积的 14.65%，主要分布在评价区次深层和深层，受渗透系数 k、开发深度 h、与砾石层距离 d_g 的叠加影响。

4. 资源开发风险三维可视化

1)三维风险评价方法

城市地下空间资源开发风险指数 R 主要是指城市地下空间资源开发对周边经济社会损失的影响程度。主要由城市地下空间资源质量指数 Q 和易损性决定，易损性主要是指在城市地下空间资源开发致灾后，承灾体受潜在威胁而可能遭受的损失程度。根据风险评价理论，风险指数可通过风险评价指标 V_{ri} 和各指标的权重 w_i 加权求和得到，即

$$R=\sum_{i=1}^{3}V_{ri}\times w_i \tag{6.7}$$

式中，R 为风险指数；V_{ri} 为风险评价指标，包括城市地下空间资源质量指数 Q，以及易损性指标人口密度 ρ_{pop} 和建设用地比重 ρ_{cons}。

因此，地下空间资源开发风险评价是在综合质量指数 Q 的基础上，结合人口

密度 ρ_{pop} 和建设用地比重 ρ_{cons} 评价指标，采用综合风险指数计算确定风险等级。风险评价指标分级标准和取值如表 6.12 所示。

表 6.12　风险评价指标分级标准和取值

评价指标	低风险	一般风险	较大风险	重大风险
	1	2	3	4
Q	≥2.85	2.48～2.85	2.1～2.48	<2.10
ρ_{pop} /(万人/km^2)	≤0.4	0.4～1.1	1.1～1.6	>1.6
ρ_{cons} /(km^2/km^2)	≤0.70	0.70～0.74	0.74～0.76	>0.76

利用自然间断点法，对风险指数 R 按低风险、一般风险、较大风险和重大风险进行四级分类。分级标准如表 6.13 所示。

表 6.13　风险指数 R 分级标准

风险分级	低风险	一般风险	较大风险	重大风险
风险指数 R	≤1.62	1.62～2.39	2.39～3.16	>3.16

2）开发风险评价结果

根据三维风险评价方法[式(6.7)]，结合人口密度和建设用地比重，对各体素的综合质量指数和易损性指标进行加权求和，得到空间各单元体的风险指数，如图 6.56 所示。通过体素模型的空间分析统计优势，分析得到地下空间资源开发风险三维分布，如表 6.14 所示。分析可见：地下空间资源开发低风险等级占总体积的 17.2%，主要分布于评价区北部浅层和部分深层砾石层缺失区；地下空间资源开发一般风险等级占总体积的 37.1%，主要分布于评价区浅层、中层和部分深层砾石层缺失区；地下空间资源开发较大风险等级占总体积的 28.9%，主要分布于评价区南部深层和部分中层；地下空间资源开发重大风险等级占总体积的 16.8%，主要分布于评价区北部和中部次深层和深层，主要受质量评价结果、人口密度和建设用地比重的叠加影响。

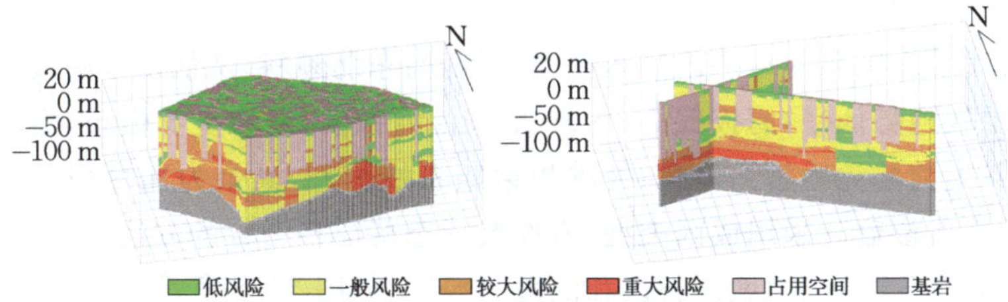

图 6.56　宁波东部新城地下空间资源开发风险三维评价

表 6.14 宁波东部新城地下空间资源三维质量分级统计

风险分级	体积占比	空间分布
低风险	17.2%	主要分布于评价区北部浅层和部分深层砾石层缺失区
一般风险	37.1%	主要分布于评价区浅层、中层和部分深层砾石层缺失区
较大风险	28.9%	主要分布于评价区南部深层和部分中层
重大风险	16.8%	主要分布于评价区北部和中部次深层和深层

6.3 杭州"三江汇"未来城市实践区地下空间资源评价

杭州"三江汇"未来城市实践区位于杭州市钱塘江、富春江、浦阳江交汇处，涉及西湖区、滨江区、萧山区、富阳区四个行政区域。杭州市人民政府把该地区作为展示未来城市及新型城市化发展模式的重要窗口，坚持国际化、高端化发展定位，坚持国际一流、国内领先发展目标。目前拥有包括云栖小镇、滨江高新区、白马湖生态创意园等多个充满活力的创新载体，在生态休闲、创新创意、文化艺术等方面已经形成了特色鲜明的产业集群，地区发展潜力巨大。该区地下空间的开发利用将进一步满足未来城市发展需要。为此，综合考虑影响地下空间安全的地层强度、变形等地质本底条件的优劣，以岩土体的工程地质条件为主要标准，重点考虑满足地层整体稳定性、保持地下空间安全开发利用的工程地质适宜程度，研究划定地下空间工程适宜性的空间分布，评述不同适宜性分级的地下地质条件特点和问题。

6.3.1 评价区概况

杭州"三江汇"未来城市实践区总规划面积 458 km^2，涉及西湖区、滨江区、萧山区、富阳区，共 12 个乡镇街道。"三江汇"评价区北起之江路—钱塘江大桥，南至里山镇、渔山乡、义桥镇，西起灵山山脉，东至蜀山路。评价区选择其核心管控区，如图 6.57 所示。

1. 地形地貌

"三江汇"地区总体地势西高东低，由西南向东北倾斜，从低山丘陵逐渐过渡到平原，平原区地势低平，海拔仅 3～6 m，地表江河纵横，湖泊星罗棋布，零星分布低(残)丘，除山前坡麓地带为洪积、坡洪积第四系堆积外，其余为冲海积、河湖积、湖沼积沉积物所覆盖。采用成因类型、岩性及形态特征相结合的方法，将杭州地貌形态划分为低山丘陵区、山麓沟谷区和滨海平原区，如图 6.58 所示。

2. 工程地质条件

评价区位于钱塘江和浦阳江交汇处，分布有深厚的第四纪地层，区内岩相变化大、岩性复杂，杭州市工程地质标准层序依据岩土体的地质时代作为划分工程地质层组的第一原则，与第四系年代时序、重大地质事件相对应，同时参考了沉积相、成因类型、沉积特征及物理力学性质指标进行工程地质层划分。“三江汇”地区松散层工程地质层与杭州市工程地质层序基本一致，工程地质层序如表 6.15 所示。

图 6.57　杭州“三江汇”评价区范围

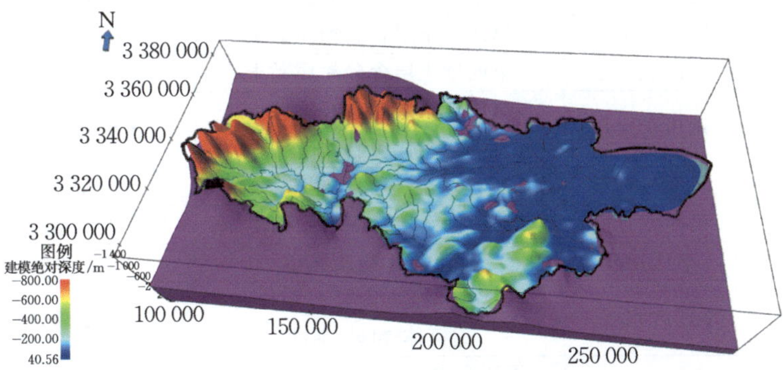

图 6.58　杭州“三江汇”评价区地势图

表 6.15　杭州“三江汇”评价区工程地质层序

标准层编号	地层类别	工程地质层组岩性	地质年代
①$_0$	人工填土	人工填土	上全新统
①$_1$	硬壳层	硬壳层粉质黏土	上全新统
①$_2$	硬壳层	硬壳层粉质黏土	上全新统
①$_3$	硬壳层	硬壳层粉质黏土	上全新统
①$_4$	软土层	软土层砂质粉土	上全新统
①$_5$	软土层	软土层砂质粉土	上全新统
①$_6$	软土层	软土层砂质粉土	上全新统
②$_1$	硬壳层	硬壳层粉质黏土	中全新统
②$_2$	第一软土层	第一软土层淤泥质黏土	中全新统
②$_3$	第一软土层	第一软土层砂质粉土	中全新统

续表

标准层编号	地层类别	工程地质层组岩性	地质年代
②$_{4}$	第一软土层	第一软土层砂质粉土	中全新统
②$_{5}$	第一软土层	第一软土层粉土夹粉质黏土	中全新统
②$_{6}$	承压含水层	承压含水层粉砂	中全新统
③$_{1}$	第一硬土层	第一硬土层粉质黏土	下全新统
③$_{2}$	第二软土层	第二软土层淤泥质黏土	下全新统
③$_{3}$	承压含水层	承压含水层含砾粉砂至砂质粉土	下全新统
③$_{4}$	承压含水层	承压含水层含砾粉砂至砂质粉土	下全新统
③$_{y1}$	沟谷区	沟谷区圆砾-粉砂-粉质黏土	下全新统鄞江桥组(沟谷区)
③$_{y2}$	沟谷区	沟谷区圆砾-粉砂-粉质黏土	下全新统鄞江桥组(沟谷区)
③$_{y3}$	沟谷区	沟谷区圆砾-粉砂-粉质黏土	下全新统鄞江桥组(沟谷区)
④$_{1}$	第二硬土层	第二硬土层粉质黏土	上更新统上组上段
④$_{2}$	第三软土层	第三软土层含砂粉质黏土	上更新统上组上段
④$_{3}$	第三软土层	第三软土层含砂粉质黏土	上更新统上组上段
④$_{4}$	承压含水层	承压含水层含砾粉砂	上更新统上组上段
⑤$_{1}$	第三硬土层	第三硬土层粉质黏土	上更新统上组下段
⑤$_{2}$	第四软土层	第四软土层含砂粉质黏土	上更新统上组下段
⑤$_{3}$	第四软土层	第四软土层含砂粉质黏土	上更新统上组下段
⑤$_{4}$	承压含水层	承压含水层卵砾石夹砂土透镜体-粗砂-细砂	上更新统上组下段
⑤$_{5}$	承压含水层	承压含水层卵砾石-粗砂-细砂	上更新统上组下段
⑥$_{1}$	第四硬土层	第四硬土层含砂粉质黏土	上更新统下组
⑥$_{2}$	软土层 1	软土层 1 粉质黏土	上更新统下组
⑥$_{3}$	承压含水层 1	承压含水层 1 卵砾石夹砂土透镜体-粗砂-细砂	上更新统下组
⑥$_{4}$	承压含水层 1	承压含水层 1 卵砾石夹砂土透镜体-粗砂-细砂	上更新统下组
⑥$_{5}$	软土层 2	软土层 2 粉质黏土	上更新统下组
⑥$_{6}$	承压含水层 2	承压含水层 2 含砾细砂	上更新统下组
⑥$_{L1}$	沟谷区	沟谷区含砾粉质黏土	上更新统莲花组(沟谷区)
⑥$_{L2}$	沟谷区	沟谷区含砾粉质黏土	上更新统莲花组(沟谷区)
⑥$_{L3}$	沟谷区	沟谷区卵砾石	上更新统莲花组(沟谷区)
⑥$_{L4}$	沟谷区	沟谷区含黏土碎砾石(角砾)	上更新统莲花组(沟谷区)
⑦$_{1}$	硬土层	硬土层含砾粉质黏土	中更新统上组
⑦$_{2}$	承压含水层	承压含水层卵砾石夹砂土透镜体-含砾中粗砂-细砂	中更新统上组
⑦$_{3}$	承压含水层	承压含水层卵砾石夹砂土透镜体-含砾中粗砂-细砂	中更新统上组
⑦$_{z1}$	沟谷区	沟谷区含砾粉质黏土	中更新统之江组(沟谷区)

续表

标准层编号	地层类别	工程地质层组岩性	地质年代
⑦$_{z2}$	沟谷区	沟谷区含黏土碎砾石(角砾)	中更新统之江组(沟谷区)
⑫$_1$	残坡积	残坡积含砾粉质黏土	下更新统残坡积
⑫$_2$	残坡积	残坡积含黏土碎砾石(角砾)	下更新统残坡积

软土是对地下空间开发影响较大的地层之一。杭州城市平原广阔，软土发育，主要形成于全新世中期和早期及晚更新世，属于浅海相、滨海相、潟湖相、河谷相、湖沼相等的黏性土沉积物，其天然孔隙比大于等于 1.0，并且天然含水量大于液限，包括淤泥、淤泥质土、泥炭和泥炭质土等。“三江汇”地区软土主要分布在四个层位：软土层(①$_4$～①$_6$)一般直接埋藏在地表人工填土和硬壳层之下，主要分布于浦阳江流域，厚度 5～18 m 不等，为分布最广的软土层；第一层软土层(②$_2$～②$_4$)分布于浦阳江流域(图 6.59)，厚度较薄；第二软土层(③$_2$)广泛分布，厚度较大，可达 10 m 以上；第三软土层(④$_2$～④$_3$)因后期河流海水切割等影响，呈区块分布，厚度较小且分布不均。

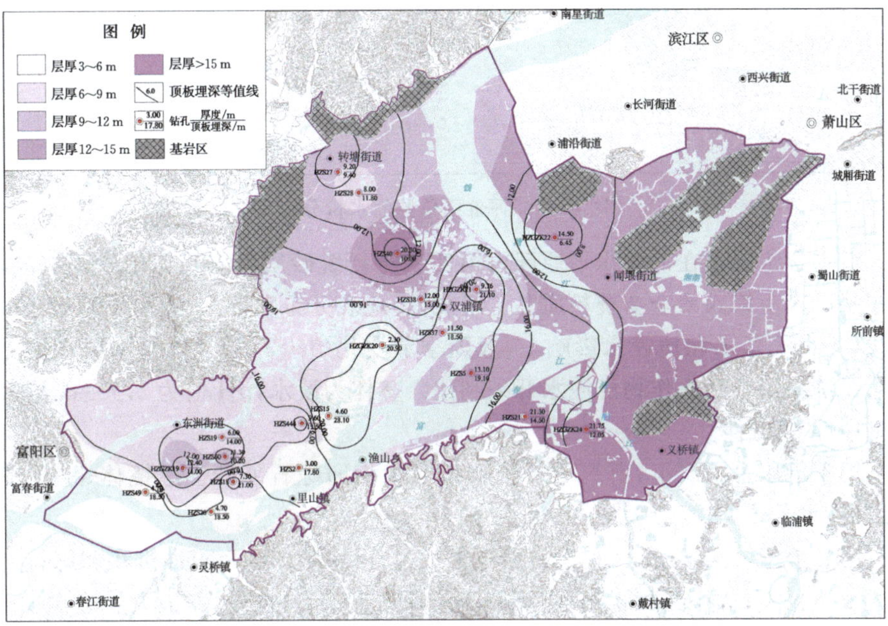

图 6.59　杭州“三江汇”评价区软土层②$_2$～②$_4$ 厚度等值线图

3. 水文地质条件

评价区地下水类型包括松散岩类孔隙水、碳酸盐岩类裂隙溶洞水和基岩裂隙水。评价区单井涌水量分布如图 6.6 所示。

1)松散岩类孔隙水

根据杭州市水文地质调查成果，杭州地区含水层自浅至深划分为：潜水含水层、第Ⅰ承压含水层、第Ⅱ承压含水层。

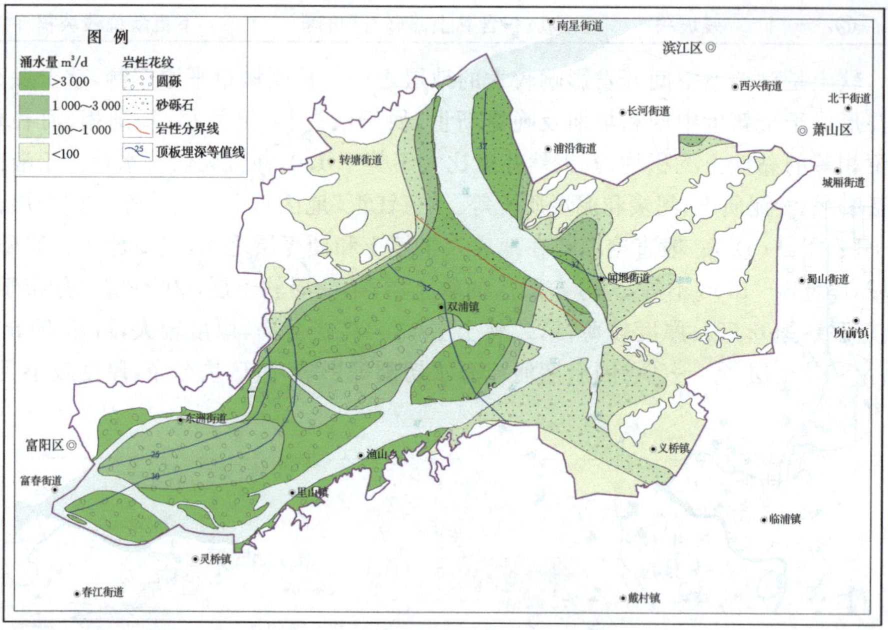

图 6.60 评价区单井涌水量分布

潜水含水层组在冲海积平原区由第四系全新统砂质粉土和粉细砂等组成，冲湖积平原区由第四系全新统粉质黏土组成，近地表分布发育，一般水位埋藏于 3 m 以浅，受大气降水和地表水影响，一般随季节变化(1～3 m)。该含水层水主要作为居民洗涤用水和农作物浇灌水开采利用。整体为淡水，pH 值为 6.7～8.4，大部分呈中性-弱碱性。

第Ⅰ承压含水层组：由上更新统下组河床相卵砾石夹砂土透镜体-粗矿-细砂等组成，水量较大，一般大于 1 000 m^3/d。

第Ⅱ承压含水层组：分布于钱塘江古河道，由中更新统上组冲洪积卵砾石夹砂土透镜体-含砾中粗砂-细矿组成，埋藏于平原区深部，厚度较大，最大处达 60 m。

2)碳酸盐岩类裂隙溶洞水

碳酸盐岩类裂隙溶洞水主要分布于转塘街道，包含石炭、二叠系中厚层-块状灰岩裂隙溶洞水含水岩组和奥陶系薄-中厚层状灰岩、泥质灰岩、白云岩、灰质白云岩裂隙溶洞水含水岩组两个含水岩组。其中石炭、二叠系含水岩组以覆盖型岩溶水为主，袁浦西部山前形成石龙山、西山二个岩溶富水带，由黄龙组、船山组灰岩组成。顶板埋深 25～40 m，含水部位多为 50～120 m，地下水位埋深为 0.3～2.5 m，单井涌水量小于 1 000 m^3/d。水质变化大，西山一带固形物 0.2～0.5 g/L，水化学类型为 HCO_3-Ca、HCO_3 · Cl-Na · Ca 型。奥陶系含水岩组以裸露型为主，由奥陶系薄-中厚层状灰岩、泥质灰岩、白云岩、灰质白云岩等组成。

3）基岩裂隙水

基岩裂隙水以层状岩类构造裂隙水为主，主要赋存于泥盆系上统西湖组石英砂岩构造裂隙水含水岩组，分布于杭州西部转塘—袁浦—周浦一带。由泥盆系上统西湖组石英砂岩、石英砂砾岩组成。可见泉出露，常见泉流量大于 0.1 L/s，局部较大为 0.5～1.0 L/s。覆盖区单井涌水量一般大于 100 m^3/d，可在地貌和构造有利地段形成储水构造。

6.3.2　开发适宜性三维可视化评价

1. 基于 EVS 的三维地质模型

1）三维地质结构建模

EVS 三维地质建模软件支持矩形线性网格、有限差分网格、凸包网格、体素等多种网格类型，具有基于地质统计学的空间计算能力，满足属性模型构建和资源评价的需求，其层序建模流程如图 6.61 所示。

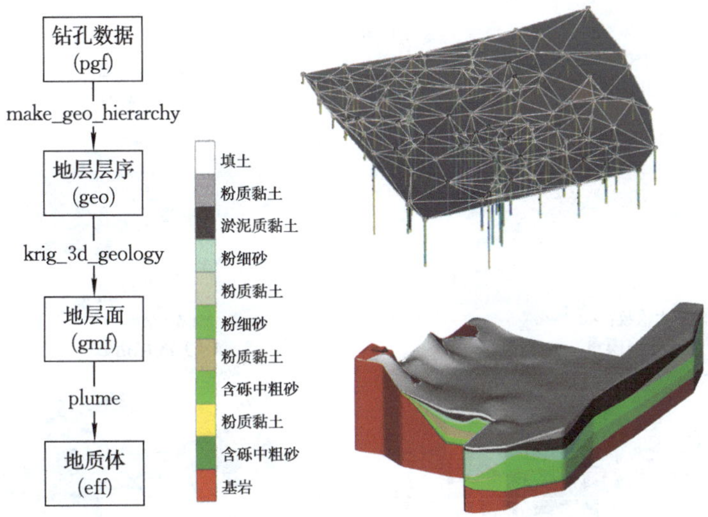

图 6.61　杭州“三江汇”评价区层序建模流程

2）三维地质属性建模

属性数据主要从地质调查和工程勘察的工程地质钻孔实验数据、现场试验等资料中获取，按不同地层进行统计分析，按一定原则对属性数据进行赋值。

（1）地层及结构。根据地质调查和探测结果，对地层岩性、结构等属性进行赋值，每个地层应包含岩性、厚度等信息；断裂在模型中按线状（面状）表现，其属性包含走向、倾向、倾角三大产状信息；基岩起伏度通过基岩面计算。

(2)土体和岩体工程力学参数。土体和岩体工程力学参数数据主要来源于地质调查、工程勘察等实测数据，按地层进行统计获得每个地层的特征值，对每个地层赋予工程力学参数特征值。

根据杭州市“三江汇”评价区地质条件和地下空间资源条件，在三维地质模型中进行属性提取(图 6.62)。

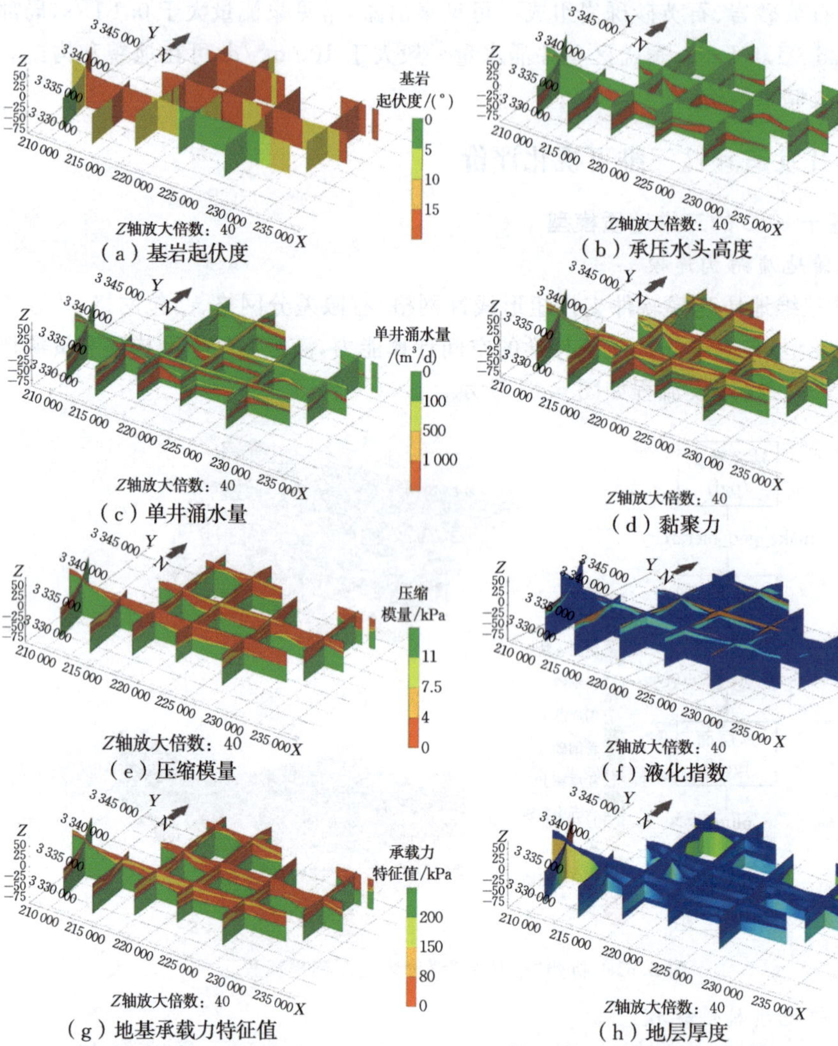

(a) 基岩起伏度　(b) 承压水头高度　(c) 单井涌水量　(d) 黏聚力　(e) 压缩模量　(f) 液化指数　(g) 地基承载力特征值　(h) 地层厚度

图 6.62　杭州“三江汇”评价区地下空间资源评价单要素属性三维网格

2. 开发适宜性评价方法

1)评价数学模型

地下空间资源评价方法采用传统的综合指数法，即

$$G=\sum_{i=1}^{n} H_i \times w_i \tag{6.8}$$

式中，H_i 为各评价指标赋值，w_i 为各指标的权重，i 为指标序号，采用层次分析法赋权，n 为指标个数。

2)计算方法

根据每个指标的实际值和指标分级标准进行赋值。每个单元 H 值的取值建议如表 6.16 所示。

表 6.16　地下空间资源评价指标分级与取值建议

评价指标			分级标准与取值			
			Ⅰ(适宜) $H=1$	Ⅱ(较适宜) $H=0.7$	Ⅲ(一般适宜) $H=0.3$	Ⅳ(较不适宜) $H=0$
地层结构(组合)	基岩占比	V/%	>75	50～75	25～50	<25
	不良地质体占比	V/%	<25	25～50	50～75	>75
	单元内地层数量	/个	1～2	3～5	5～7	>7
	断裂	—	无	压性断裂	张性断裂	活动断裂
活动断裂安全距离		/km	>3	1～3	0.5～1	<0.5
基岩起伏度		/(°)	≤3	3～10	10～15	≥15
岩溶发育程度			不发育	有零星发育，溶洞小于 1 m	岩溶发育程度一般，连通性一般	岩溶发育程度高，连通性好
地下水位埋深			水位之上	—	—	水位之下
承压水头高度(顶板到水头的距离)		/m	≤5	5～10	10～15	>15
单井涌水量		/(m^3/d)	≤100	100～500	500～1 000	>1 000
渗透系数		/(m/d)	$<10^{-5}$	10^{-5}～10^{-4}	10^{-4}～10^{-2}	$>10^{-2}$
矿化度		/(g/L)	≤1	1～2	2～5	>5
黏聚力(计算值)		/kPa	≤25	25～40	40～65	>65
内摩擦角		/(°)	≥60	48～60	20～48	<20
压缩模量		/kPa	≥11	7.5～11	4～7.5	<4
砂土液化指数			<5	5～10	10～15	≥15
土体膨胀系数		/%	<40	40～60	60～90	≥90
岩体抗压强度		/MPa	>60	30～60	15～30	<15
岩体完整性指数			≤0.15	0.15～0.55	0.55～0.75	>0.75

H 值的取值原则如下所述。

(1)若该指数不受地层控制，则直接利用原始数据对照分级标准进行取值，如承压含水层水头高度(距离顶板的高度)。

(2)若一个评价单元体素内涉及多个地层，需考虑体素空间内地层组合情况对该指标实际值进行加权平均，以评价单元所在地层单层地层体积百分比作为权重，计算该评价单元的 R_i 值，再根据取值建议(表 6.16) 确定 H 值。

$$R_i = \sum_{j=1}^{m} h_{ij} \times V_j \tag{6.9}$$

式中，R_i 为各评价单元评价指标综合值，i 为单元编号，m 为该评价单元中涉及的地层个数，h_{ij} 为单元内第 j 个地层的参数实际值，V_j 为该地层占评价单元总体积的体积百分比。

3)地下空间资源质量分级

根据计算所得的综合指数 G，对评价结果进行分级，分级标准如表 6.17 所示。利用三维地质模型的空间分析功能，计算适宜区和较适宜区的体积，可以作为地下空间资源的可开发利用量。

表 6.17 杭州“三江汇”地下空间资源工程地质适宜性评价分级标准

分区	适宜区	较适宜区	一般适宜区	较不适宜区
综合指数 G	0.6～1	0.5～0.6	0.4～0.5	<0.4

3. 评价结果三维可视化

根据层次分析法对指标进行权重赋值。由于不同深度各指标对地下空间开发的影响程度不同，为了真实反映各指标要素对地下空间资源禀赋特征的影响程度，本次采用分层赋权的原则进行权重赋值(表 6.18)。

表 6.18 杭州“三江汇”评价区地下空间资源评价指标权重赋值表

评价指标			权重		
			0～15 m	15～50 m	50～100 m
地质结构	基岩占比	V/%	0.03	0.03	0.05
	不良地质体(软土+易液化砂土)占比	V/%	0.06	0.03	0.03
	单元内地层数量	/个	0.05	0.03	0.03
地下水条件	地下水位埋深	/m	0.11	—	—
	承压水头高度	/m	—	0.1	0.12
	单位涌水量	/(l/sm)	—	0.1	0.12
工程力学条件	黏聚力(计算值)	/kPa	0.1	0.08	0.08
	砂土液化指数		0.1	0.08	0.08
	压缩模量	/MPa	0.2	0.2	0.1
	承载力特征值	/kPa	0.15	0.15	0.15
基岩条件	基岩起伏度	/(°)	0.12	0.12	0.13
	岩体抗压强度	/MPa	0.08	0.08	0.11

根据城市地下空间资源评价数学方法和计算模型，使用软件中的空间分析和计算功能进行综合计算，得到地下空间资源的工程地质适宜性综合指数，再根据分级标准得到地下空间资源工程地质适宜性分级及其空间分布特征(图 6.63、图 6.64)。

图 6.63　杭州“三江汇”评价区地下空间资源评价结果及三维展示

（a）0～15 m

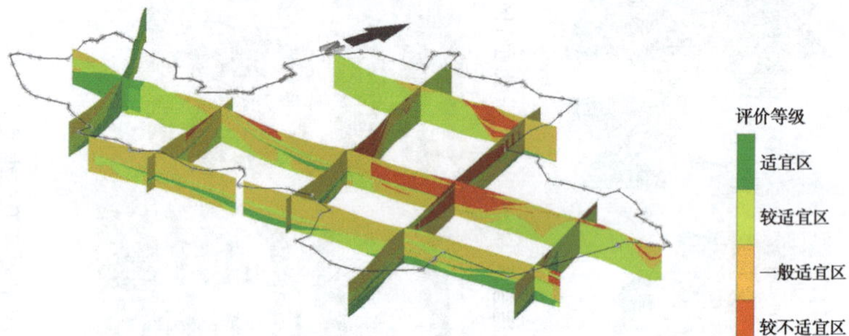

（b）15～50 m

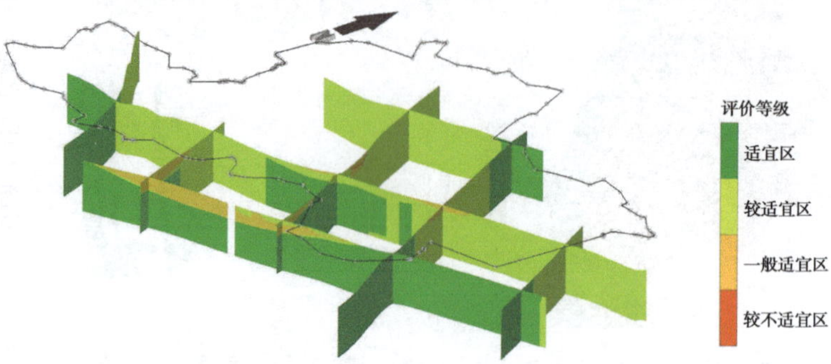

（c）50～100 m

图 6.64　杭州“三江汇”评价区地下空间资源评价分层三维展示

评价结果(表 6.19、图 6.65)显示，杭州“三江汇”评价区地下 0～100 m 深度范围内地下空间资源的适宜开发体量占 18.61%，主要分布在地下 15～50 m 和 50～100 m 深度范围内。地下 15～50 m 深度范围内分布多层硬土层，工程地质条件好，适宜地下空间开发；地下 50～100 m 深度范围内分布地层主要为工程地质条件优良的基岩。较适宜区和一般适宜区是地下空间资源适宜程度占比最多的两个分区，分别占 34.64%和 37.59%。不适宜区占总体的 9.16%，主要分布在地下 0～15 m 和 15～50 m 深度范围，主要原因是有分布广泛的软土层，地层结构相对复杂，工程地质条件较差。

表 6.19　杭州“三江汇”评价区地下空间资源工程地质适宜性评价结果

分层	适宜区		较适宜区		一般适宜区		不适宜区	
	体积/$10^8 m^3$	占比/%	体积/$10^8 m^3$	占比/%	体积/$10^8 m^3$	占比/%	体积/$10^8 m^3$	占比/%
0～15 m	2.47	6.34	9.96	25.54	23.05	59.1	3.52	9.02
15～50 m	8.26	9.08	31.94	35.1	41.70	45.82	9.10	10.00
50～100 m	63.10	48.54	60.47	46.52	6.10	4.69	0.23	0.25
总体	73.83	18.61	102.38	34.64	70.84	37.59	12.85	9.16

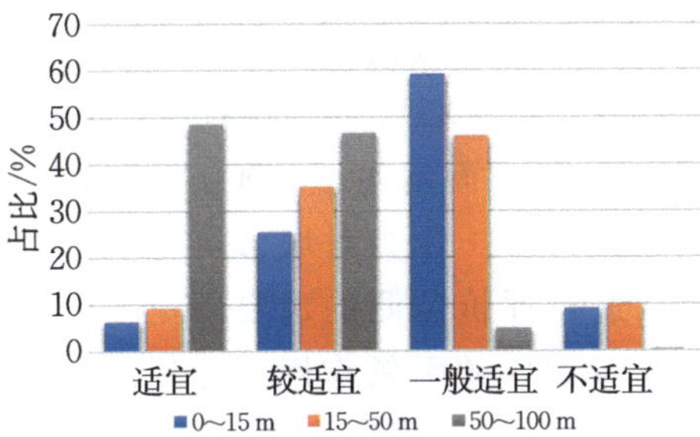

(a) 分层适宜性

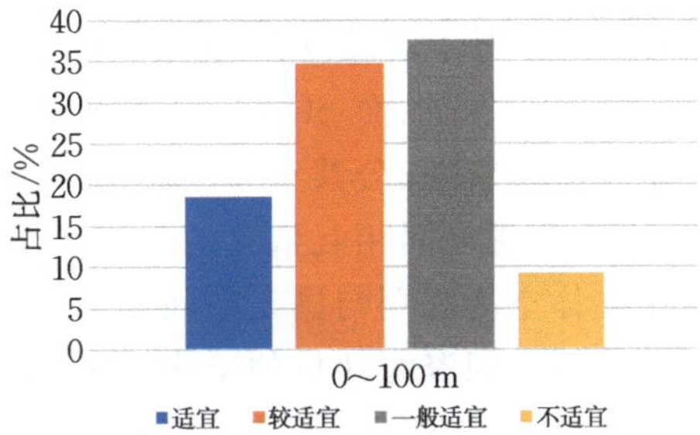

(b) 总体适宜性

图 6.65　杭州“三江汇”评价区地下空间资源工程地质适宜性评价结果

6.4　本章小结

本章详细介绍了城市地下空间资源三维可视化评价的三个典型案例。以南京江北新区为例，介绍了城市地下空间资源质量和建设适宜性的三维可视化评价；以宁波东部新城为例，介绍了城市地下空间资源质量和开发风险的三维可视化评价；以杭州“三江汇”未来城市实践区为例，介绍了城市地下空间资源开发适宜性的三维可视化评价。这些案例可供城市立体空间规划和地下空间资源开发利用参考，后续将加强评价成果对地下空间资源规划管理的支撑，为城市地下空间资源三维区划方法和“地下地籍”的确权登记服务。这三个案例均是从城市地下空间资源质量和开发适宜性角度出发，暂未考虑地下多场多资源耦合效应，以及地下多相多场复杂系统扰动再平衡现象。未来，还需研发地下空间资源禀赋整体评价理论，开展城市地下多资源协同利用研究。

第7章　研究展望

联合国于2015年发布《2030年可持续发展议程》，提出了17项可持续发展目标(sustainable development goals，SDGs)和169项具体目标(图7.1)。其中，可持续城市和社区(sustainable cities and communities)作为第11项目标(SDG11)，集中探讨了对于建设包容、安全、有抵御灾害能力和可持续的城市及人类住区的目标与要求[196,197]。而SDG11.3、SDG11.7、SDG11.a、SDG11.b、SDG11.c等目标分别从城市管理、公共空间、城市关系、城市社区等方面阐述了SDG11与城市环境、自然资源之间相互依存的影响机制。当然，SDG11作为对城市可持续发展、城市立体空间规划与国土空间整体开发利用进行评价监测的重要理论基础，对城市地下空间资源评价的未来研究与发展起着重要的引领作用。此外，以集中紧凑的城市形态和减少能源消耗为主要目标，作为欧洲国家实践可持续发展理念的重要思想体现——绿色城市主义很好地契合了当代实现可持续发展的目标要求。城市通过紧凑发展、公共交通优先发展及发展绿色经济与生态管理，有效避免了城市的蔓延式无序发展，降低城市交通对小汽车出行的依赖，城市环境质量显著提升，城市宜居性得到大幅提升[198-200]。绿色城市主义将不仅解决城市化进程中出现的部分环境问题，也可为城市与环境的和谐发展指出未来的发展方向。

图7.1　可持续发展目标(SDGs)

城市地下空间资源兼备资源与环境双重属性，是现代城市生存与发展的重要资源与载体。基于科学的评价指标、合理的指标权重、适宜的评价数学模型而获得的城市地下空间资源评价结果，有助于城市地下空间的整体与详细规划，以及地下空间资源的深度开发和综合利用。此外，城市地下空间资源也是土地资源向城市地下的延伸与扩展，与土地资源之间是相互依存的关系。顾及国际社会经济发展理念变化和国内外相关科学与技术的未来发展趋势，基于国内外城市地下空间资源评价指标体系构建、评价指标赋权、评价数学模型构建、评价空间建模与可视化表达等方面的已有研究成果，结合城市地下空间资源评价理论、方法与技术前沿，分析认为城市地下空间资源在评价理论的持续充实、指标属性的智能提取、评价指标的科学赋权、评价模型的持续优化、评价信息的全息表达、评价单元的柔性划分、评价结果的综合应用等方面还大有可为。

7.1 评价理论的持续充实

7.1.1 地下多相多场复杂系统扰动再平衡理论

城市地下岩、土、水、气是经过漫长的地质历史内、外动力地质作用，演化形成相对稳定的地下动态平衡系统。地下空间开发的人工扰动势必会造成应力场、温度场、化学场、地下水流场等多相多场系统平衡状态的改变，在全球变化背景与地球系统自适应体系下，系统会达到一种新的平衡状态。研究系统边界的稳定性及不同子系统扰动与再平衡过程至关重要。

7.1.2 城市地下空间资源禀赋整体评价理论

地下空间资源禀赋受制于地下构造展布、地层结构、岩土属性及地下水系统等多种地质环境要素，地下多相多场相互耦合形成不同特性、多种尺度的地质环境子系统；子系统位置大小、形态品质、相互关系、动态变化等是地下空间资源禀赋和开发适宜性的决定性因素。城市地下空间开发需要根据地下空间资源禀赋评价结果、地质环境子系统条件及其变化规律，结合城市持续发展过程与平战结合需要，在保障地质环境系统安全的前提下科学合理、高效安全、立体有序地开发利用地下空间资源，实现人地和谐与城市健康可持续发展。研究城市地下空间资源禀赋、安全资源量、资源品质、资源经济价值、环境影响等及地下空间分层功能适用性，建立地下空间资源禀赋整体评价的原理、模型与方法，是进行城市地下空间多层次、多功能协同规划的基础。

7.2　指标属性的智能提取

评价指标属性的科学赋值是决定评价结果准确性和可靠性的基础。传统指标属性提取往往根据区域地形地貌、地质调查和经济社会统计等数据进行指标属性赋值，数据精度偏低并具有较强的主观性。随着现代测绘技术、地下空间探测技术和大数据人工智能技术的进步，其对提高评价指标属性精度具有促进作用。利用城市地下空间精细探测技术，提高评价区内地质结构建模精度；充分利用大数据人工智能技术，研究基于稀疏数据的三维空间插值算法，提高评价指标属性可靠性。此外，需要研究地下空间资源禀赋的地质环境关键要素识别方法，突破从基础地质探测数据集中自动提取地质环境关键要素信息的技术难题；开发智能计算模型与工具组件，实现从基础地质探测、监测数据集向地下空间资源环境数据集的高效派生与自动转化。

7.3　评价指标的科学赋权

7.3.1　基于变权思想的指标赋权

现有城市地下空间资源评价常用的指标权重赋值采用的是常权赋值，即各评价指标权重在三维空间范围内是恒定不变的，不随深度和指标特性变化。而在实际情况下，某项评价指标会因为所处的空间位置对评价结果产生不同影响程度。某项评价指标值的过低或极高会大幅影响该单元的综合评价结果，因此采用常权赋权方法可能会导致不科学的评价结果。未来需要基于变权思想，综合考虑评价指标空间分异特性和指标状态对评价结果的影响程度，通过构建随深度变化函数、平面分区函数及“惩罚”和“激励”等方式，对评价指标进行变权赋权。

7.3.2　顾及时变特性的指标赋权改进

现有研究中评价指标的赋权规则与方法不统一，加之评价指标的参数值具有截面性和时序性特征，导致评价指标权重分配不够科学、不太一致，从而影响了评价结果的可靠性与可比性。未来需要在顾及时变特性指标赋权方法研究的基础上，进一步交叉运用相关系数法、因子分析法、神经网络法、向量相似度法、遗传算法和数据包络分析法等权重分配方法，努力提升传统指标维度赋权结果的可靠性。与此同时，可有效融合诱导有序加权平均算子、有序加权几何平均算子、诱导有序加权几何平均算子、时序几何平均算子等不同类型算子，提升时间维度赋权方法的多样性。在获取不同时刻城市地下空间资源评价指标属性值的基础上，完善以指标赋权结果合理准确为科学目标的城市地下空间资源评价指标赋权研究。

7.4　评价模型的更新优化

7.4.1　质量评价连续数学模型的改进

现有城市地下空间资源质量评价的连续数学模型对不同评价目标进行单独评价的过程中,还未将评价指标间的定性定量关系有机统一起来,其数学模型仍以简单线性和非线性组合模型为主。未来需在连续性表达数学模型构建方法研究基础上,进一步融合多目标决策理论、离散数学、集合论等对多目标层次结构体系的求解思想,考虑评价指标互不相同的属性特征,构建适合任意评价指标体系的组合型、改进型、创新型连续评价函数模型,并建立相应的选用规则,进而完善以评价指标与结果连续性表达为目标的城市地下空间资源评价数学建模研究。此外,地下空间资源禀赋受地下构造展布、地层结构、岩土属性及地下水系统等多种地质环境要素的影响,覆盖区、基岩区、复合区的关键地质环境要素、影响特征及影响程度各不相同,需要研究建立体现其特征差异的地下空间资源禀赋整体评价非线性数学模型。

7.4.2　顾及扰动变化的动态评价模型

现有城市地下空间资源评价模型为静态的现状评价,没有顾及城市地下空间开发利用过程中评价指标随开发扰动及地质环境条件变化而演变的实际情况。未来需要基于城市地下空间资源评价指标存在时间维动态变化和尺度维动态转换的重要特性,建立城市地下空间资源评价指标的时间-尺度动态关联模型,结合顾及评价指标时变特性的赋权方法,构建基于指标时变特性的评价数学模型,以实现评价指标间的静态-动态耦合和多尺度效应下评价结果的连续表达。

7.4.3　顾及随机性的质量概率评价模型

城市地下空间资源评价指标属性多采用基于稀疏属性点的确定性三维插值方式生成,而未考虑部分指标如岩土体力学参数的空间异质性和随机性,造成确定性评价结果中忽视了评价结果的概率分布。未来需要综合考虑地下岩土参数的各向异性和随机性,利用岩土随机场理论揭示岩土参数随机特征,基于此构建城市地下空间资源的三维属性随机分布模型及质量概率评价模型,并基于蒙特卡罗随机分析获得各评价结果的概率分布。

7.5 评价的全息表达与评价单元的柔性划分

7.5.1 多源信息格网融合的全息表达

城市地下空间资源评价涉及要素多且构成复杂，需要充分利用地理信息新方法新技术，研究地下空间资源环境多源、多场信息的时空关联与集成融合方法，建立地下空间资源相关信息的格网融合模型，突破地下空间资源多源、多场信息的格网融合技术瓶颈；研究地下空间多源、多场信息的全息表达方法，解决地下空间资源及其环境要素全息、透明可视化技术难题。进而，开发地下空间工程、岩土地层、构造裂隙及多场融合的全对象、真三维集成可视化平台，实现地下空间资源、地质环境与地下工程的全息表达与透明分析。

7.5.2 评价单元的柔性划分

现有平面网格划分与三维体素剖分措施均不足以准确体现不同类型地质要素的尺度差异与复杂变化，难以反映断层、弱层、岩溶等地质缺陷的边界约束影响。因此，在扁平体素的基础上，可进一步引入 3DGIS 的层次细节模型(LOD)与模糊边界匹配技术，以便更新改进不同单元形状、边界约束及多粒度组合的新规则新方法，进而改进体素刚性空间单元划分技术。由此，探索建立形状自适应的柔性评价单元划分新方法，形成顾及地质体及地质环境自然特征的城市地下空间资源评价单元划分新规则与新技术模式。

7.6 评价结果的综合应用

7.6.1 城市地下多资源协同利用

城市地下除了可开发的空间资源外，还赋存着地下水、地热和地质材料等多种资源，要实现城市地下空间可持续开发利用，需要把城市地下多种资源作为一个整体来对待。以地学知识与空间信息理论为基础，综合考虑城市地下全资源协同利用，以地下空间基础地质数据集和地质三维模型为依据，构建城市地下全资源评价指标体系和评价模型，为地下资源的保护和协同利用服务。此外，针对城市地下多资源开发利用，需要以三维空间模型为基底，综合分析多场多资源耦合作用引发的生态环境状态变化及主动防控工程措施。

7.6.2　城市地下空间资源三维区划

城市地下空间资源评价是城市地下空间规划、城市立体空间规划和国土空间区划的重要依据。利用城市地下空间资源综合评价成果，虽已建立了城市地下空间规划的平面区划体系，融入了城市国土空间规划的生产空间、生活空间和生态空间（即“三生空间”）划定体系，但忽视了地下三维空间的立体区划。未来还需将地表规划分区拓展到地下立体空间，并依据城市地下空间资源三维评价结果，以地下空间资源质量及适宜性为基础，指导城市立体空间规划，并针对不同规划分区划定城市地下空间资源三维分布，进而划定地下“三生空间”。

7.6.3　城市地下空间资源确权管理

随着社会发展，城市地下空间资源确权是土地立体利用过程中产生的新型权利，其确权登记是城市地下空间资源开发利用的重要保障。未来需要以城市地下空间三维实景模型为基础，以地下空间资源价值评价为依据，研究“地下地籍”确权方法，支撑自然资源管理部门扩展和履行地下空间资源利用管理职责。

参考文献

[1] EDELENBOS J, MONNIKHOF R, HAASNOOT J, et al. Strategic study on the utilization of underground space in the Netherlands [J]. Tunnelling and Underground Space Technology, 1998, 13(2): 159-165.

[2] MONNIKHOF R, EDELENBOS J, VANDERKROGT R. How to determine the necessity for using underground space: An integral assessment method for strategic decision-making [J]. Tunnelling and Underground Space Technology, 1998, 13(2): 167-172.

[3] 钱七虎.城市可持续发展与地下空间开发利用[J].地下空间,1998,18(2):69-74.

[4] 童林旭.地下空间与未来城市[J].地下空间与工程学报,2005,1(3):323-328.

[5] ZHANG M D, XIE Z, HE L. Does the scarcity of urban space resources make the quality of underground space planning more sustainable? A case study of 40 urban underground space master plans in China[J]. Frontiers in Environmental Science, 2022(10): 1-17.

[6] KUCHLER M, CRAIG-THOMPSON A, ALOFE E, et al. SubCity: Planning for a sustainable subsurface in Stockholm[J]. Tunnelling and Underground Space Technology, 2024(144): 105545.

[7] LAI Y N, WANG Y L, CHENG J, et al. Review of constraints and critical success factors of developing urban underground space[J]. Underground Space, 2023(12): 137-155.

[8] BOBYLEV N. Transitions to a high density urban underground space [J]. Procedia Engineering, 2016(165): 184-192.

[9] BOBYLEV N. Underground space as an urban indicator: Measuring use of subsurface[J]. Tunnelling and Underground Space Technology, 2016(55): 40-51.

[10] BOBYLEV N, STERLING R. Urban underground space: A growing imperative[J]. Tunnelling and Underground Space Technology, 2016(55): 1-4.

[11] HUNT D V L, MAKANA L O, JEFFERSON I, et al. Liveable cities and urban underground space[J]. Tunnelling and Underground Space Technology, 2016(55): 8-20.

[12] ZHOU Y X, ZHAO J. Assessment and planning of underground space use in Singapore[J]. Tunnelling and Underground Space Technology, 2016(55): 249-256.

[13] ADMIRAAL H, CORNARO A. Why underground space should be included in urban planning policy — And how this will enhance an urban underground future[J]. Tunnelling and Underground Space Technology, 2016(55): 214-220.

[14] BROERE W. Urban underground space: solving the problems of today's cities[J]. Tunnelling and Underground Space Technology, 2016(55): 245-248.

[15] TENGBORG P, STURK R. Development of the use of underground space in Sweden[J]. Tunnelling and Underground Space Technology, 2016(55): 339-341.

[16] ADMIRAAL J B M. A bottom-up approach to the planning of underground space[J]. Tunnelling and Underground Space Technology, 2006, 21(3): 464-465.

[17] GONZÁLEZ R C L, ULLOA B M, OTÓN M P. The underground of European cities in

planning documents: The case of A Coruña (Spain)[J]. Procedia Engineering,2017(209): 42-48.

[18] BOBYLEV N. Mainstreaming sustainable development into a city's master plan: A case of urban underground space use[J]. Land Use Policy,2009,26(4): 1128-1137.

[19] 徐志搏,罗婷文,文楚君,等. 基于改进多边形面积法的城市土地立体化利用潜力评价——以深圳市为例[J]. 自然资源学报,2018,33(3): 504-514.

[20] BRICKER S,JELENEK J,VAN DER KEUR P,et al. Geoscience for cities: Delivering Europe's sustainable urban future[J]. Sustainability,2024,16(6): 2559.

[21] 雷升祥,孙嘉良,张文丽. 专利视角下的城市地下空间发展现状和趋势[J]. 地下空间与工程学报,2023,19(2): 351-358.

[22] 王东辉,倪化勇,李鹏岳,等. 城市地下空间资源综合利用实践——以成都市地质环境图集(2017)数据集为例[J]. 中国地质,2019,46(S2): 21-43.

[23] 李晓军,刘雨芃,汪宇. 城市地下空间数据标准化现状与发展趋势[J]. 地下空间与工程学报,2017,13(2): 287-294.

[24] 邵继中,胡振宇. 城市地下空间与地上空间多重耦合理论研究[J]. 地下空间与工程学报,2017,13(6): 1431-1443.

[25] ZERHOUNY M,FADIL A,HAKDAOUI M. Underground space utilization in the urban land-use planning of Casablanca (Morocco)[J]. Land,2018,7(4): 143.

[26] 赵晋友,黄松. 城市地下空间开发面临的机遇与挑战[J]. 地质与勘探,2013,49(5): 964-969.

[27] 朱合华,丁文其,乔亚飞,等. 简析我国城市地下空间开发利用的问题与挑战[J]. 地学前缘,2019,26(3): 22-31.

[28] 王成善,周成虎,彭建兵,等. 论新时代我国城市地下空间高质量开发和可持续利用[J]. 地学前缘,2019,26(3): 1-8.

[29] 李晓昭,王睿,顾倩,等. 城市地下空间开发的战略需求[J]. 地学前缘,2019,26(3): 32-38.

[30] 曾国华,汤志立. 城市地下空间一体化发展的内涵、路径及建议[J]. 地下空间与工程学报,2022,18(3): 701-713.

[31] DENG Y S,CHEN J,ZOU B P,et al. Research on the driving factors and prediction model of urban underground space demand in China[J]. Sustainability,2024(16): 3700.

[32] CHAN I Y S,CHEN H. Towards an integrative analysis of underground environment and human health: A survey and field measurement approach[J]. Engineering,Construction and Architectural Management,2024,31(5): 1807-1834.

[33] 童林旭,祝文君. 城市地下空间资源评估与开发利用规划[M]. 北京: 中国建筑工业出版社,2009.

[34] 陈志龙,张平,龚华栋. 城市地下空间资源评估与需求预测[M]. 南京: 东南大学出版社,2015.

[35] LI X Z,LI C C,AURELE P,et al. Multiple resources and their sustainable development in urban underground space[J]. Tunnelling and Underground Space Technology,2016(55):

59-66.

[36] CHEN Z L, CHEN J Y, LIU H, et al. Present status and development trends of underground space in Chinese cities: Evaluation and analysis [J]. Tunnelling and Underground Space Technology, 2018(71): 253-270.

[37] 杨晓刚,王睿,黄伟亮.基于国内典型城市对比的地下空间开发利用现状及问题分析[J].地学前缘,2019,26(3):69-75.

[38] 孙钧.国内外城市地下空间资源开发利用的发展和问题[J].隧道建设,2019,39(5):699-709.

[39] QIAO Y K, PENG F L, LUAN Y P, et al. Rethinking underground land value and pricing: A sustainability perspective [J]. Tunnelling and Underground Space Technology, 2022 (127): 104573.

[40] 钱七虎.地下空间科学开发与利用[M].南京:江苏科学技术出版社,2007.

[41] ZHAO J W, PENG F L, WANG T Q, et al. Advances in master planning of urban underground space (UUS) in China[J]. Tunnelling and Underground Space Technology, 2016(55): 290-307.

[42] 蒋旭,王婷婷,穆静.地下空间开发利用适宜性与资源量的应用研究[J].地下空间与工程学报,2018,14(5):1145-1153.

[43] MA C X, PENG F L. Evaluation of spatial performance and supply-demand ratios of urban underground space based on POI data: A case study of Shanghai [J]. Tunnelling and Underground Space Technology, 2023(131): 104775.

[44] CHEN Y L, CHEN Z L, GUO D J, et al. Underground space use of urban built-up areas in the central city of Nanjing: Insight based on a dynamic population distribution [J]. Underground Space, 2022, 7(5): 748-766.

[45] CHEN Y L, CHEN Z L, GUO D J, et al. Simulating spatiotemporal dynamics of urban underground space development using multi-agent system: A case study in Changzhou City, China[J]. Tunnelling and Underground Space Technology, 2022(124): 104482.

[46] QIAO Y K, PENG F L, DONG Y H, et al. Planning an adaptive reuse development of underutilized urban underground infrastructures: A case study of Qingdao, China [J]. Underground Space, 2024(14): 18-33.

[47] HAO M, REN W Y, XIA W Q, et al. Suitability evaluation of urban underground space development: A case study of Qingdao city [J]. Applied Sciences-Basel, 2024, 14 (15): 6617.

[48] LI S F, HONG Z L, XUE X P, et al. Comprehensive evaluation of the underground space resources in Xianyang city[J]. Sci Rep, 2023, 13(1): 17348.

[49] XU Z W, ZHOU S H, ZHANG C, et al. A Bayesian network model for suitability evaluation of underground space development in urban areas: The case of Changsha, China [J]. Journal of cleaner production, 2023(418): 138135.

[50] ZHANG X Y, RUAN Y C, XUAN W H, et al. Risk assessment and spatial regulation on

urban ground collapse based on geo-detector: a case study of Hangzhou urban area[J]. Natural Hazards,2023,118(1): 525-543.

[51] LIU H W,LI Z,HE Q C. Suitability assessment of multilayer urban underground space based on entropy and CRITIC combined weighting bethod: A case study in Xiong'an New Area,China[J]. Applied Sciences-Basel,2023,18(13): 10231.

[52] WEI L X,GUO D J,CHEN Z L,et al. Growth simulations of urban underground upace with ecological constraints using a patch-based cellular automaton[J]. ISPRS international journal of geo-information,2023,12(10): 387.

[53] WANG B S,LIU Y F,TONG Z M,et al. Spatiotemporal Dynamic Characteristics of Land Use Intensity in Rapidly Urbanizing Areas from Urban Underground Space Perspectives [J]. Sustainability,2023(15): 13008.

[54] 童林旭. 论城市地下空间规划指标体系[J]. 地下空间与工程学报,2006(S1): 1111-1115.

[55] 花卫华,张子琛,陈启浩,等. 城市地下全要素多尺度语义表达模型及应用[J]. 地下空间与工程学报,2023,19(3): 714-724.

[56] TANG X W, GAN P L, LIU W, et al. Surface settlements induced by tunneling in permeable strata: A case history of Shenzhen Metro[J]. Journal of Zhejiang University-Science A,2017,18(10): 757-775.

[57] HAO X T,WANG B,WANG H L. Monitored deformation data during the construction of an urban subway[J]. Data in Brief,2020(29): 105126.

[58] GONG X N,ZHANG X C. Excavation collapse of Hangzhou subway station in soft clay and numerical investigation based on orthogonal experiment method[J]. Journal of Zhejiang University-Science A,2012,13(10): 760-767.

[59] LU C C,HWANG J H. Safety assessment for a shield tunnel in a liquefiable deposit using a practical dynamic effective stress analysis[J]. Engineering Failure Analysis,2019(102): 369-383.

[60] 陈宏伟. 隧道施工因素对地下水资源量的影响分析[J]. 铁道学报,2012,34(11): 94-99.

[61] VINCENZI V,GARGINI A,GOLDSCHEIDER N. Using tracer tests and hydrological observations to evaluate effects of tunnel drainage on groundwater and surface waters in the Northern Apennines (Italy)[J]. Hydrogeology Journal,2009,17(1): 135-150.

[62] 邹亮. 地下空间资源评估与需求预测方法指南[M]. 北京: 中国建筑工业出版社,2017.

[63] KNOX P L,MCCARTHY L. Urbanization: An Introduction to Urban Geography [M]. 3rd ed. Boston: Pearson Press,2012.

[64] 唐鑫,龚绪龙,许书刚,等. 苏南都市圈城市地下空间资源开发利用现状与地质调查对策[J]. 地质论评,2022,68(2): 593-605.

[65] 易荣,贾开国."双碳"战略背景下城市地下空间开发策略[J]. 隧道建设(中英文),2022,42(12): 1977-1984.

[66] 李子玉,乔永康,吴晓雷,等. 城市更新地区地下空间开发利用规划策略研究[J]. 现代隧道技术,2022,59(S1): 143-151.

[67] 吴立新，刘帝旭，杨洋，等.论城市地下空间资源评价：现状与未来[J].地下空间与工程学报，2022，18(1)：35-49.

[68] 伍鹏，郭宁，桂姣，等.空间资源保护视角下中小城市地下空间治理模式和策略探索——以丽江中心城市为例[J].隧道建设(中英文)，2023，43(7)：1190-1199.

[69] 石贝凝，向中林.河南省煤矿城市地下空间开发适宜性评价[J].矿业科学学报，2023，8(5)：714-724.

[70] 王睿，田聪，史洪峰，等.基岩山区型城市地下空间资源评价方法[J].地下空间与工程学报，2023，19(S1)：8-16.

[71] 贾伍慧，李宗发，刘凯，等.典型滨海平原城市地下空间地质适宜性评价[J].地质与勘探，2024，60(2)：367-376.

[72] 刘婷，王寒梅，史玉金，等.沿海厚覆盖区城市地下空间资源调查评价与应用——以上海为例[J].地质论评，2024，70(S1)：335-336.

[73] 易荣，阎浩，祁民，等.基于城市规划的城市地下空间开发适宜性评价探讨[J].地质与勘探，2024，60(2)：339-347.

[74] QIAO Y K, PENG F L, WU X L, et al. Visualization and spatial analysis of socio-environmental externalities of urban underground space use: Part 2 negative externalities [J]. Tunnelling and Underground Space Technology, 2022(121): 104326.

[75] 谭永杰，郭明强，王鹏，等."透明"地下空间构建技术与应用[J].测绘科学，2022，47(8)：18-24.

[76] 刘超，赵竹君，李海梅.国土空间规划体系下城市地下空间规划的再认识[J].城市发展研究，2022，29(1)：48-53.

[77] 高永红，任辉启，王明洋，等.城市地下空间重大灾害防御探讨[J].地下空间与工程学报，2023，19(4)：1051-1057.

[78] 刘帝旭.顾及时变特性的城区地下空间资源连续性评价方法与应用[D].长沙：中南大学，2023.

[79] 姜云.城市地下空间开发利用容量评估基本理论与方法[D].北京：中国矿业大学(北京)，2005.

[80] 许方，于海漪.城市地下空间设计[M].北京：中国建筑工业出版社，2005.

[81] XI Y, LI X J, ZHU H H, et al. Three-dimensional high-precision assessment of mountainous urban underground space resources: A case study in Chongqing, China[J]. Tunnelling and Underground Space Technology, 2022(123): 104439.

[82] 奚悦，张万斌，李培楠，等.城市地下空间资源质量三维精细化评价[J].浙江大学学报(工学版)，2022，56(4)：656-663.

[83] HOU W S, YANG L, DENG D C, et al. Assessing quality of urban underground spaces by coupling 3D geological models: The case study of Foshan city, South China[J]. Computers & Geosciences, 2016(89): 1-11.

[84] 吴文博.苏州城市地下空间资源评估研究[D].南京：南京大学，2012.

[85] 姜云，吴立新，车德福.地下空间资源质量熵权与可变模糊集组合评估[J].中国矿业大学学

报,2009,38(6):872-877.

[86] 吴立新,姜云,车德福,等.城市地下空间资源质量模糊综合评估与3D可视化[J].中国矿业大学学报,2007,36(1):97-102.

[87] YANG Y, WANG R, LIU D X, et al. Three-dimensional quality assessment of urban underground space resource based on multiple geological environmental factors[J]. Applied Sciences-Basel,2024,14(10):4046.

[88] PENG J,PENG F L. A GIS-based evaluation method of underground space resources for urban spatial planning: Part 2 application [J]. Tunnelling and Underground Space Technology,2018(77):142-165.

[89] HE L,SONG Y,DAI S Z,et al. Quantitative research on the capacity of urban underground space — the case of Shanghai,China[J]. Tunnelling and Underground Space Technology, 2012(32):168-179.

[90] 田毅,陈建平,王丽梅.北京市中心城区地下空间潜在资源量三维评价[J].中国土地科学,2012,26(11):40-44.

[91] 姜云,吴立新,杜立群.城市地下空间开发利用容量评估指标体系的研究[J].城市发展研究,2005,12(5):47-51.

[92] DENG F,PU J,HUANG Y,et al. 3D geological suitability evaluation for underground space based on the AHP-cloud model[J]. Underground Space,2023(8):109-122.

[93] 郭骏瀚,刘凯,邓岳飞,等.基于熵权优化法的地下空间资源地质适宜性评价[J].地质通报,2023,42(Z1):385-396.

[94] 赵思成,胥犇,李晓军,等.山地城市核心区地下空间开发适宜性三维评价[J].同济大学学报(自然科学版),2022,50(1):70-78.

[95] WANG M L, WANG H X, FENG Y, et al. Investigating urban underground space suitability evaluation using fuzzy c-mean clustering algorithm — A case study of Huancui District,Weihai City[J]. Applied Sciences,2022,12(23):12113.

[96] SHAO J Z,LIU G,YUAN H,et al. Evaluation and scale forecast of underground space resources of historical and cultural cities in China[J]. ISPRS International Journal of Geo-Information,2022,11(1):31.

[97] TONG D F,TAN F,MA B C,et al. A suitability evaluation method of urban underground space based on rough set theory and conditional entropy: A case study in Wuhan Changjiang New Town[J]. Applied Sciences,2022,12(3):1347.

[98] DOU F F, XING H X, LI X H, et al. 3D geological suitability evaluation for urban underground space development based on combined weighting and improved TOPSIS[J]. Natural Resources Research,2022,31(1):693-711.

[99] 周长红,张树栋,吴荣泽,等.武清开发区地下空间开发地质适宜性评价[J].地下空间与工程学报,2022,18(S2):520-528.

[100] 张晓波,刘凯,蒋鹏,等.基于约束条件的深圳市南山区地下空间开发地质适宜性评价[J].水文地质工程地质,2023(4):1-12.

[101] 熊峰,李翔,刘梦林,等. 地下空间开发利用适宜性评价——以武汉长江新城为例[J]. 地下空间与工程学报,2022,18(1):12-19.

[102] DOU F F, LI X H, XING H X, et al. 3D geological suitability evaluation for urban underground space development — A case study of Qianjiang Newtown in Hangzhou, Eastern China[J]. Tunnelling and Underground Space Technology,2021(115):104052.

[103] ZHANG X B,WANG C S,FAN J,et al. Optimizing the analytic hierarchy process through a suitability evaluation of underground space development in Tonghu District, Huizhou City[J]. Energies,2020,13(3):742.

[104] 何静,周圆心,郑桂森,等. 北京市地下空间资源利用地质适宜性评价研究[J]. 地下空间与工程学报,2020,16(4):955-966.

[105] 姜婷. 北京市海淀区地下空间开发地质环境适宜性评价[D]. 成都:西南交通大学,2019.

[106] 甄艳,鲁小丫,李胜,等. 城市地下空间开发利用适宜性评价[J]. 测绘科学,2018,43(5):62-67.

[107] 彭俊婷. 基于 GIS 的城市地下空间开发适宜性评价[D]. 昆明:昆明理工大学,2016.

[108] 柳昆,彭建,彭芳乐. 地下空间资源开发利用适宜性评价模型[J]. 地下空间与工程学报,2011,7(2):219-231.

[109] 郭骏瀚,刘凯. 城市地下空间资源地质环境适宜性评价方法对比分析[J]. 地质论评,2024,70(3):1083-1096.

[110] LI H Q, LI X Z, SOH C K. An integrated strategy for sustainable development of the urban underground: From strategic, economic and societal aspects[J]. Tunnelling and Underground Space Technology,2016(55):67-82.

[111] 张航飞,佘绍文,吴多誉,等. 三亚市中心城区地下空间资源开发潜力评价[J]. 地下空间与工程学报,2021,17(S1):16-21.

[112] DOYLE M R. Mapping urban underground potential in Dakar, Senegal: From the analytic hierarchy process to self-organizing maps[J]. Underground Space,2020,5(3):267-280.

[113] 林美娜. 昆明市城市地下空间开发潜力评价[D]. 昆明:昆明理工大学,2019.

[114] DOYLE M R. From hydro/geology to the streetscape: evaluating urban underground resource potential[J]. Tunnelling and Underground Space Technology,2016(55):83-95.

[115] WANG X, ZHEN F, HUANG X J, et al. Factors influencing the development potential of urban underground space: Structural equation model approach[J]. Tunnelling and Underground Space Technology,2013(38):235-243.

[116] 汪侠,黄贤金,汤晋. 城市地下空间资源开发潜力的模糊综合评价[J]. 北京工业大学学报,2010,36(2):213-218.

[117] 汪侠,黄贤金,甄峰,等. 城市地下空间资源开发潜力的多层次灰色评价[J]. 同济大学学报(自然科学版),2009,37(8):1122-1127.

[118] LIN Q X, ZOU B P, DENG Y S. Evaluation of the development potential of urban underground space using set pair analysis and the comprehensive weight method[J]. Sustainability,2023,15(7):6255.

[119] LU S, HITOSHI N, SHU Y. The establishment and application of underground space safety evaluation system in Shanghai[J]. Procedia Engineering, 2016(165): 433-447.

[120] 张晓峰,吕良海,白永强,等. 城市地下空间模糊综合评价方法研究[J]. 地下空间与工程学报,2012,8(1): 8-13.

[121] 赵旭东,张平,陈志龙. 历史文化街区地下空间资源质量模糊综合评估[J]. 地下空间与工程学报,2014,10(4): 739-744.

[122] 王振宇,朱太宜,王星华. 长沙城市地下空间开发利用的适宜性评价体系研究[J]. 铁道科学与工程学报,2019,16(5): 1274-1281.

[123] 苏栋,黄茂隆,韩文龙,等. 考虑城市地质环境影响的深圳市地下空间开发适宜性评价[J]. 地学前缘,2023,30(4): 514-524.

[124] SONG H, LEE S, HEO H. Indicators of urban underground space development for implementing sustainability: Proceedings of PICMET '13: Technology Management for Emerging Technologies[C]. USA: SAGE, 2013.

[125] 曹亮. 城市地下空间开发的地质环境识别评价与建模研究[D]. 南京:南京大学,2012.

[126] 郭建民,祝文君. 基于层次分析法的地下空间资源潜在价值评估[J]. 地下空间与工程学报,2005,1(5): 655-659.

[127] PING G. Evaluation on development potential of urban underground space resource: Multi-level extension comprehensive evaluation method[J]. AIP Conference Proceedings, 2018(1971): 30001.

[128] 彭俊婷,洪涛,解智强,等. 基于模糊综合评价的城市地下空间开发适宜性评估[J]. 测绘通报,2015,61(12): 66-69.

[129] 张玉敏. 哈尔滨市核心城区三维工程地质结构及地下空间适宜性研究[D]. 长春:吉林大学,2012.

[130] 段怡青,解智强,林美娜,等. 基于指数标度 AHP 的地下空间开发适宜性评价[J]. 地下空间与工程学报,2021,17(S1): 8-15.

[131] 刘金宇. 基于 GIS 的保山市隆阳区地下空间适宜性综合评价[D]. 昆明:昆明理工大学,2021.

[132] ZHOU D K, LI X Z, WANG Q, et al. GIS-based urban underground space resources evaluation toward three-dimensional land planning: A case study in Nantong, China[J]. Tunnelling and Underground Space Technology, 2019(84): 1-10.

[133] LU Z L, WU L, ZHUANG X Y, et al. Quantitative assessment of engineering geological suitability for multilayer urban underground space[J]. Tunnelling and Underground Space Technology, 2016(59): 65-76.

[134] 彭建,柳昆,郑付涛,等. 基于 AHP 的地下空间开发利用适宜性评价[J]. 地下空间与工程学报,2010,6(4): 688-694.

[135] LIU D X, WU L X, YANG Y. A hybrid weight assignment model for urban underground space resources evaluation integrated with the weight of time dimension[J]. Applied Sciences-Basel, 2020, 10(15): 5152.

[136] 曲巍巍. 重庆市地下空间开发利用研究[D]. 重庆:重庆大学,2010.

[137] SHANNON C E. A mathematical theory of communication[J]. The Bell System Technical Journal,1948,27(4): 623-656.

[138] TAN F,WANG J,JIAO Y Y,et al. Suitability evaluation of underground space based on finite interval cloud model and genetic algorithm combination weighting[J]. Tunnelling and Underground Space Technology,2021(108): 103743.

[139] 王加闯,黄明健,过江. 基于 CRITIC—有限区间云模型的边坡稳定性评价[J]. 中国安全生产科学技术,2019,15(6): 113-119.

[140] DIAKOULAKI D,MAVROTAS G,PAPAYANNAKIS L. Determining objective weights in multiple criteria problems: the critic method[J]. Computers & operations research,1995,22(7): 763-770.

[141] 宋如顺. 基于小波神经网络的多属性决策方法及应用[J]. 控制与决策,2000,15(6): 765-768.

[142] 焦利明,杨建立. 一种确定指标权重的新方法[J]. 指挥控制与仿真,2006,28(1): 94-97.

[143] 王海军,邓羽,李文浩,等. 遗传算法在城镇土地定级权重确定中的应用[J]. 武汉大学学报(信息科学版),2010,35(2): 240-243.

[144] 何成铭,李文鹏,冯靖. 基于 DEA 和 G1 法的指标综合赋权方法[J]. 四川兵工学报,2010,31(10): 128-130.

[145] 马邦闯,谭飞,焦玉勇,等. 基于粗糙集与 AHP 的地下空间开发地质适宜性评价模型构建方法研究[J]. 安全与环境工程,2020,27(6): 153-159.

[146] 郭超,阎长虹,刘军熙,等. 基于 GIS 的东营市浅层地下空间质量评估[J]. 工程地质学报,2014,22(2): 334-340.

[147] 王辉,祝文君. 基于 GIS 的城市地下空间资源调查评估[J]. 地下空间与工程学报,2006,2(S2): 1308-1312.

[148] 叶菁,侯卫生,邓东成,等. 基于可变模糊集的城市地下空间资源三维质量评价[J]. 资源科学,2016,38(11): 2147-2156.

[149] 岳志辉. 石家庄城市地下空间开发及利用适宜性灰色综合评价[D]. 天津:河北工业大学,2013.

[150] 胡宁. 基于可拓法的城市地下空间开发利用潜力评价——以郑州市为例[D]. 成都:成都理工大学,2012.

[151] 陈守煜,胡吉敏. 地下水资源承载能力评价模糊可变模型与方法[J]. 水资源保护,2006,22(6): 1-5.

[152] 黄玉田,张钦喜,孙家乐. 北京市中心区地下空间资源评估探讨[J]. 北京工业大学学报,1995,21(2): 93-99.

[153] 吴立新,姜云,梁越,等. 城市地下空间开发利用容量评估的基础研究[J]. 地理与地理信息科学,2004,20(4): 44-47.

[154] ZHU H H,HUANG X B,LI X J,et al. Evaluation of urban underground space resources using digitalization technologies[J]. Underground Space,2016(1): 124-136.

[155] 丛威青,潘懋,庄莉莉.3D GIS在城市地下空间规划中的应用[J].岩土工程学报,2009,31(5):789-792.

[156] 朱合华,王长虹,李晓军,等.数字地下空间与工程数据库模型建设[J].岩土工程学报,2007,29(7):1098-1102.

[157] DOYLE M, THALMANN P, PARRIAUX A. Underground potential for urban sustainability: Mapping resources and their interactions with the deep city method[J]. Sustainability,2016,8(9):830.

[158] PENG J,PENG F L. A GIS-based evaluation method of underground space resources for urban spatial planning: Part 1 methodology[J]. Tunnelling and Underground Space Technology,2018(74):82-95.

[159] 姜云,吴立新,车德福,等.城市地下空间资源质量评估基本单元体的研究[J].武汉大学学报(信息科学版),2007,32(3):275-278.

[160] 邹伟林,周文,常松,等.城市地下空间三维地质模型可视化技术研究[J].地质与勘探,2024,60(1):177-184.

[161] LIU D X, PENG B Q, WU L X, et al. Flat voxel-based modelling, assessment and visualization of urban underground space resource quality[J]. International Journal of Applied Earth Observation and Geoinformation,2022(113):102984.

[162] 何静,何晗晗,郑桂森,等.北京五环城区浅部沉积层的三维地质结构建模[J].中国地质,2019,46(2):244-254.

[163] 李霖,应申.空间尺度基础性问题研究[J].武汉大学学报(信息科学版),2005,30(3):199-203.

[164] 王静,张衍毓,邵晓梅.土地资源学研究国外文献统计与趋势展望[J].中国土地科学,2008,22(9):72-78.

[165] 封志明,杨艳昭,闫慧敏,等.百年来的资源环境承载力研究:从理论到实践[J].资源科学,2017,39(3):379-395.

[166] BALASUBRAMANI K. Physical resources assessment in a semi-arid watershed: An integrated methodology for sustainable land use planning[J]. ISPRS Journal of Photogrammetry and Remote Sensing,2018(142):358-379.

[167] 靳亚亚,李陈,靳相木.土地承载力两大法则及其适用性[J].水土保持通报,2019,39(4):158-165.

[168] 王洁,摆万奇,田国行.土地利用生态风险评价研究进展[J].自然资源学报,2020,35(3):576-585.

[169] 赵鹏大.数字地质与矿产资源评价[J].地质学刊,2012,36(3):225-228.

[170] WANG G W,HUANG L. 3D geological modeling for mineral resource assessment of the Tongshan Cu deposit,Heilongjiang Province,China[J]. Geoscience Frontiers,2012,3(4):483-491.

[171] 张宝一,杨莉,陈笑扬,等.基于图切地质剖面的区域成矿地质体三维建模与资源评价——以桂西南地区锰矿为例[J].吉林大学学报(地球科学版),2017,47(3):933-948.

[172] 许劼，王国权，李晓昭．城市地下空间开发对地下水环境影响的初步研究[J]．工程地质学报，1999，7(1)：15-19.

[173] 蔡向民，何静，白凌燕，等．北京市地下空间资源开发利用规划的地质问题[J]．地下空间与工程学报，2010，6(6)：1105-1111.

[174] 杜严飞，杨乐，廖云平，等．重庆市地下隧道地质环境影响因素分析[J]．长江科学院院报，2016，33(8)：105-108.

[175] 黄强兵，彭建兵，王飞永，等．特殊地质城市地下空间开发利用面临的问题与挑战[J]．地学前缘，2019，26(3)：85-94.

[176] 王睿，窦帆帆，李云峰，等．城市地下空间地质安全风险三维评价方法与实践[J]．地质与勘探，2024，60(1)：185-196.

[177] 钱七虎．推进城市地下空间规划建设的思考[J]．城乡建设，2017，61(18)：60-65.

[178] 钱七虎．开发地下空间要深谋远虑[N]．中国国防报，2017-06-20.

[179] 彭芳乐，乔永康，程光华，等．我国城市地下空间规划现状、问题与对策[J]．地学前缘，2019，26(3)：57-68.

[180] 程光华，杨洋，赵牧华，等．新时代城市地质工作战略思考[J]．地质论评，2018，64(6)：1438-1446.

[181] 程光华，苏晶文，李采，等．城市地下空间探测与安全利用战略构想[J]．华东地质，2019，40(3)：226-233.

[182] 杨洋，程光华，苏晶文．地下空间开发对城市地质调查的新要求[J]．地下空间与工程学报，2019，15(2)：319-325.

[183] 程光华，王睿，赵牧华，等．国内城市地下空间开发利用现状与发展趋势[J]．地学前缘，2019，26(3)：39-47.

[184] 李炎延，郑颖人，康楠．隧洞稳定性影响因素的敏感性分析[J]．地下空间与工程学报，2015，11(2)：491-498.

[185] 陈新民，罗国煜．基于经验的边坡稳定性灰色系统分析与评价[J]．岩土工程学报，1999，21(5)：3-5.

[186] 金菊良，刘东平，周戎星，等．基于投影寻踪权重优化的水资源承载力评价模型[J]．水资源保护，2021，37(3)：1-6.

[187] 张润来，罗周全．基于组合赋权与有限区间云模型的巷道冒顶预测研究[J]．矿冶工程，2019，39(4)：11-14.

[188] FRIEDMAN J H，TUKEY J W. A projection pursuit algorithm for exploratory data analysis[J]. IEEE transactions on computers，1974，23(9)：881-890.

[189] 刘晓君，王晓航．基于投影寻踪模型的城市建设用地综合承载力水平差异研究——以辽宁省为例[J]．国土资源科技管理，2021，38(3)：73-85.

[190] 黄建，夏元友，吝曼卿．基于改进组合赋权的岩爆多维云模型预测研究[J]．中国安全科学学报，2019，29(7)：26-32.

[191] 赵芳芳．面板数据综合评价中权重确定方法研究[D]．长沙：湖南大学，2017.

[192] 周东良，邓红卫，秦秀合，等．基于组合赋权和有限区间云模型的岩爆预测二维评判[J]．矿

业研究与开发,2019,39(12):87-93.

[193] YAGER R R. On ordered weighted averaging aggregation operators in multicriteria decisionmaking[J]. IEEE Transactions on Systems, Man and Cybernetics, 1988, 18(1): 183-190.

[194] 郭亚军,姚远,易平涛.一种动态综合评价方法及应用[J].系统工程理论与实践,2007,27(10):154-158.

[195] WU L X, LIU D X, CAO P. A new method for evaluating rock mass quality of slopes based on interval continuous mathematical models[J]. Bulletin of Engineering Geology and the Environment, 2020, 79(3): 1357-1364.

[196] 鲜祖德,巴运红,成金璟.联合国2030年可持续发展目标指标及其政策关联研究[J].统计研究,2021,38(1):4-14.

[197] 中国社会科学院财经院联合国人居署全球城市竞争力报告联合课题组,倪鹏飞,MARCO KAMIYA,等.中国城市践行联合国可持续发展目标11的进展评估[J].城市与环境研究,2021(3):36-55.

[198] 刘长松.欧洲绿色城市主义:理论、实践与借鉴[J].环境保护,2017,45(9):73-77.

[199] 白磊.欧洲的绿色城市主义——从《Green Urbanism:Learning from European Cities》看中国城市发展[J].城市问题,2006(7):81-84.

[200] 王建国,徐小东.基于可持续发展准则的绿色城市设计交通策略——来自《绿色城市主义》的启示[J].城市发展研究,2008(S1):8-13.

后 记

中国数十年城市建设成果斐然，一批人口密度大、高层建筑多的大型、特大型城市迅速兴起，创造了人类社会城市建设的奇迹。但与此同时，地表沉降、地面开裂、道路塌陷、建筑倾斜、坡体滑移、城市内涝等各类城市灾害现象随之而来，此起彼伏、难以预防。我们在想：到底哪里出错了？

回顾过去，人们常说“战胜自然”“战天斗地”“人定胜天”。但实际上，千万年以来，是大地与自然养育了人类；自然不是人类的敌人，而是朋友、是母亲。人类社会是在与自然界和平共处、偶有抗争的历程中逐渐发展起来，人类文明也是在这一过程中沉淀和升华而成的。恩格斯曾经警告：“我们不要过分陶醉于人类对自然界的胜利。对于每一次这样的胜利，自然界都会对我们进行报复。”因此，人类社会的任何发展都必须以尊重自然为前提，不能因科技创新、技术进步而沾沾自喜，而因此减弱对大自然应有的关注与尊重。联合国前副秘书长、联合国人类住区规划署前执行主任 Joan Clos 先生曾经说过，“城市化本身是一种破坏性创新，它给我们这个时代面临的显著挑战提供解决方案”。21 世纪以来，欧洲社会开始从新近的两次科技革命中觉醒，开始对当今社会发展与工程建设进行深刻反思，明确提出尊重自然的工程开发与社会发展模式，并由此衍生了联合国 2030 可持续发展目标体系。

展望未来，地球内部活动、全球气候变化、地球磁极偏转等现象逐渐加剧，人类社会面临环境变迁与自然灾害的压力日益上升。如何保障城市在未来变化和持续强化的环境与灾害压力下具有足够韧性，能够较健康地持续发展，是当今社会必须认真思考和严肃面对的挑战。大数据、人工智能等现代信息技术突飞猛进，与地学知识的融合、与社会认知的交叉势在必行。在完善的知识体系与正确的发展理念指导下，人类对复杂环境、复杂过程、复杂现象的分析处理能力可望大幅提升，从而找到修正错误、谋求与自然和谐共存的发展之道。

梳理总结本团队 20 年来的研究成果，吸纳国内外同行的相关成就，经过近一年多的初稿写作，以及今年暑期带领刘帝旭、杨洋在酷暑中的集中鏖战，终于形成本著书稿，并完成校核、编排和润色。成稿之际，渐觉宽亮。但限于眼界学识，难免存在不足乃至错误，恳请同行谅解、方家教正。期望本书之出版发行，能对中国城市未来发展规划、地下空间工程建设及城市防灾减灾工作有所帮助，能对城市地下空间资源学、城市立体空间规划学的成长与发展有所促进；并由此带动新一代交叉学科与技术人才的成长，共同谋求未来城市智慧、健康与可持续发展，早日实现未来城市“四化”之梦——地面简化、环境净化、生态绿化和生活美化。

笔者

2024 年 8 月 26 日于武功山